シュレーディンガー方程式

ダニエル・フライシュ

河辺哲次 訳

シュレーディンガー方程式

ベクトルからはじめる量子力学入門

岩波書店

A STUDENT'S GUIDE TO THE SCHRÖDINGER EQUATION
by Daniel A. Fleisch
Copyright © 2020 by Daniel A. Fleisch
First published 2020 by Cambridge University Press, Cambridge.

This Japanese edition published 2022
by Iwanami Shoten, Publishers, Tokyo
by arrangement with Cambridge University Press, Cambridge.

訳者のことば

　本書は，「量子力学」の核心を突いた入門書です．量子力学は，分子・原子レベルのミクロな物理現象を支配する力学法則を扱う学問で，その基礎方程式がシュレーディンガー方程式です．

　情報化社会を支える通信技術やナノスケールのエレクトロニクス技術などの基礎を与える量子力学は，マクロな物理現象の力学法則を対象とするニュートン力学とともに，理工系の学生たちにとって必須の科目です．

　ニュートンの運動方程式では，力学で学ぶように，初期条件を与えれば，マクロな運動は完全に決まります．例えば，1個のボールの運動方程式を解くと，ボールの軌道や速度がわかります．

　同様に，シュレーディンガー方程式を解くと，ミクロな粒子の運動がわかります．この方程式の解を波動関数とよび，その中にミクロな粒子の運動に関する全ての情報が含まれています．ところが，矛盾するように聞こえるかもしれませんが，1個の電子のシュレーディンガー方程式を解いても，全ての情報を含むはずの波動関数から電子の軌道や速度などの物理量の値はわかりません．それどころか，軌道という概念も曖昧なのです．

　しかし，私たちは実験室で電子の軌道を観測できます．では一体，この実験事実を量子力学はどう説明するのでしょうか？　この疑問は，量子力学を学ぶ学生たちの多くがもつもので，奇妙なモヤモヤとした感じを抱かせます．

　実は，このモヤモヤ感のもとは，ミクロな粒子がもつ「粒子と波動の2重性」です．この奇妙な2重性から，シュレーディンガー方程式に虚数が現れ，波動関数を複素数値関数にします．観測値は実数なので，複素数値の波動関数から実数値の物理量を導かねばなりません．

　そのために，量子力学は非常に「独特な前提」をもとにして構築されています．例えば，「波動関数はヒルベルト空間の要素である」，「物理量はエルミート演算子である」，「演算子に対応した物理量を測定すると，その物理量のとり得る測定値は演算子の固有値である」，「状態が波動関数の重ね合わせであると

き，測定値は特定の確率で決まる」などです．

　本書を読むとわかるように，シュレーディンガー方程式の解法自体は，古典物理学で学ぶ波動方程式や拡散方程式などの固有値方程式や固有値問題の解法と同じなので，あまり難しくはありません．ほんとうに難しいのは，量子力学の核心をなす「独特な前提」を正しく理解して波動関数を扱うことです．

　本書は，この核心を理解するのに必要な数学と物理に焦点を絞り，それらの基礎から応用までを簡潔な数式と平明な言葉と豊富な図を駆使して徹底的に教えてくれます．これが本書の大きな特色で，従来の量子力学の教科書とは一線を画すところです．

　原題の *A Student's Guide to the Schrödinger Equation* が示唆するように，本書は，「量子力学」を学ぼうとする人々がミクロな世界の奇妙で常識はずれな概念に惑わされず，核心に到達できるように導いてくれる名ガイドです．

まえがき

　本書の目的はたった1つ．あなたがシュレーディンガー方程式とその解を理解できるようになるのを手助けすることです．

　これまでに私が執筆したStudent's Guideシリーズの数冊の著書と同じように，今回の本もわかりやすい言葉で記述されています．そして，本書の理解に役に立つように，いくつかの資料が自由に使える形でウェブサイトにあります（www.cambridge.org/fleisch-SGSE，英語のみ）．このウェブサイトには，演習問題の詳細な解答，補足事項の詳細な解説，動画などが含まれています．動画では，5つの章全てに対して，各節ごとに登場する重要な概念，方程式，グラフ，数式などについて説明しています．

　本書は，シュレーディンガー方程式と量子力学を扱った多くの包括的なテキストに対する，参考書として使われることを意図して書かれています．つまり，量子力学を理解する上で必要となる基本的な概念と数学的な基礎が習得できるように，デザインされた本です．

　いま，あなたは量子力学の授業を受けようとしている人か，あるいは，1人で現代物理学を勉強しようとしている人であるとしましょう．そして，あなたが波動関数とベクトルとの関係がよくわかっていない，内積の物理的な意味が知りたい，あるいは，固有関数とは何であり，なぜ重要なのかと疑問をもっている人であるとすれば，本書は役に立ちます．

　本書は，使い勝手をよくするために，モジュラー(modular)形式にして，それぞれの章をどこからでも読み始められるようにしています．第1章と第2章では，シュレーディンガー方程式と量子力学の基になる基礎的な数学の概要を与えています．そこには，一般化されたベクトル空間，直交関数，演算子，固有関数，ディラックのブラケット記法，そして内積などが含まれています．かなりたくさんの数学を勉強しなければならないので，これら2つの章の各節ごとに，「主要なアイデア」として，その節で解説した最も重要な概念やテクニックを簡潔にまとめています．また，そのような基礎的な数学が量子力学

の物理とどのように関係するのかがわかるように,「量子力学との関係」とい
うコラムも付けています.

　そのため,第1章と第2章の各節の「主要なアイデア」を先に見ることを
勧めます.そして,もしこれらの内容をしっかりと理解していれば,その部
分はスキップして,第3章の「時間依存するシュレーディンガー方程式」と
「時間依存しないシュレーディンガー方程式」に関する詳しい分析を読むこと
ができます.さらに,シュレーディンガー方程式の意味を理解している自信が
あれば,第4章に移って,シュレーディンガー方程式の解にあたる波動関数
について学ぶことができます.最終章の第5章では,量子力学の諸原理や数
学的テクニックを3つのポテンシャル問題(「無限大の深さの井戸型ポテンシ
ャル」「有限の深さの井戸型ポテンシャル」「調和振動子」)に適用する方法が説
明されています.

　学生たちにとって理解しにくい難解な諸概念などを説明するベストな方法
を考えるために,私は多くの時間を費やしました.本書はこのような不断の努
力の結果ですが,私が意図した本書の目標は,Sparrow氏の素晴らしい著書
Basic Wireless のなかで,次のように簡潔に表現されています.「この本は,
既に出版されている多くのテキストに取って代わろうとするものではない.基
礎知識の簡潔な提示によって,そのような既存のテキストへの便利な足がかり
となり得ることを望んでいるのだ」.私の試みがSparrow氏の言葉の半分程度
でも成功しているならば,この本は役に立つと思っていただけるでしょう.

ダニエル・フライシュ

謝　　辞

　本書の説明が役に立つとしたら，それはウィッテンバーグ大学の「物理学411（量子力学）」コースの学生たちから受けた，洞察に満ちた質問や有益なフィードバックのおかげです．抽象ベクトル空間，固有値方程式，量子演算子などを理解するという困難な課題に挑戦しようとする彼らの姿勢は，言わば私が「不確定（uncertain）」な状況に陥ったときに，私に前進させるインスピレーションを与えてくれました．彼らには多くを負っています．

　Nick Gibbons 博士と Simon Capelin 博士，そして，本書の企画，執筆，制作の過程で，プロ意識をもって着実にサポートしてくれたケンブリッジ大学出版局の制作チームにも感謝しています．

　不思議なことに，5冊の Student's Guide を発行し，そして20年間教え続け，家の中が物理学の本や天文機器，原稿用紙で埋まってしまった後でも，継続して Jill Gianola は私の努力を後押ししてくれます．このことに対して，私には感謝の言葉もありません．

目　　次

1
ベクトルと関数

　シュレーディンガー方程式とその解の中には，非常に興味深い物理がたくさん含まれています．この方程式の数学的基礎は，いくつかの方法で表現できますが，私の長年の教育経験から，シュレーディンガーによる波動力学のアプローチとハイゼンベルクによる行列力学のアプローチの組み合わせを理解すること，そして，ディラックのブラケット記法を学ぶことが，学生たちにとって役立つと私は確信しています．

　そのため，初めの2つの章では，量子力学のこのような異なる観点からのアプローチ，そして，量子力学の「言語」が理解できるように，数学的な基礎を与えています．まずベクトルの基礎を 1.1 節で与えてから，1.2 節でディラック記号を，1.3 節で抽象ベクトルと関数に進み，そして 1.4 節で複素数，ベクトル，関数などに関する規則を説明します．そのあとの 1.5 節では直交関数の説明を，1.6 節ではベクトルの内積を使って成分を求める方法を説明します．この章（と，あとの全ての章）の最後にはクイズと演習問題があります．これらのクイズや問題を解くことによって，この章に現れた概念や数学的テクニックに対する理解度が確認できます．全てのクイズと問題に対する解は，巻末の「演習問題の解答」または原著のウェブサイトにあります．

　そして，この章で学ぶ数学の基礎が量子力学とどのような関係にあるのかがわかるように，「まえがき」で述べたように，各節ごとに「主要なアイデア」を簡潔にまとめ，かつ「量子力学との関係」もコンパクトに説明しています．

　この章を見ればわかるように，この本はどこからでも読み始められるようなモジュラー形式にしています．そのため，この章に含まれているトピックやそれらの量子力学との関係がよく理解できていれば，この章をスキップして，第

2 章の演算子と固有関数の議論に移ってもよいでしょう．さらに，それらのトピックも既によくわかっているなら，第 3 章以降のシュレーディンガー方程式と波動関数のトピックに進んでも構いません．

1.1 ベクトルの基礎

どのような量子力学の本を開いても，シュレーディンガー方程式に対する波動関数や解に関する議論がたくさん載っています．しかし，波動関数を記述する言語と，これらを分析する数学的テクニックは，**ベクトル**の世界に源があります．学生たちが量子力学のもっと進んだ内容に遭遇するとき，ベクトルの基礎（基底ベクトルや内積やベクトル成分など）を十分に理解している学生たちのほうが，難なく先に進めることを，私は知っています．そのため，この節ではベクトルだけを説明することにします．

ベクトルを初めて学んだとき，ベクトルとは大きさ（長さ）と向き（座標軸からの角度）をもつものであると，おそらく考えたでしょう．そして，ベクトルは文字の上に小さな矢印を付けて（$\vec{A}$ のように）表す[*1]こと，また，次のようにベクトルを「展開できる」ことも学んだでしょう．

$$\boldsymbol{A} = A_x \hat{\boldsymbol{i}} + A_y \hat{\boldsymbol{j}} + A_z \hat{\boldsymbol{k}} \qquad (1.1)$$

この展開において，A_x, A_y, A_z はベクトル $\boldsymbol{A}$ の成分です．そして，$\hat{\boldsymbol{i}}, \hat{\boldsymbol{j}}, \hat{\boldsymbol{k}}$ はベクトル $\boldsymbol{A}$ を展開するために使った座標系の**基底ベクトル**[*2]とよばれる向きを表す指標です．この場合の座標系は，**図 1.1** の**デカルト座標** (x, y, z) です．ここで重要なのは，ベクトル $\boldsymbol{A}$ はどのような基底に対しても独立に存在するということです．つまり，ベクトル $\boldsymbol{A}$ はデカルト座標の基底 $(\hat{\boldsymbol{i}}, \hat{\boldsymbol{j}}, \hat{\boldsymbol{k}})$ とは異なるいろいろな基底を使っても展開できるということです．

[*1]　[* は訳者による注]　原著では，ベクトルの表記法として，文字の上に短い矢印を付ける書き方（$\vec{A}$）を用いていますが，文字を太字にする書き方（$\boldsymbol{A}$）の方が一般的なので，翻訳ではすべて太字による表記法（$\boldsymbol{A}$）を用います．

[*2]　「基底ベクトル」は basis vector の訳で，**基本ベクトル**ともいいます．そして，基底ベクトルの組，例えば $(\hat{\boldsymbol{i}}, \hat{\boldsymbol{j}}, \hat{\boldsymbol{k}})$ は**基底**(basis)とよばれる量です．原著では，この基底の意味で，**基底系**(basis system)という言葉もときどき使われていますが，この訳書では「基底系」も「基底」として訳しています．

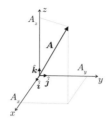

図 1.1 ベクトル A とそのデカルト成分 A_x, A_y, A_z
およびデカルト単位ベクトル $\hat{i}, \hat{j}, \hat{k}$

　基底ベクトル $\hat{i}, \hat{j}, \hat{k}$ は**単位ベクトル**ともいいます．その理由は，それぞれが 1 単位の長さをもっているからです．では，これらは何の単位なのでしょう？　それは，ベクトル A の長さを表すのに用いる単位であれば，どのような単位でもよいのです．例えば，単位ベクトルを座標軸に沿った 1 ステップだと考えるのが役立ちます．ベクトル表現

$$A = 5\hat{i} - 2\hat{j} + 3\hat{k} \tag{1.2}$$

は，原点から x 軸の正の方向に 5 ステップ進み，そして y 軸の負の方向に 2 ステップ進み，さらに z 軸の正の方向に 3 ステップ進めば，ベクトル A の始点から終点に到達することを教えてくれます．

　また，$|A|$ や $\|A\|$ で表される**ベクトルの大きさ**（つまり，長さや**ノルム**）は，デカルト座標の成分を使って

$$|A| = \sqrt{A_x^2 + A_y^2 + A_z^2} \tag{1.3}$$

のように求められること，そして，（$-A$ などの）負のベクトルは A と同じ長さで，反対の向きをもつベクトルであることも覚えているかもしれません．

　2 つのベクトルを図形的に加算するには，**図 1.2** の左図のように，一方のベクトル（B）の矢の尾（矢先のない端）が，もう一方のベクトル（A）の矢の頭（矢先のある端）に一致するように（長さや向きを変えずに）移動させます．つまり，ベクトルの加法により，動かさないベクトル A の尾から，動かしたベクトル B の頭まで引いた新しいベクトル C が作られます．

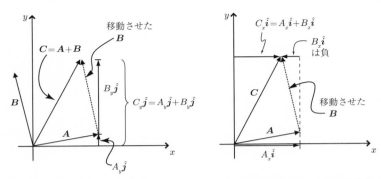

図 1.2 ベクトル B の矢の尾をベクトル A の矢の頭まで，長さや向きを変えずに，移動させることにより 2 つのベクトル A と B を図形的に加算する

あるいは，2 つのベクトルを代数的に加算することもできます．この場合は，**図 1.2** の右図のように，2 つのベクトル A と B の各成分を足し合わせると，新しいベクトル C ができます．

$$A = A_x\hat{\boldsymbol{i}} + A_y\hat{\boldsymbol{j}} + A_z\hat{\boldsymbol{k}}$$

$$+\ B = B_x\hat{\boldsymbol{i}} + B_y\hat{\boldsymbol{j}} + B_z\hat{\boldsymbol{k}}$$

$$\overline{C = A + B = (A_x + B_x)\hat{\boldsymbol{i}} + (A_y + B_y)\hat{\boldsymbol{j}} + (A_z + B_z)\hat{\boldsymbol{k}}} \qquad (1.4)$$

もう 1 つの重要な演算は，ベクトルの**スカラー乗法**です．これは，ベクトルにスカラー（つまり，向きの情報をもたない，単なる数）を掛ける計算で，ベクトルの向きを変えずに長さだけを変える演算です．いま α をスカラーとして，A に掛けると

$$D = \alpha A = \alpha(A_x\hat{\boldsymbol{i}} + A_y\hat{\boldsymbol{j}} + A_z\hat{\boldsymbol{k}})$$

$$= \alpha A_x\hat{\boldsymbol{i}} + \alpha A_y\hat{\boldsymbol{j}} + \alpha A_z\hat{\boldsymbol{k}}$$

のようになります．A のすべての成分を α 倍することは，ベクトル D が A と同じ向きをもち，その大きさが次のようになることを意味します．

$$|\boldsymbol{D}| = \sqrt{D_x^2 + D_y^2 + D_z^2}$$
$$= \sqrt{(\alpha A_x)^2 + (\alpha A_y)^2 + (\alpha A_z)^2}$$
$$= \sqrt{\alpha^2(A_x^2 + A_y^2 + A_z^2)} = |\alpha||\boldsymbol{A}|$$

このように，ベクトルの長さは α 倍になりますが，α が負でなければその向きは変わりません（α が負であれば，向きは逆になりますが，ベクトル自体は同じ線上にあります）．

▌量子力学との関係

あとの章でわかるように，シュレーディンガー方程式の解である波動関数は，一般化された高次元ベクトルのように振る舞う．そのため，波動関数の足し算により，新しい波動関数を作ることができる．また波動関数の向きを変えずに，波動関数をスカラー倍できる．関数が**長さ**と**向き**をどのようにしてもち得るかという説明は第 2 章で行う．

これまでに説明してきた，ベクトルに関する加法，スカラー乗法，ノルム計算法に加えて，もう 1 つ重要なベクトル演算として**スカラー積**[†1]があります（ドット積ともいいます）．2 つのベクトル $\boldsymbol{A}$ と $\boldsymbol{B}$ のスカラー積は，$(\boldsymbol{A}, \boldsymbol{B})$ や $\boldsymbol{A} \cdot \boldsymbol{B}$ のように表し

$$(\boldsymbol{A}, \boldsymbol{B}) = \boldsymbol{A} \cdot \boldsymbol{B} = |\boldsymbol{A}||\boldsymbol{B}| \cos\theta \tag{1.5}$$

で定義されます．ここで，θ は 2 つのベクトル $\boldsymbol{A}$ と $\boldsymbol{B}$ の間の角度です．デカルト座標でのスカラー積は，対応する成分の積をとり，そして，それらの和をとることにより

$$(\boldsymbol{A}, \boldsymbol{B}) = \boldsymbol{A} \cdot \boldsymbol{B} = A_x B_x + A_y B_y + A_z B_z \tag{1.6}$$

のように求めることができます．

[†1]　この呼称は，演算の結果がスカラーになるためで，スカラーが演算のなかに含まれているからではありません．

2 つのベクトル A と B が平行である場合，スカラー積は

$$A \cdot B = |A||B| \cos 0^\circ = |A||B| \qquad (1.7)$$

になります．なぜなら，$\cos 0^\circ = 1$ だからです．また，2 つのベクトル A と B が直交する場合，スカラー積の値は

$$A \cdot B = |A||B| \cos 90^\circ = 0 \qquad (1.8)$$

のようにゼロになります．なぜなら，$\cos 90^\circ = 0$ だからです．

　同じベクトル同士のスカラー積は

$$A \cdot A = |A||A| \cos 0^\circ = |A|^2 \qquad (1.9)$$

のように，そのベクトルの大きさ（$|A|$）の 2 乗になります．

　スカラー積の一般化にあたる**内積**というベクトル演算は，量子力学で非常に有用です．そのため，$A \cdot B$ などの演算を行ったときに，何が起こっているのかを考えることに時間を割く価値は十分にあります．**図 1.3 (a)** からわかるように，$|B| \cos \theta$ は A 方向への B の正射影です．よって，スカラー積は B の正射影がどれくらい A 方向に沿って存在するかを示す量になります[†2]．あるいは，スカラー積 $|A||B| \cos \theta$ の $|A| \cos \theta$ 部分を取り出せば，**図 1.3 (b)** のように，$|A| \cos \theta$ は B 方向への A の正射影になります．この観点からは，スカラー積は B 方向に A がどれくらい存在するかを示す量になります．どちらにしても，スカラー積は一方のベクトルがもう一方のベクトルの方向にどれだけ「寄与するか」を示す量です．

　この概念をもっと具体的にするために，スカラー積 $A \cdot B$ を次式のように A と B の大きさで割ると，何が求まるかを考えてみましょう．

$$\frac{A \cdot B}{|A||B|} = \frac{|A||B| \cos \theta}{|A||B|} = \cos \theta \qquad (1.10)$$

ベクトル間の角度 θ が 0° から 90° まで増加すると，この値は 1 から 0 まで変

[†2]　「に沿って存在するか」という表現は（ベクトル A と B は異なる方向を向いているから）わかりにくいかもしれません．その場合は，例えばベクトル B の始点から終点まで歩いている小さな旅行者を想像し，「ベクトル B に沿って歩いている間に，この旅行者はベクトル A の方向にどれだけ進んでいるだろうか」と問うていると考えれば，理解しやすいかもしれません．

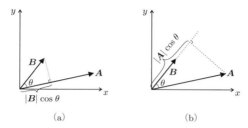

図 1.3 (a) B の A 上への正射影，(b) A の B 上への正射影

化します．そのため，2 つのベクトルが平行ならば，それぞれの全長がもう一方のベクトル方向に寄与することになります．しかし，2 つのベクトルが直交していれば，共にもう一方のベクトル方向にはなにも寄与しません．

　スカラー積をこのように理解すると，デカルト座標の単位ベクトルのペア間でスカラー積をとった結果は次のように簡単に理解できます．

各単位ベクトルは，自分自身に完全に重なる
$$\begin{cases} \hat{\boldsymbol{i}} \cdot \hat{\boldsymbol{i}} = |\hat{\boldsymbol{i}}||\hat{\boldsymbol{i}}| \cos 0^\circ = (1)(1)(1) = 1 \\ \hat{\boldsymbol{j}} \cdot \hat{\boldsymbol{j}} = |\hat{\boldsymbol{j}}||\hat{\boldsymbol{j}}| \cos 0^\circ = (1)(1)(1) = 1 \\ \hat{\boldsymbol{k}} \cdot \hat{\boldsymbol{k}} = |\hat{\boldsymbol{k}}||\hat{\boldsymbol{k}}| \cos 0^\circ = (1)(1)(1) = 1 \end{cases}$$

各単位ベクトルは，どれも他とは重ならない
$$\begin{cases} \hat{\boldsymbol{i}} \cdot \hat{\boldsymbol{j}} = |\hat{\boldsymbol{i}}||\hat{\boldsymbol{j}}| \cos 90^\circ = (1)(1)(0) = 0 \\ \hat{\boldsymbol{i}} \cdot \hat{\boldsymbol{k}} = |\hat{\boldsymbol{i}}||\hat{\boldsymbol{k}}| \cos 90^\circ = (1)(1)(0) = 0 \\ \hat{\boldsymbol{j}} \cdot \hat{\boldsymbol{k}} = |\hat{\boldsymbol{j}}||\hat{\boldsymbol{k}}| \cos 90^\circ = (1)(1)(0) = 0 \end{cases}$$

　デカルト座標の単位ベクトルは，**正規直交**しているといいます．なぜなら，それらは規格化されている（互いに 1 の大きさをもつ）と同時に，直交している（それぞれが互いに垂直である）からです．また，これらを**完全系**ともいいます．なぜなら，3 次元デカルト空間内のどのようなベクトルも，この 3 つの基底ベクトルの一次結合によって生成できるからです．

　ここで，直交基底ベクトルを利用して，ベクトル成分を簡単に計算するうまい方法を紹介します．ベクトル A に対して，それらの成分 A_x, A_y, A_z は，次に示すように，A と基底ベクトル $\hat{\boldsymbol{i}}, \hat{\boldsymbol{j}}, \hat{\boldsymbol{k}}$ のスカラー積をとるだけで求めることができます．

$$A_x = \hat{\boldsymbol{i}} \cdot \boldsymbol{A} = \hat{\boldsymbol{i}} \cdot (A_x\hat{\boldsymbol{i}} + A_y\hat{\boldsymbol{j}} + A_z\hat{\boldsymbol{k}})$$
$$= A_x(\hat{\boldsymbol{i}} \cdot \hat{\boldsymbol{i}}) + A_y(\hat{\boldsymbol{i}} \cdot \hat{\boldsymbol{j}}) + A_z(\hat{\boldsymbol{i}} \cdot \hat{\boldsymbol{k}})$$
$$= A_x(1) + A_y(0) + A_z(0) = A_x$$
$$A_y = \hat{\boldsymbol{j}} \cdot \boldsymbol{A} = \hat{\boldsymbol{j}} \cdot (A_x\hat{\boldsymbol{i}} + A_y\hat{\boldsymbol{j}} + A_z\hat{\boldsymbol{k}})$$
$$= A_x(\hat{\boldsymbol{j}} \cdot \hat{\boldsymbol{i}}) + A_y(\hat{\boldsymbol{j}} \cdot \hat{\boldsymbol{j}}) + A_z(\hat{\boldsymbol{j}} \cdot \hat{\boldsymbol{k}})$$
$$= A_x(0) + A_y(1) + A_z(0) = A_y$$
$$A_z = \hat{\boldsymbol{k}} \cdot \boldsymbol{A} = \hat{\boldsymbol{k}} \cdot (A_x\hat{\boldsymbol{i}} + A_y\hat{\boldsymbol{j}} + A_z\hat{\boldsymbol{k}})$$
$$= A_x(\hat{\boldsymbol{k}} \cdot \hat{\boldsymbol{i}}) + A_y(\hat{\boldsymbol{k}} \cdot \hat{\boldsymbol{j}}) + A_z(\hat{\boldsymbol{k}} \cdot \hat{\boldsymbol{k}})$$
$$= A_x(0) + A_y(0) + A_z(1) = A_z$$

量子力学では，ベクトル成分をスカラー積と基底ベクトルを使って，このようなベクトル成分を取り出すテクニックが非常に役立ちます．

▍1.1 節の主要なアイデア

ベクトルは，一連の成分として展開できる量の数学的表現で，それぞれは基底ベクトルという向きを示す量に関係している．ベクトルは他のベクトルと足し合わせると，新しいベクトルを作る．また，ベクトルにスカラーを掛けたり，別のベクトルを掛けたりすることができる．2 つのベクトルのドット積あるいはスカラー積は，一方のベクトルがもう一方のベクトル上に作る正射影に比例したスカラーを与える．直交基底におけるベクトルの成分は，そのベクトルと各基底ベクトルとのスカラー積から求まる．

▍量子力学との関係

ベクトルが基底ベクトルの一次結合で記述されるように，量子的波動関数も基底波動関数の一次結合で記述される．スカラー積の一般化である内積を使うと，波動関数の成分がその組み合わせの和にどれくらい寄与しているかがわかるので，さまざまな測定結果の確率が計算できることになる．

1.2 ディラック記号

　ベクトルと波動関数とを関係づける前に，認識しておくべき大切なことがあります．それは，A_x, A_y, A_z などのベクトル成分が意味をもつのは，（A_x は $\hat{\boldsymbol{i}}$，A_y は $\hat{\boldsymbol{j}}$，A_z は $\hat{\boldsymbol{k}}$ のように）基底ベクトルの組（つまり，基底）と結びついている場合だけであるということです．

　もしベクトル $\boldsymbol{A}$ を表すのに，別の基底ベクトル（例えば，x, y, z 軸を回転させた軸に沿った基底ベクトル）を選んだ場合，ベクトル $\boldsymbol{A}$ は

$$\boldsymbol{A} = A_{x'}\hat{\boldsymbol{i}}' + A_{y'}\hat{\boldsymbol{j}}' + A_{z'}\hat{\boldsymbol{k}}'$$

のように表されるはずです．ここで，回転した軸は x', y', z' で，これらの軸に沿った正の方向を指す基底ベクトルが $\hat{\boldsymbol{i}}', \hat{\boldsymbol{j}}', \hat{\boldsymbol{k}}'$ です．

　ベクトル $\boldsymbol{A}$ を異なる基底ベクトルで展開すると，ベクトル $\boldsymbol{A}$ の成分は変化します．しかし，新しい成分と新しい基底ベクトルを組み合わせたものは，元のベクトル $\boldsymbol{A}$ になります．基底ベクトルとして，球座標の基底ベクトル $\hat{\boldsymbol{r}}, \hat{\boldsymbol{\theta}}, \hat{\boldsymbol{\phi}}$ などの非デカルト座標の単位ベクトルの組を使っても，同じことが言えます．実際，球座標の基底ベクトルで $\boldsymbol{A}$ を展開すると，次のようになります．

$$\boldsymbol{A} = A_r\hat{\boldsymbol{r}} + A_\theta\hat{\boldsymbol{\theta}} + A_\phi\hat{\boldsymbol{\phi}}$$

このように，異なる成分と異なる基底ベクトルを使っても，成分と基底ベクトルの一次結合は元のベクトル $\boldsymbol{A}$ を与えます．

　ある基底ベクトルや別の基底ベクトルを使う利点は何でしょう？　その理由は，扱う対象の幾何学によって，特定の基底でベクトルを表現したり，あるいは操作する方が簡単になるからです．いったん基底を指定すると，その基底での成分を順序づけられた数の組として書くだけで，ベクトルを表現できます．

　例えば，その成分を**列行列**[*3]に書き込むことにより，3次元ベクトルを

[*3]　列行列は $m \times 1$ 行列を表します．ただし，m は次元の数，つまり成分の個数．

$$\boldsymbol{A} = \begin{pmatrix} A_x \\ A_y \\ A_z \end{pmatrix}$$

のように，表すことができます．ただし，ベクトルをこのように表現できるのは，基底が指定されたときだけであることを忘れてはいけません．

　デカルト基底ベクトル$(\hat{\boldsymbol{i}}, \hat{\boldsymbol{j}}, \hat{\boldsymbol{k}})$はベクトルなので，それ自体も列ベクトルで表すことができます．そのためには，「どの基底で？」と問うことが必要です．学生の中には，これを奇妙な問いだと感じる人がときどきいます．なぜなら，私たちは基底ベクトルの表現について話しているのですから，その基底は明らかではないでしょうか？

　答えは，どの基底を選んで使っても，基底ベクトルや任意のベクトルが展開できるということです．しかし，基底の選び方によっては，表現がかなり簡単になります．このことは，例えば，$\hat{\boldsymbol{i}}, \hat{\boldsymbol{j}}, \hat{\boldsymbol{k}}$をこれら自身のデカルト座標の基底を使って，次のように表してみるとわかります．

$$\hat{\boldsymbol{i}} = 1\hat{\boldsymbol{i}} + 0\hat{\boldsymbol{j}} + 0\hat{\boldsymbol{k}} = \begin{pmatrix} 1 \\ 0 \\ 0 \end{pmatrix}, \qquad \hat{\boldsymbol{j}} = 0\hat{\boldsymbol{i}} + 1\hat{\boldsymbol{j}} + 0\hat{\boldsymbol{k}} = \begin{pmatrix} 0 \\ 1 \\ 0 \end{pmatrix},$$

$$\hat{\boldsymbol{k}} = 0\hat{\boldsymbol{i}} + 0\hat{\boldsymbol{j}} + 1\hat{\boldsymbol{k}} = \begin{pmatrix} 0 \\ 0 \\ 1 \end{pmatrix}$$

ちなみに，各基底ベクトルがゼロでない成分を1個だけもち，その値が $+1$ である基底のことを**標準基底**あるいは**自然基底**とよびます．

　球座標（3次元極座標）の基底ベクトル$(\hat{\boldsymbol{r}}, \hat{\boldsymbol{\theta}}, \hat{\boldsymbol{\phi}})$を使って，デカルト座標の基底ベクトル$(\hat{\boldsymbol{i}}, \hat{\boldsymbol{j}}, \hat{\boldsymbol{k}})$を表すと，次のようになります．

$$\hat{\boldsymbol{i}} = \sin\theta\,\cos\phi\,\hat{\boldsymbol{r}} + \cos\theta\,\cos\phi\,\hat{\boldsymbol{\theta}} - \sin\phi\,\hat{\boldsymbol{\phi}}$$

$$\hat{\boldsymbol{j}} = \sin\theta\,\sin\phi\,\hat{\boldsymbol{r}} + \cos\theta\,\sin\phi\,\hat{\boldsymbol{\theta}} + \cos\phi\,\hat{\boldsymbol{\phi}}$$

$$\hat{\boldsymbol{k}} = \cos\theta\,\hat{\boldsymbol{r}} - \sin\theta\,\hat{\boldsymbol{\theta}}$$

したがって，球座標の基底ベクトルを用いた $\hat{\boldsymbol{i}}, \hat{\boldsymbol{j}}, \hat{\boldsymbol{k}}$ の列ベクトル表現は

$$
\hat{\boldsymbol{i}} = \begin{pmatrix} \sin\theta\cos\phi \\ \cos\theta\cos\phi \\ -\sin\phi \end{pmatrix}, \quad
\hat{\boldsymbol{j}} = \begin{pmatrix} \sin\theta\sin\phi \\ \cos\theta\sin\phi \\ \cos\phi \end{pmatrix}, \quad
\hat{\boldsymbol{k}} = \begin{pmatrix} \cos\theta \\ -\sin\theta \\ 0 \end{pmatrix}
$$

となります．要するに，成分の列で表現されたベクトルを見るときは，常に，それらの成分が属する基底を理解しておくことが絶対に必要なのです．

> **■ 量子力学との関係**
>
> ベクトルのように，波動関数は一連の成分として表現されるが，それらの成分が意味をもつのは，それらの属する基底関数が定義されている場合だけである．

　量子力学では，**ケットベクトル**または単に**ケット**とよばれる量に出合う可能性があります．この量は，例えば $|A\rangle$ のように左側に縦棒，右側には山括弧をつけた記号で表します．ケット $|A\rangle$ は，ベクトル $\boldsymbol{A}$ と同じように，次のように展開できます．

$$
|A\rangle = A_x|i\rangle + A_y|j\rangle + A_z|k\rangle = \begin{pmatrix} A_x \\ A_y \\ A_z \end{pmatrix} = A_x\hat{\boldsymbol{i}} + A_y\hat{\boldsymbol{j}} + A_z\hat{\boldsymbol{k}} = \boldsymbol{A}
$$

$$(1.11)$$

　それでは，ケットが単にベクトルを表す別の記法であるならば，なぜベクトルをわざわざケットとよぶのでしょうか？　そして，なぜそれらを列ベクトルとして書くのでしょうか？

　このケット記号は，英国の物理学者**ディラック**が 1939 年に考案したものです．そして，彼はスカラー積を一般化した内積 $\langle A|B\rangle$ を使って，研究しました．この文脈での**一般化**とは，「3 次元の物理的な空間内の実数ベクトルに限定されていない」という意味です．そのため，この内積は複素数成分をもった

高次元の抽象ベクトルに対しても使用できます．このことは，1.3 節と 1.4 節で説明します．ディラックは，内積のブラケット $\langle A|B\rangle$ が概念的に 2 つの部分，左半分（彼は**ブラ**と名付けました）と右半分（彼は**ケット**と名付けました）に分けられることに気づきました．通常の記号では，ベクトル $\boldsymbol{A}$ と $\boldsymbol{B}$ の内積の表現は $\boldsymbol{A}\cdot\boldsymbol{B}$ や $(\boldsymbol{A},\boldsymbol{B})$ ですが，ディラック記号での内積は次のように表されます．

$$|A\rangle \text{ と } |B\rangle \text{ の内積 } = \langle A| \text{ 掛ける } |B\rangle = \langle A|B\rangle \tag{1.12}$$

注意してほしいことは，ブラケット $\langle A|B\rangle$ をブラ $\langle A|$ とケット $|B\rangle$ の積として作るとき，$\langle A|$ の右側の縦棒と $|B\rangle$ の左側の縦棒はまとめて 1 本の棒にすることです[*4]．

　内積 $\langle A|B\rangle$ の計算をするには，まずベクトル $\boldsymbol{A}$ をケットで

$$|A\rangle = \begin{pmatrix} A_x \\ A_y \\ A_z \end{pmatrix} \tag{1.13}$$

と表します．ここで，添字はこれらの成分がデカルト座標の基底に関係していることを示しています．次に，ケット $|A\rangle$ の各成分の複素共役[†3]をとり，それらを次のような行ベクトルで表現して，ブラ $\langle A|$ を作ります．

$$\langle A| = \begin{pmatrix} A_x^* & A_y^* & A_z^* \end{pmatrix} \tag{1.14}$$

したがって，内積 $\langle A|B\rangle$ は

$$\langle A| \text{ 掛ける } |B\rangle = \langle A|B\rangle = \begin{pmatrix} A_x^* & A_y^* & A_z^* \end{pmatrix} \begin{pmatrix} B_x \\ B_y \\ B_z \end{pmatrix} \tag{1.15}$$

となります．これは，行列計算の規則から

[*4]　つまり，$\langle A||B\rangle$ の 2 重線を 1 本にして $\langle A|B\rangle$ と書く約束です．
[†3]　複素共役をとる理由は 1.4 節で説明します．そこには，複素量に関する補習もあります．

$$\langle A|B\rangle = (A_x^* \quad A_y^* \quad A_z^*) \begin{pmatrix} B_x \\ B_y \\ B_z \end{pmatrix} = A_x^* B_x + A_y^* B_y + A_z^* B_z \qquad (1.16)$$

となるので，まさに期待通り，スカラー積の一般化になっています．

　このように，ケットは列ベクトルで表現され，ブラは行ベクトルで表現されますが，量子力学を初めて学ぶ学生たちに共通する疑問は，「ケットとは厳密には何なのか，ブラとは何なのか？」というものです．1番目の疑問に対する答えは，ケットは**ベクトル空間**（「線形空間」ともいいます）の要素という数学的な対象だということです．線形代数を既に学んでいれば，ベクトル空間の概念に出合っているので，ベクトル空間が一定のルールに従って振る舞うベクトルの集合であるということを覚えているでしょう．それらのルールのなかに，（同じ空間に属する）新しいベクトルを作るためのベクトルの加法，そして，ベクトルの大きさを変えて（その空間に属する）ベクトルを作るためのスカラー乗法があります．

　これから扱おうとしているのは，3次元の物理的空間内のベクトルというよりも一般化されたベクトルです．そこで，添字のラベルを成分 x, y, z の代わりに番号に変え，そして，デカルト座標の単位ベクトル $\hat{\boldsymbol{i}}, \hat{\boldsymbol{j}}, \hat{\boldsymbol{k}}$ の代わりに，基底ベクトル $\boldsymbol{\epsilon}_1, \boldsymbol{\epsilon}_2, \ldots, \boldsymbol{\epsilon}_N$ を使うことにすると

$$|A\rangle = A_x|i\rangle + A_y|j\rangle + A_z|k\rangle \qquad (1.17)$$

を N 次元まで一般化したベクトルは，次のように表現されます．

$$|A\rangle = A_1|\epsilon_1\rangle + A_2|\epsilon_2\rangle + \cdots + A_N|\epsilon_N\rangle = \sum_{i=1}^{N} A_i|\epsilon_i\rangle \qquad (1.18)$$

ここで，A_i は基底ケット $|\epsilon_i\rangle$ のケット成分を表しています．

　ベクトル $\boldsymbol{A}$ の成分を表すために，どのような座標系を選んでも，$\boldsymbol{A}$ 自身は変わりません．それと同じように，基底ケットをどのようなものに選んでも，ケット $|A\rangle$ 自身は独立に存在します（このことを，ケットは「**基底独立である**」といいます）．そのため，ケット $|A\rangle$ は，まさにベクトル $\boldsymbol{A}$ のように振る舞うのです．

ケットを，次のように考えるとよいかもしれません．

基底を選んだら，なぜケットの成分を列ベクトルとして書くのでしょうか？ 理由の 1 つは，(1.16)のように，行列計算の規則を適用してスカラー積が作れるからです．

　このようなスカラー積の別のメンバーがブラですが，その定義はケットの定義と少し異なります．その理由は，ブラがケットと結びついてスカラーを作る**線形汎関数**(これを**コベクトル**あるいは **1 形式**といいます)であるためです．このことを，数学者は「ブラはベクトルをスカラー体(the field of scalars)に写像する」と表現します．

　それでは，線形汎関数とは何でしょうか？　これは，本質的に，他の対象に作用する数学的なデバイスです(これを命令とよぶ人もいます)．したがって，ブラはケットに作用し，その演算の結果はスカラーになります．では，この演算はどのようにしてスカラーに写像するのでしょうか？　それは，スカラー積のルールに従ってなされます．2 つの実数ベクトル間のスカラー積に対するルールは，既に学んでいます．1.4 節で，2 つの複素抽象ベクトル間の内積をとるルールを学びます．

　ブラは，ケットと同じベクトル空間には存在しません．ブラはケットの空間に対して**双対ベクトル空間**とよばれる固有の空間に存在します．その空間内で，ブラは加算することも，スカラーを掛けて新しいブラを作ることもできます．これらは，まさにケットがケット固有の空間内でできる演算と同じものです．

　ブラの空間がケットの空間に対して**双対**であるといわれる理由の 1 つは，全てのケットに対応するブラが存在し，ブラが対応する(双対)ケットに作用すると，次式のように，結果はケットのノルムの 2 乗になるからです．

$$\langle A | A \rangle = \begin{pmatrix} A_1^* & A_2^* & \dots & A_N^* \end{pmatrix} \begin{pmatrix} A_1 \\ A_2 \\ \vdots \\ A_N \end{pmatrix} = |\boldsymbol{A}|^2$$

ちょうど，（実数の）ベクトルとそれ自身とのスカラー積がそのベクトルの長さの2乗を与えるのと同じです（(1.9)）．

　ケット $|A\rangle$ の双対であるブラを $\langle A|$ と書くことに注意してください．$\langle A^*|$ とは書きません．その理由は，ケットやブラの括弧内の記号が単なる名前であるためです．ケットの場合，その名前はケットが表しているベクトルの名前です．しかし，ブラの場合，括弧内の名前はブラが対応するケットの名前です．そのため，ブラ $\langle A|$ はケット $|A\rangle$ に対応しますが，ブラ $\langle A|$ の成分はケット $|A\rangle$ の成分の複素共役です．

　ブラを，次のように考えるとよいかもしれません．

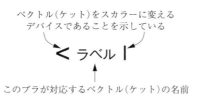

ベクトル（ケット）をスカラーに変える
デバイスであることを示している

ラベル

このブラが対応するベクトル（ケット）の名前

▎1.2節の主要なアイデア

ディラック記号では，ベクトルは基底に依存しないケットで表され，特定の基底でのケットの成分は列ベクトルで表される．ケットには対応するブラが存在する．特定の基底でのブラの成分は，対応するケットの成分の複素共役で，行ベクトルで表される．2つのベクトルの内積は，1番目のベクトルに対応するブラに，2番目のベクトルに対応するケットを掛けて，ブラケットを作ればよい．

▌量子力学との関係

シュレーディンガー方程式の解は，**波動関数**とよばれる時間と空間の関数である．これは，特定の基底への**量子状態**の射影である．量子力学での量子状態は，ケットで有効に表現される．ケットであるから，量子状態はどのような基底とも結びつけられていない．しかし，量子状態は，位置や運動量やエネルギー，あるいは，他の物理量の基底状態で展開できる．ディラック記号は，内積の基底独立な表現，エルミート演算子(2.3節)，射影演算子(2.4節)そして期待値(2.5節)などの説明にも役立つ．

1.3　抽象ベクトルと関数

　量子力学でブラとケットの使い方を理解するには，ベクトル成分と基底ベクトルの概念を，関数に拡張する必要があります．そのためのベストな方法は，ベクトルの図示の仕方を変えることだと考えています．つまり，**図1.4 (a)**のように，3次元の物理空間でベクトル成分を表現する代わりに，**図1.4 (b)**のように，2次元のグラフの横軸に沿って単純にベクトル成分を並べ，成分の大きさをその縦軸で表すのです．

　一見，ベクトル成分の2次元グラフは3次元グラフよりも有用だとは思えないでしょうが，3次元よりも大きな空間を考えるときに，その価値が明らかになります．

　では，なぜこのようなことをするのでしょうか？　その理由は，高次元の**抽象空間**が，古典力学や量子力学を含む，いくつかの物理分野の問題を解く上で非常に有効なツールになるからです．このような空間は，非物理的なので抽象的とよばれます．つまり，それらの次元は，私たちが住んでいる宇宙の物理的な次元を表すものではありません．例えば，抽象空間は，数学的なモデルのパラメータのすべての値，あるいは系のすべての可能な配置で構成される場合があります．そのため，座標軸は，速さ，運動量，加速度，エネルギー，あるいは，その他の関心のあるパラメータを表すことができます．

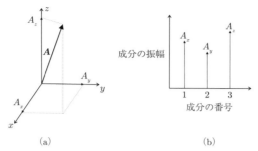

図 1.4　(a) 3 次元空間で描いたベクトル成分,
(b) 2 次元空間で描いたベクトル成分

　ここで,抽象空間に軸の組を描き,それぞれの軸にパラメータの値をマークすることを想像してみてください.これにより,各パラメータが「一般化された座標」になります.「一般化された」といわれるのは,これらのパラメータが空間的座標(例えば,x, y, z)ではないからですが,それでも「座標」なのです.なぜなら,軸上のそれぞれの座標が抽象空間内での位置を表すからです.したがって,速さが一般化された座標として使われていれば,その軸は毎秒 0 メートルから毎秒 20 メートルまでの速さの範囲を表しているかもしれません.その場合は,この軸上での 2 点間の「距離」は,単にそれら 2 点が表す速さの差になります.

　物理学者は,ときどき抽象空間内での「長さ」と「方向」に言及することがあります.しかし,そのような場合の「長さ」は,物理的な距離ではなく,2 つの場所での座標値の差であることを覚えておく必要があります.そして,「方向」は,空間的な方向ではなく,考えるパラメータを表す軸に対する相対的角度になります.

　量子力学で最も有用な高次元空間は,**ヒルベルト空間**という抽象ベクトル空間です.この呼称はドイツの数学者**ヒルベルト**にちなみます.これが,ヒルベルト空間とのはじめての出合いであっても,パニックに陥ることはありません.なぜなら,この本には,波動関数[*5]のベクトル空間を理解するのに必要な基礎が全て記述されているからです.さらに詳しく知りたい場合は,巻末の

[*5]　原著では「量子的な波動関数(quantum wavefunctions)」という用語が使われていますが,誤解する恐れがない限り,単に「波動関数」と訳します.

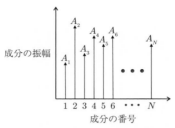

図 1.5　N 次元ベクトルの成分

「関連図書」にまとめた量子力学に関する包括的なテキストのほとんどに，もっと詳しい説明があります．

　ヒルベルト空間の特性を理解するために，ベクトル空間は，決まった規則（ベクトルの加法やスカラー乗法など）に従って振る舞うベクトルの集合であることを思い出してください．このような規則に加えて，「内積空間」には，2 つのベクトルを掛け算するための規則（一般化されたスカラー積）も含まれます．しかし，2 つの高次元ベクトル間の内積をとるときの演算方法に注意しなければなりません．そのことを理解するために，**図 1.5** に示す N 次元ベクトルの成分のグラフを考えてみましょう．

　3 成分 (A_x, A_y, A_z) のそれぞれが基底ベクトル $(\hat{\boldsymbol{i}}, \hat{\boldsymbol{j}}, \hat{\boldsymbol{k}})$ に関係するのと同じように，**図 1.5** の N 個の各成分は，ベクトルが存在する N 次元抽象ベクトル空間内の基底ベクトルに関係しています．

　ここで，成分の数がさらに多いベクトルに対して，このようなグラフがどのように表示されるかを想像してください．**図 1.6** のように，特定の範囲でグラフに描く成分が多いほど，それらの成分は互いに横軸に沿ってより接近して表示されます．非常に多くの成分をもつベクトルを扱っている場合，それらの成分は離散的な値の組ではなく，連続関数として扱えます．その関数（これを f とします）は，**図 1.6** のベクトル成分の先端をつなぐ曲線で描かれています．おわかりのように，水平軸には連続変数（これを x とよぶことにします）のラベルが付いています．これは，成分の振幅が連続関数 $f(x)$[†4]で表される

[†4]　ここでは，x という 1 変数の関数を扱っていますが，同じ概念は多変数関数にも当てはまります．

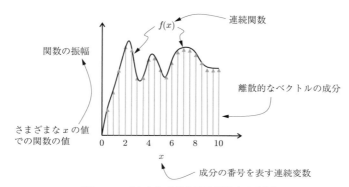

図 1.6 ベクトル成分と連続関数との関係

ことを意味します.

　したがって, 連続関数 $f(x)$ は一連の振幅からできており, 各振幅は連続変数 x の異なる値に関係しています. これは, 1 つのベクトルが一連の成分の振幅で構成され, そして, 各成分の振幅は異なる基底ベクトルに関係していることに対応します.

　連続関数 $f(x)$ とベクトル $\boldsymbol{A}$ の成分との類似性を考えれば, ベクトル加法やスカラー乗法などのルールが, ベクトルだけでなく関数にも適用できることは不思議ではないでしょう. したがって, 2 つの関数 $f(x)$ と $g(x)$ を加算すると新しい関数が生成され, その加算は全ての x で $f(x)$ の値を $g(x)$ の値に加えることでなされます(ちょうど, 2 つのベクトルの加法がそれぞれの基底ベクトルに対応する成分を加えることによってなされるのと同じです). 同様に, 関数にスカラーを掛けると新しい関数が生成されます. この関数は, 元の関数 $f(x)$ にスカラーを掛けた値をもっています(ちょうど, ベクトルにスカラーを掛けると, それぞれの成分の振幅にスカラーが掛けられた新しいベクトルが生成されるのと同じです).

　しかし, 内積はどうでしょう？　連続関数に対しても, 同等のプロセスはあるのでしょうか？　もちろん, あります. すでに知っているように, ベクトルの場合, 正規直交系のスカラー積は, 特定の基底で, 対応する成分の積を足し合わせることによって(例えば, $A_x B_x + A_y B_y + A_z B_z$ のように)求めることができます. そのため, $f(x)$ や $g(x)$ などの連続関数に対する同等な演算に

は，離散和ではなく，関数の掛け算と積分が含まれているだろうと推測できるでしょう．実際，この推測は正しくて，2つの関数 $f(x)$ と $g(x)$ （これらはベクトルのようにケットで表現されます）の内積は，次式のように，関数の積を x で積分することによって求められます．

$$(f(x), g(x)) = \langle f(x)|g(x)\rangle = \int_{-\infty}^{\infty} f^*(x)g(x)dx \tag{1.19}$$

ここで，積分の中の関数 $f(x)$ に付いているアスタリスク記号（∗）は (1.16) のように複素共役を表しています．複素共役をとる理由は次の節で説明します．

　では，2つの関数の内積は，なぜ重要なのでしょうか？　覚えていると思いますが，2つのベクトルのスカラー積は，一方のベクトルの他方のベクトル方向への射影を使って，一方のベクトルが他方のベクトル方向に沿っている量を示しています．これと同じように，2つの関数の内積は，一方の関数の他方の関数への射影を使って，一方の関数がどれだけ他方の関数の方向に沿っているかを示しています（あるいは，一方の関数が他方の関数の「方向」にどれだけあなたを移動させるか，といってもよいでしょう）[†5]．

　連続関数がベクトル加法やスカラー乗法や内積の規則に従うということは，$f(x)$ などの関数がベクトルのように振る舞うことを意味しています．これらは3次元の物理的ベクトルからなるベクトル空間のメンバーではなく，関数自身からなる抽象ベクトル空間のメンバーです．ただし，そのベクトル空間をヒルベルト空間[∗6]とよぶためには，もう1つの条件が満たされなければなりません．その条件は，関数が有限のノルムをもたねばならないということです：

$$|f(x)|^2 = \langle f(x)|f(x)\rangle = \int_{-\infty}^{\infty} f^*(x)f(x)dx < \infty \tag{1.20}$$

つまり，この空間内の全ての関数の2乗の積分は，有限な値に収束する必要があります．このような関数のことを「2乗総和可能」あるいは**2乗可積分**と

[†5]　関数の方向の概念は，1.5 節で直交関数について学べば，もっとよくわかります．

[∗6]　ヒルベルト空間（あるいは関数空間）はノルムが有限（1 に規格化可能）な無限次元ベクトルの集まりです．ヒルベルト空間の数学的な定義は，内積が与えられ，ノルムから決まる距離に関して完備であることです．

いいます[7].

1.3 節の主要なアイデア

物理的な 3 次元空間のベクトルには長さと向きがあり，高次元空間の抽象ベクトルには一般化された「長さ」(ノルムで決まる量)と「向き」(他のベクトルへの射影で決まる量)がある．ベクトルは一連の成分の振幅で構成され，各成分の振幅は異なる基底ベクトルに関係している．それと同じように，連続関数も一連の振幅で構成され，各振幅が連続変数の異なる値に関係している．これらの連続関数は，一般化された「長さ」と「向き」をもち，ベクトル加法やスカラー乗法や内積の規則に従う．ヒルベルト空間は，有限ノルムをもったそのような関数の集合である．

量子力学との関係

シュレーディンガー方程式の解は，抽象ベクトルとして扱える波動関数である．そのため，基底関数や成分や直交性，そして，別の関数の「方向」に沿った射影としての内積などの概念が，波動関数の解析に使えることになる．第 4 章で説明するように，これらの波動関数は確率振幅を表すので，確率を有限に保つためには，波動関数の振幅の 2 乗の積分が有限な値をもつ必要がある．そのためには，波動関数をこれらのノルムで割って**規格化可能**であることが不可欠なので，波動関数のノルムは有限でなければならない．要するに，波動関数はヒルベルト空間に存在する．

1.4　複素数，ベクトル，関数

　図 1.4，**図 1.5**，そして**図 1.6** の一連の図を描いたのは，ベクトルと関数の間の関係を理解してほしいためであり，その理解がシュレーディンガー方程

---

[7]　2 乗可積分関数は，絶対値の 2 乗の x 積分が有限にとどまる関数のことで，「L^2 (エルツゥー)空間の関数」ということもあります．

式の解を分析するときに非常に役立つからです. しかし, 第3章でわかるように, シュレーディンガー方程式と古典的な波動方程式との間の重要な違いの1つは, **虚数単位** i (マイナス1の平方根)の存在です. これは, シュレーディンガー方程式の解である波動関数が, 複素数の値をもつ可能性があることを意味します[6]. したがって, この節には, 複素数と, ベクトル成分やディラック記号に関連した複素数の使い方についての簡単なおさらいが含まれています.

前節で述べたように, ベクトルの間または関数の間で内積をとるプロセスは, 複素量の場合には少し異なります. ベクトルはどのようにして複素数にできるのでしょうか? ベクトルは, 複素成分をとることによって複素ベクトルになります. それが内積に影響を与える理由を知るために, 複素成分をもつベクトルの長さを考えてみましょう. 複素量は純粋に実数, 純粋に虚数, あるいは実部(実数部)と虚部(虚数部)の混合である可能性があることを忘れないでください. したがって, 複素量 z を表す最も一般的な方法は

$$z = x + iy \tag{1.21}$$

です. ここで, x は z の実部, y は z の虚部です(この式の虚数単位 $i = \sqrt{-1}$ と単位ベクトル $\hat{i}$ とを混同しないように. 単位ベクトル $\hat{i}$ のハット記号に注意すれば, その違いは必ずわかります).

虚数は**実数**と同じくらい「実在する数」ですが, それらは異なる数直線に沿っています. 虚数の数直線は実数の数直線に直交しているので, 両方の数直線を使った2次元プロットは, **図1.7**の**複素平面**を表します.

この**図1.7**からわかるように, 複素数の実部と虚部を知ることで, その数の大きさ, あるいはノルムを求めることができます. **複素数の大きさ**は, 複素平面の原点とその複素数を表す点との間の距離で, それは**ピタゴラスの定理**を使って

$$|z|^2 = x^2 + y^2 \tag{1.22}$$

---

[6] 数学者は, そのような関数は「複素数体(the field of complex numbers)上の」抽象線形ベクトル空間の要素であるといいます. つまり, 関数は複素数である可能性があり, スカラーを掛けて関数をスケーリング(拡大縮小)するためのルールは, 実数のスカラーだけでなく, 複素数にも適用されます.

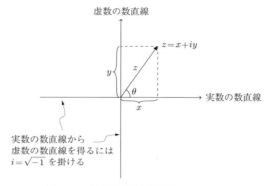

図 1.7 複素平面での複素数 $z = x + iy$

で与えられます．しかし，次のように複素数 z にそれ自身を掛けて 2 乗をとると

$$z^2 = z \times z = (x + iy) \times (x + iy) = x^2 + 2ixy - y^2 \tag{1.23}$$

のように複素数であり，負の数になる可能性もあります．当然，距離は実数で，正の数でなければなりませんから，これは明らかに原点から z までの距離を求める方法ではありません．

　複素量の大きさを正しく求めるには，その量にそれ自身を掛けるのではなく，その**複素共役**を掛ける必要があります．複素数の複素共役をとる方法は簡単で，その数の虚部の符号を変えるだけです．複素共役はふつう右肩にアスタリスク記号 $*$ を付けて表すので，複素数 $z = x + iy$ の複素共役は次式になります．

$$z^* = x - iy \tag{1.24}$$

複素共役を掛けると，複素数の絶対値が正の実数になる（実部と虚部の両方がゼロでない限り）ことは，掛け算の項を次のように書き出してみるとわかります．

$$|z|^2 = z \times z^* = (x + iy) \times (x - iy) = x^2 - xiy + iyx + y^2 = x^2 + y^2 \tag{1.25}$$

この結果は，期待通り，正の実数です．そして，ベクトル $\boldsymbol{A}$ の大きさ（ノルム）は，ベクトル自身の内積の平方根をとれば求まるので，複素共役は複素量の間で内積をとるプロセスに，次式のように組み込まれています．

$$|A| = \sqrt{\boldsymbol{A} \cdot \boldsymbol{A}} = \sqrt{A_x^* A_x + A_y^* A_y + A_z^* A_z} = \sqrt{\sum_{i=1}^{N} A_i^* A_i} \qquad (1.26)$$

これは，複素関数にも次式のように適用できます．

$$|f(x)| = \sqrt{\langle f(x)|f(x)\rangle} = \sqrt{\int_{-\infty}^{\infty} f^*(x)f(x)dx} \qquad (1.27)$$

そのため，複素ベクトルあるいは複素関数のノルムを求めるには，複素共役を使う必要があるのです．内積が2つの異なるベクトルか関数を含む場合，ペアの１番目のメンバーの複素共役をとるのが慣例です．つまり，次式のようになります．

$$\boldsymbol{A} \cdot \boldsymbol{B} = \sum_{i=1}^{N} A_i^* B_i$$
$$\langle f(x)|g(x)\rangle = \int_{-\infty}^{\infty} f^*(x)g(x)dx \qquad (1.28)$$

これが，先ほどの議論で内積(1.16)と(1.19)をブラとケットを使って作るときに，複素共役をとった理由です．

複素ベクトルあるいは複素関数の内積で，片方のメンバーだけ複素共役をとるという要請は，順序が問題になることを意味します．そのため，次式に示すように，$\boldsymbol{A} \cdot \boldsymbol{B}$ は $\boldsymbol{B} \cdot \boldsymbol{A}$ と同じではなく，そして，複素関数の内積も同じではありません．

$$\boldsymbol{A} \cdot \boldsymbol{B} = \sum_{i=1}^{N} A_i^* B_i = \sum_{i=1}^{N} (A_i B_i^*)^* = \sum_{i=1}^{N} (B_i^* A_i)^* = (\boldsymbol{B} \cdot \boldsymbol{A})^*$$
$$\langle f(x)|g(x)\rangle = \int_{-\infty}^{\infty} f^*(x)g(x)dx = \int_{-\infty}^{\infty} [g^*(x)f(x)]^* dx = (\langle g(x)|f(x)\rangle)^*$$
$$(1.29)$$

このように，内積をとる複素ベクトルまたは複素関数の順序を逆にすると，元

の内積の複素共役に一致することになります[8].

　内積の1番目のメンバーを複素共役にするという慣例は一般的ですが，物理のテキストで統一されているわけではありません．そのため，2番目のメンバーで複素共役をとるようなテキストやオンライン教材があるので気をつけてください．

1.4 節の主要なアイデア

抽象ベクトルは複素成分をもち得るので，連続関数は複素数の値をもつ可能性がある．そのような2つのベクトルあるいは2つの関数の間で内積をとる場合，積をとる前に，1番目のメンバーは複素共役にしなければならない．この操作により，複素ベクトルとそれ自身との内積あるいは複素関数とそれ自身との内積は，それぞれ実数で正のスカラーになることが保証されて，ノルムであるために必要な条件が満たされる．

量子力学との関係

シュレーディンガー方程式の解は複素関数になる可能性がある[9]ので，そのような関数のノルムを求めるときや，2つの関数の内積をとるときには，内積の1番目のメンバーの複素共役をとらなければならない．

　第2章の演算子と固有値に進む前に，関数の直交性の意味，および複素ベクトルや複素関数の成分を内積で見つける方法を，確実に理解する必要があります．そのため，次の2つの節をこれらの説明にあてます．

---

[8]　$\boldsymbol{A} \cdot \boldsymbol{B}$ の順序を変えた内積 $\boldsymbol{B} \cdot \boldsymbol{A}$ は (1.29) から，元の内積の複素共役 $(\boldsymbol{A} \cdot \boldsymbol{B})^*$ になるということです．

[9]　シュレーディンガー方程式の解のことを波動関数といいます．この波動関数は，実数値の関数(実関数)ではなく，本質的に複素数値を含む関数なので，数学的に厳密にいえば，複素関数です．しかし，日本の量子力学のテキストでは「波動関数は複素関数である」と表現されることは稀で，「波動関数は複素数値をもつ関数である」，「波動関数は本質的に複素量である」，「波動関数は複素数である」といった表現がよく使われます．

1.5 直交関数

ベクトルの場合,直交性の概念は簡単です.内積がゼロであれば,2つのベクトルは直交しているので,一方のベクトルを他方のベクトルの方向に射影すると,射影の長さはゼロになります.つまり,**図 1.8 (a)**の 2 次元ベクトル **A** と **B** のように,直交ベクトルは直交した線に沿っています(簡単のために,実ベクトルとします).

さて,ベクトル **A** と **B** のデカルト座標成分の**図 1.8 (b)**のプロットを考えましょう.内積を次のように成分で書き下すことで,直交性について理解できます.

$$\boldsymbol{A} \cdot \boldsymbol{B} = A_x B_x + A_y B_y = 0$$
$$A_x B_x = -A_y B_y$$
$$\frac{A_x}{A_y} = -\frac{B_y}{B_x}$$

この関係式が成り立つのは,ベクトル **A** の成分の 1 つ(そして,1 つのみ)がベクトル **B** の対応する成分の逆符号をもつ場合だけです.ベクトル **A** は右上の方向を指しているので(つまり,A_x と A_y は両方とも正),このとき,ベクトル **A** と **B** が垂直であるためには,ベクトル **B** は左上の方向(**図 1.8 (a)**のように,B_x が負で B_y が正)か右下の方向(B_x が正で B_y が負)を指していなければなりません.さらに,x 軸と y 軸の間の角度は 90 度なので,もし **A** と **B** が垂直であれば,正の x 軸とベクトル **A** の間の角度(**図 1.8 (a)**の θ)は,正の y 軸とベクトル **B** の間の角度(あるいは,**B** を右下の方向にとれば,負の y 軸との角度)と同じです.これらの角度が同じであるため,**図 1.8 (b)**に示すようにベクトル **A** の成分の比($\frac{A_x}{A_y}$)はベクトル **B** の成分の逆比($\frac{B_y}{B_x}$)と同じ大きさになります.

図 1.9 (a)と**図 1.9 (b)**に示すように,同様な考察は,N 次元の抽象ベクトルや連続関数にも適用できます[†7].**図 1.9 (a)**の N 次元の抽象ベクトル **A** と

[†7] このような成分の振幅は,4.4 節のフーリエ理論を見越して,サイン関数にとっています.

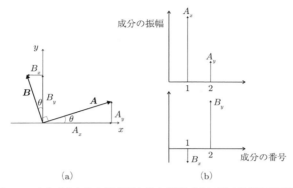

図 1.8　(a) ベクトルとそのデカルト座標成分に対する従来の表示，
(b) 成分の振幅と成分の番号との 2 次元表示

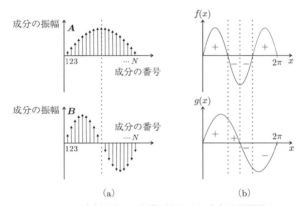

図 1.9　(a) 直交 N 次元ベクトル，(b) 連続関数

$\boldsymbol{B}$（ここでも，実数とします）が直交している場合，それらの内積は次式のように
うにゼロでなければなりません．

$$(\boldsymbol{A}, \boldsymbol{B}) = \sum_{i=1}^{N} A_i^* B_i = A_1 B_1 + A_2 B_2 + \cdots + A_N B_N = 0$$

この和がゼロになるには，一部の成分の積は他の積と逆符号をもち，全ての負
の積の和が全ての正の積の和と等しくなければなりません．**図 1.9 (a)** の 2 つ
の N 次元の抽象ベクトルの場合，$\boldsymbol{B}$ の左半分の成分は，$\boldsymbol{A}$ の対応する成分
と同じ符号をもっています．そのため，これら左半分の成分の積 ($A_i B_i$) は全

て正ですが，B の右半分の成分は A の対応する成分と逆の符号をもっている
ので，積 $(A_i B_i)$ は全て負です．

　これら 2 つのベクトルの大きさは中点で対称であるため，左半分の積の和
と右半分の積の和は同じ大きさで，符号だけが逆なので，それらの和はゼロに
なります．

　そのため，空間座標ではない一般化された座標でのみ，A と B は「方向」
をもつ抽象ベクトルですが，このような N 次元の 2 つの抽象ベクトルは，**図
1.8** の 2 次元空間の 2 つのベクトルと同じように，直交性の要請を満たして
います．別の言い方をすれば，3 次元空間で，このような N 次元ベクトルを
異なる物理的方向に描く方法はありませんが，ベクトル A と B の内積がゼ
ロであることは，ベクトル A のベクトル B 方向への射影(そしてベクトル B
のベクトル A 方向への射影)の「長さ」が N 次元ベクトル空間でゼロである
ことを意味します．

　この時点で，**図 1.9 (b)**に示すように，直交性が $f(x)$ と $g(x)$ などの関数に
どのように適用されるかがわかったでしょう．これらは連続関数(簡単のため
に実数値とします)なので，1.3 節で説明したように，内積は積分になります．
これらの関数に対する**直交性**は

$$(f(x), g(x)) = \langle f(x)|g(x)\rangle = \int_{-\infty}^{\infty} f^*(x)g(x)dx = \int_{-\infty}^{\infty} f(x)g(x)dx = 0$$

のように表現されます．

　離散的なベクトル A と B の場合と同じように，積 $f(x)g(x)$ は，関数 $f(x)$
の値にそれぞれの x での関数 $g(x)$ の値を掛けたものと考えることができま
す．この積を x で積分することは，積 $f(x)g(x)$ で作られた曲線の下の面積を
求める問題と同じです．

　図 1.9 (b)の関数 $f(x)$ と $g(x)$ の場合，2 つの関数を掛けて，その結果を積
分(連続的に加算)した結果を見積もることができます．これを行うには，ま
ずグラフに表示されている x 領域の初めの 3 分の 1(左から 1 番目の破線の左
側)で，関数 $f(x)$ と $g(x)$ の符号は同じ(ともに正)であることに注意してくだ
さい．グラフの次の 6 分の 1(1 番目と 2 番目の破線の間)では，2 つの関数の
符号が逆になります($f(x)$ は負，$g(x)$ は正)．

その次の 6 分の 1（2 番目と 3 番目の破線の間）では，$f(x)$ と $g(x)$ の符号は再び同じ（ともに負）であり，最後の 3 分の 1（3 番目の破線の右側）では，2 つの関数の符号は逆になります（$f(x)$ は正，$g(x)$ は負）．積 $f(x)g(x)$ が正である領域と負である領域の対称性により，和はゼロになり，これら 2 つの関数はこの x の領域で直交しているとみなされます．したがって，ベクトル $\boldsymbol{A}$ と $\boldsymbol{B}$ が直交するのと全く同じ意味で，これら 2 つの関数はこの領域で直交していることになります．

これらの関数の直交性を決めるために，もっと数学的なアプローチを使いたければ，$g(x)$ は $\sin x$ であり，$f(x)$ は $\sin \dfrac{3}{2}x$ であること，そして，x の範囲は $[0, 2\pi]$ であることに注意してください．この場合，これらの内積は次のようにゼロになります．

$$\langle f(x)|g(x) \rangle = \int_{-\infty}^{\infty} f^*(x)g(x)dx = \int_{0}^{2\pi} \sin\left(\frac{3}{2}x\right)\sin(x)dx$$
$$= \left[\sin\frac{x}{2} - \frac{1}{5}\sin\frac{5x}{2} \right]\Bigg|_{0}^{2\pi} = 0$$

この結果は，積 $f(x)g(x)$ の曲線の下の面積を推定して得た結論と一致します．なお，正弦的関数（サインとコサイン）[*10]の**直交性**に関する詳しい説明は，4.4 節を参照してください．

┃ 1.5 節の主要なアイデア

3 次元の物理空間でのベクトルについて，それらの内積がゼロの場合に直交しているのと同じように，N 次元の抽象ベクトルや連続関数も，それらの内積がゼロであるとき直交していると定義する．

[*10]　原著では harmonic function（調和関数）と書かれていますが，4.4 節でこれに相当する用語が sinusoidal function（正弦的関数）として扱われるので，**正弦的関数**と訳しています．なお，sinusoidal は単振動する現象や関数を形容する言葉なので，サイン的およびコサイン的な振る舞いを含みます．本書では，sinusoidal や sinusoidally で形容される用語は，すべて「正弦的な」あるいは「正弦的に」と訳しています．

│ 量子力学との関係

2.5 節でわかるように，直交基底関数は，**オブザーバブル**[*11]の測定の可能な結果と各結果の確率を決定する上で重要な役割を果たす．

　直交座標系が役に立つのと似た理由で，直交関数は物理学で非常に役立ちます．この章の最終節では，内積と直交関数を使って，多次元の抽象ベクトルの成分を求める方法を説明します．

1.6　内積を使って成分を求める

　1.1 節で説明したように，単位ベクトル（デカルト座標系では $\hat{\boldsymbol{i}}, \hat{\boldsymbol{j}}, \hat{\boldsymbol{k}}$）を使って展開されたベクトルの成分は，このベクトルと各単位ベクトルとの内積で，次のように書けます．

$$A_x = \hat{\boldsymbol{i}} \cdot \boldsymbol{A}, \quad A_y = \hat{\boldsymbol{j}} \cdot \boldsymbol{A}, \quad A_z = \hat{\boldsymbol{k}} \cdot \boldsymbol{A} \tag{1.30}$$

これらは，次のように簡潔に書くこともできます．

$$A_i = \hat{\boldsymbol{\epsilon}}_i \cdot \boldsymbol{A} \qquad i = 1, 2, 3 \tag{1.31}$$

ここで，$\hat{\boldsymbol{\epsilon}}_1$ は $\hat{\boldsymbol{i}}$，$\hat{\boldsymbol{\epsilon}}_2$ は $\hat{\boldsymbol{j}}$，$\hat{\boldsymbol{\epsilon}}_3$ は $\hat{\boldsymbol{k}}$ を表しています．

　これを一般化して，直交基底ベクトル $\boldsymbol{\epsilon}_1, \boldsymbol{\epsilon}_2, \ldots, \boldsymbol{\epsilon}_N$ をもつ基底で，ケット $|A\rangle$ で表される N 次元の抽象ベクトルの成分を次のように見つけることができます．

$$A_i = \frac{\boldsymbol{\epsilon}_i \cdot \boldsymbol{A}}{|\boldsymbol{\epsilon}_i|^2} = \frac{\langle \epsilon_i | A \rangle}{\langle \epsilon_i | \epsilon_i \rangle} \tag{1.32}$$

この場合の基底ベクトルは直交していますが，必ずしも単位長である必要はありません（これは，ベクトルを表す記号の違いでわかります．$\boldsymbol{\epsilon}_i$ は単位

[*11]　オブザーバブル(observable)とは，位置や運動量やエネルギーなどの**観測可能な物理量**のことです．原著では量子オブザーバブル(quantum observable)と書かれていますが，一般的な日本の量子力学のテキストでは「オブザーバブル」が使われるので，単にオブザーバブルと訳しています．

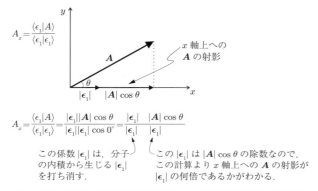

図 1.10 単位長さでない基底ベクトルの内積を規格化する方法

ベクトルを表すハット記号が付いた $\hat{\epsilon}_i$ ではなく，ベクトル記号です）．単位
長でない場合，内積を使ってベクトルの成分を見つけるには，内積の結果を
基底ベクトルの長さの 2 乗で割る必要があります．このことは，(1.32)の
分数の分母を見るとわかります．この係数は，(1.30)と(1.31)には必要では
ありません．なぜなら，デカルト単位ベクトル $\hat{\bm{i}}, \hat{\bm{j}}, \hat{\bm{k}}$ の長さは全て 1 だから
です．

　ここで，なぜ各基底ベクトルの長さの 1 乗ではなく，2 乗で割る必要がある
のか疑問に思う人は，**図 1.10** を見てください．

　この図では，基底ベクトル $\bm{\epsilon}_1$ は x 軸に沿っていて，ベクトル $\bm{A}$ と正の x
軸との間の角度は θ です．ベクトル $\bm{A}$ の x 軸上への射影は $|\bm{A}| \cos\theta$ です．
(1.32)は，$\bm{A}$ の x 成分を次のように与えます．

$$A_x = \frac{\bm{\epsilon}_1 \cdot \bm{A}}{|\bm{\epsilon}_1|^2} = \frac{\langle \epsilon_1 | A \rangle}{\langle \epsilon_1 | \epsilon_1 \rangle} \tag{1.33}$$

図 1.10 の中の式で示すように，(1.33)の分母にある 2 個の $|\bm{\epsilon}_1|$ は，厳密に
$|\bm{\epsilon}_1|$ の単位で A_x を与えるために必要です．なぜなら，1 つ目の $|\epsilon_1|$ は分子の
内積から出てくる $|\bm{\epsilon}_1|$ を打ち消すためのもの，2 つ目の $|\epsilon_1|$ は $|\bm{A}| \cos\theta$ を，
$\bm{A}$ の x 軸上への射影に適合した，$|\bm{\epsilon}_1|$ 単位での「ステップ」数に変換するた
めのものだからです．

　したがって，例えば，ベクトル $\bm{A}$ が x 軸から $35°$ の角度で $10\,\mathrm{km}$ の長さ

$|\boldsymbol{A}|$ をもつ実空間ベクトルとすれば，ベクトル $\boldsymbol{A}$ の x 軸上への射影（$|\boldsymbol{A}|\cos\theta$）は約 8.2 km になります．しかし，基底ベクトル $\boldsymbol{\epsilon}_1$ が 2 km の長さをもつならば，8.2 km を 2 km で割った値 4.1 が，2 km を単位としたステップ数になります．そのため，$\boldsymbol{A}$ の x 成分は $A_x = 4.1$ になります（4.1 km ではありません．なぜなら，単位は基底ベクトルに含まれているからです）．

　ここで，仮に 1 単位の長さ（ベクトル $\boldsymbol{A}$ が測定される単位長さで，この例ではキロメートルの単位をもち，大きさ 1 の長さ）の基底ベクトルを選んだ場合，（1.33）の分母の値は 1 になるので，x 軸に沿ったステップ数は 8.2 になります．

　このように，ベクトルあるいは関数のノルムの 2 乗で割るプロセスを，**規格化**といいます．そして，1 単位の長さをもつ直交ベクトルあるいは関数は**正規直交**しているといいます．基底ベクトルに対する正規直交性の条件は，多くの場合，次のように記述されます．

$$\boldsymbol{\epsilon}_i \cdot \boldsymbol{\epsilon}_j = \langle \epsilon_i | \epsilon_j \rangle = \delta_{ij} \tag{1.34}$$

ここで，δ_{ij} は**クロネッカーのデルタ**という記号で，$i = j$ のときは 1，$i \neq j$ のときは 0 になります．

　基底ベクトルの組の一次結合によるベクトルの展開方法，および特定の基底に対するベクトルの成分を規格化された内積を使って求める方法は，ともにヒルベルト空間の要素である関数にも拡張できます．この場合，このような関数をケットで表すと，関数 $|\psi\rangle$ は基底関数 $|\psi_n\rangle$ を使って次のように展開できます．

$$|\psi\rangle = c_1|\psi_1\rangle + c_2|\psi_2\rangle + \cdots + c_N|\psi_N\rangle = \sum_{n=1}^{N} c_n|\psi_n\rangle \tag{1.35}$$

ここで，c_1 は関数 $|\psi\rangle$ 内の基底関数 $|\psi_1\rangle$ の「量」を表し，c_2 は関数 $|\psi\rangle$ 内の基底関数 $|\psi_2\rangle$ の「量」を表すといった具合です．これらの成分 $c_1, c_2, \ldots, c_N$ は，基底関数 $|\psi_1\rangle, |\psi_2\rangle, \ldots, |\psi_N\rangle$ が直交している限り，規格化された内積を使って，次のように求めることができます．

$$c_1 = \frac{\langle\psi_1|\psi\rangle}{\langle\psi_1|\psi_1\rangle} = \frac{\displaystyle\int_{-\infty}^{\infty}\psi_1^*(x)\psi(x)dx}{\displaystyle\int_{-\infty}^{\infty}\psi_1^*(x)\psi_1(x)dx}$$

$$c_2 = \frac{\langle\psi_2|\psi\rangle}{\langle\psi_2|\psi_2\rangle} = \frac{\displaystyle\int_{-\infty}^{\infty}\psi_2^*(x)\psi(x)dx}{\displaystyle\int_{-\infty}^{\infty}\psi_2^*(x)\psi_2(x)dx} \qquad (1.36)$$

$$\vdots$$

$$c_N = \frac{\langle\psi_N|\psi\rangle}{\langle\psi_N|\psi_N\rangle} = \frac{\displaystyle\int_{-\infty}^{\infty}\psi_N^*(x)\psi(x)dx}{\displaystyle\int_{-\infty}^{\infty}\psi_N^*(x)\psi_N(x)dx}$$

ここで，各分子は，関数 $|\psi\rangle$ の各基底関数への射影を表し，各分母は，その基底関数のノルムの2乗を表しています．

　関数の成分を（正弦関数のような基底関数を使って）見つけるこのアプローチは，フランスの数学者であり物理学者である**フーリエ**によって19世紀の初頭に開発されました．**フーリエ理論**は，フーリエ合成とフーリエ分析の両方を含んでいます．フーリエ合成では，周期関数が正弦関数の一次結合によって合成されます．一方，フーリエ分析では，周期関数の正弦的な成分（sinusoidal components）が，前述のアプローチを使って決定されます．量子力学のテキストでは，重み付け係数（c_n）を関数の**スペクトル**とよぶため，このプロセスを**スペクトル分解**ということもあります．

　これがどのように機能するかを見るために，基底関数 $|\psi_1\rangle = \sin x$，$|\psi_2\rangle = \cos x$，$|\psi_3\rangle = \sin 2x$ を使って，区間 $[x=-\pi,\ x=\pi]$ で展開した次の関数 $|\psi(x)\rangle$ を考えてみましょう．

$$\psi(x) = 5|\psi_1\rangle - 10|\psi_2\rangle + 4|\psi_3\rangle$$

いまの場合，この $\psi(x)$ の式から，成分 $c_1=5$，$c_2=-10$，$c_3=4$ を直接読み取ることができます．しかし，これらの値を(1.36)から導く方法を理解するために，具体的に書いてみましょう．

$$c_1 = \frac{\displaystyle\int_{-\infty}^{\infty} \psi_1^*(x)\psi(x)dx}{\displaystyle\int_{-\infty}^{\infty} \psi_1^*(x)\psi_1(x)dx} = \frac{\displaystyle\int_{-\pi}^{\pi} [\sin x]^*[5\sin x - 10\cos x + 4\sin 2x]dx}{\displaystyle\int_{-\pi}^{\pi} [\sin x]^* \sin x\, dx}$$

$$c_2 = \frac{\displaystyle\int_{-\infty}^{\infty} \psi_2^*(x)\psi(x)dx}{\displaystyle\int_{-\infty}^{\infty} \psi_2^*(x)\psi_2(x)dx} = \frac{\displaystyle\int_{-\pi}^{\pi} [\cos x]^*[5\sin x - 10\cos x + 4\sin 2x]dx}{\displaystyle\int_{-\pi}^{\pi} [\cos x]^* \cos x\, dx}$$

$$c_3 = \frac{\displaystyle\int_{-\infty}^{\infty} \psi_3^*(x)\psi(x)dx}{\displaystyle\int_{-\infty}^{\infty} \psi_3^*(x)\psi_3(x)dx} = \frac{\displaystyle\int_{-\pi}^{\pi} [\sin 2x]^*[5\sin x - 10\cos x + 4\sin 2x]dx}{\displaystyle\int_{-\pi}^{\pi} [\sin 2x]^* \sin 2x\, dx}$$

これらの積分は，次の関係を利用すれば計算できます．

$$\int_{-\pi}^{\pi} \sin^2 ax\, dx = \left[\frac{x}{2} - \frac{\sin 2ax}{4a}\right]\Bigg|_{-\pi}^{\pi} = \pi$$

$$\int_{-\pi}^{\pi} \cos^2 ax\, dx = \left[\frac{x}{2} + \frac{\sin 2ax}{4a}\right]\Bigg|_{-\pi}^{\pi} = \pi$$

$$\int_{-\pi}^{\pi} \sin x \cos x\, dx = \left[-\frac{1}{4}\cos 2x\right]\Bigg|_{-\pi}^{\pi} = 0$$

$$\int_{-\pi}^{\pi} \sin mx \sin nx\, dx = \left[\frac{\sin(m-n)x}{2(m-n)} - \frac{\sin(m+n)x}{2(m+n)}\right]\Bigg|_{-\pi}^{\pi} = 0$$

ここで，m と n は（異なる）整数です．これらを適用すると

$$c_1 = \frac{5(\pi) - 10(0) + 4(0)}{\pi} = 5$$

$$c_2 = \frac{5(0) - 10(\pi) + 4(0)}{\pi} = -10$$

$$c_3 = \frac{5(0) - 10(0) + 4(\pi)}{\pi} = 4$$

となり，予想通りの結果が得られます．この例では，基底関数 $\sin x$，$\cos x$，$\sin 2x$ は直交していますが，正規直交ではないことに注意してください．なぜなら，これらのノルムは 1 ではなく π だからです．学生の中には，正弦関数が規格化されていないと教わると驚く人たちがいます．というのも，これら

の値は -1 から 1 の間にあるからです．しかし，関数のノルムを決定するものは，関数のピーク値ではなく，関数の2乗の積分であることを忘れないでください．

　抽象ベクトル空間の要素としての関数，特定の基底での成分を用いたベクトルと関数の展開，ディラックのブラケット記法，そしてベクトルや関数の成分を求めるときの内積の役割などを確実に理解できれば，演算子と固有関数の主題に取り組む準備ができたことになります．これらの主題は次の章で学びますが，その前に，この章で扱った概念や数学的テクニックをしっかりと身につけるために，クイズと演習問題にチャレンジするのがよいでしょう（行き詰まったり，答え合わせをしたい場合は，全ての問題に対する詳細な解が巻末の「演習問題の解答」および原著のウェブサイトで入手できることを思い出してください．クイズの解はページ下部にあります）．

クイズ　……………………………………………………………………

1. ベクトルの長さを求める方法は，次のどれですか？
   - (a) ベクトルをそれ自身に加えて，その結果を2で割る．
   - (b) ベクトルからそれ自身を引いて，その結果を2乗する．
   - (c) ベクトルとそれ自身との内積をとる．
   - (d) ベクトルとそれ自身との内積をとる．そして，その結果の平方根をとる．

2. すべての基底ベクトルは，互いに直交し，そして，単位長さをもっています．
   - (a) 正しい
   - (b) 誤り
   - (c) どちらともいえない

3. ある基底でのケットの成分から，そのケットに対応するブラを求めるには，次のどの手順が必要ですか？
   - (a) ケットの成分を行ベクトルとして記述する．
   - (b) ケットの各成分の複素共役を使って，列ベクトルを作る．
   - (c) ケットの各成分の複素共役を使って，行ベクトルを作る．
   - (d) もっと情報がなければ，ブラは求められない．

4. ブラにケットを掛けると，次のどれになりますか？

 (a) ブラ

 (b) ケット

 (c) ベクトル

 (d) スカラー

5. ベクトルのように，関数でも「方向」をもつと考えることができます．

 (a) 正しい

 (b) 誤り

 (c) どちらともいえない

6. 虚数は，実数とまったく同じように「実在」しています．

 (a) 正しい

 (b) 誤り

 (c) どちらともいえない

7. 複素数に i（マイナス 1 の平方根）を掛けると，どのような効果を生じますか？

 (a) 原点からその複素数までの線分を，反時計回りに 90 度回転させる．

 (b) 実数にする．

 (c) 虚数にする．

 (d) 大きさを負にする．

8. 2 つの関数の内積は，ゼロになります．

 (a) 正しい

 (b) 誤り

 (c) どちらともいえない

9. 特定の基底での N 次元抽象ベクトルの成分は，各基底ベクトルとそのベクトルとの内積をとるだけで求めることができます．

 (a) 正しい

 (b) 誤り

 (c) どちらともいえない

10. 正弦波の値は -1 から $+1$ の範囲にあるため，すべての正弦関数は全区間で正規化されていることになります．

 (a) 正しい

 (b) 誤り

 (c) どちらともいえない

```
演習問題
```
....

1.1　2つのベクトル $\boldsymbol{A}=3\hat{\boldsymbol{i}}-2\hat{\boldsymbol{j}}$ と $\boldsymbol{B}=\hat{\boldsymbol{i}}+\hat{\boldsymbol{j}}$ の和 $\boldsymbol{C}=\boldsymbol{A}+\boldsymbol{B}$ の成分を(1.4)を使って求めなさい．この結果を，図形的な加算を使って検証しなさい．

1.2　問1.1の3つのベクトル $\boldsymbol{A},\boldsymbol{B},\boldsymbol{C}$ の長さを求めなさい．この結果を，図形的な加算を使って検証しなさい．

1.3　問1.1のベクトル $\boldsymbol{A},\boldsymbol{B}$ に対するスカラー積 $\boldsymbol{A}\cdot\boldsymbol{B}$ を求めなさい．次に，この結果と問1.2で計算したベクトル $\boldsymbol{A}$ と $\boldsymbol{B}$ の大きさ($|\boldsymbol{A}|$ と $|\boldsymbol{B}|$)を使って，(1.10)から $\boldsymbol{A}$ と $\boldsymbol{B}$ の間の角度を求めなさい．また，この答えの角度を，問1.1の図形的な加算を使って検証しなさい．

1.4　問1.1の2次元ベクトル $\boldsymbol{A}$ と $\boldsymbol{B}$ は直交していますか？　ベクトル $\boldsymbol{A}$ に $+\hat{\boldsymbol{k}}$ を，ベクトル $\boldsymbol{B}$ に $-\hat{\boldsymbol{k}}$ を加えると何が起こるでしょうか？　3次元ベクトル $\boldsymbol{A}=3\hat{\boldsymbol{i}}-2\hat{\boldsymbol{j}}+\hat{\boldsymbol{k}}$ と $\boldsymbol{B}=\hat{\boldsymbol{i}}+\hat{\boldsymbol{j}}-\hat{\boldsymbol{k}}$ は直交しているでしょうか？　これは，ベクトル(および，N 次元の抽象ベクトル)がある範囲の成分では直交していても，異なる範囲では非直交になるかもしれないという原則を示しています．

1.5　正規直交の基底ケット $|\epsilon_1\rangle,|\epsilon_2\rangle,|\epsilon_3\rangle$ をもつ座標系でのケット $|\psi\rangle=4|\epsilon_1\rangle-2i|\epsilon_2\rangle+i|\epsilon_3\rangle$ に対して，$|\psi\rangle$ のノルムを求めなさい．次に，$|\psi\rangle$ の各成分を $|\psi\rangle$ のノルムで割って $|\psi\rangle$ を「規格化」しなさい．

1.6　問1.5のケット $|\psi\rangle$ とケット $|\phi\rangle=3i|\epsilon_1\rangle+|\epsilon_2\rangle-5i|\epsilon_3\rangle$ に対して，内積 $\langle\phi|\psi\rangle$ を求めなさい．そして，$\langle\phi|\psi\rangle=\langle\psi|\phi\rangle^*$ であることを示しなさい．

1.7　正の整数 m と n が異なる場合，2つの関数 $\sin mx$ と $\sin nx$ は，$x=0$ から $x=2\pi$ までの範囲で直交しているでしょうか？　範囲を $x=0$ から $x=\dfrac{3\pi}{2}$ まで広げると，どうなるでしょうか？

1.8　2つの関数 $e^{i\omega t}$ と $e^{2i\omega t}$ は，$t=0$ から $t=T$ までの範囲で正規直交基底を形成できるでしょうか？　ただし，$\omega=\dfrac{2\pi}{T}$．

1.9　基底ベクトルを $\boldsymbol{\epsilon}_1=3\hat{\boldsymbol{i}}$，$\boldsymbol{\epsilon}_2=4\hat{\boldsymbol{j}}+4\hat{\boldsymbol{k}}$，$\boldsymbol{\epsilon}_3=-2\hat{\boldsymbol{j}}+2\hat{\boldsymbol{k}}$ として，これら3つの基底ベクトルの方向に沿ったベクトル $\boldsymbol{A}=6\hat{\boldsymbol{i}}+6\hat{\boldsymbol{j}}+6\hat{\boldsymbol{k}}$ の成分を求めなさい．

第1章のクイズの解：1.(d)；2.(b)；3.(c)；4.(d)；5.(a)；6.(a)；7.(a)；8.(c)；9.(c)；10.(b)

1.10   区間 $0 \leq x \leq L$ では $f(x) = 1$，それ以外の区間 $(x < 0$ と $x > L)$ では $f(x)$ $= 0$ となる**矩形パルス関数** $f(x)$ に対して，同じ区間での基底関数 $\psi_1 = \sin\left(\dfrac{\pi x}{L}\right)$，$\psi_2 = \cos\left(\dfrac{\pi x}{L}\right)$，$\psi_3 = \sin\left(\dfrac{2\pi x}{L}\right)$，$\psi_4 = \cos\left(\dfrac{2\pi x}{L}\right)$ の成分 c_1, c_2, c_3, c_4 の値を求めなさい．

2

演算子と固有関数

第1章で説明した概念やテクニックは，ベクトルや関数の数学と，位置，運動量，エネルギーなどのオブザーバブルの測定で期待される結果との間に橋を架ける準備のためのものでした．量子力学では，全ての物理的オブザーバブルは線形「演算子」と関係しています．この演算子を使って，特定の量子状態での可能な測定結果とそれらの確率が決定できます．

この章では，2.1節で演算子，固有ベクトル，固有関数を紹介します．そして，2.2節で演算子でのディラック記号の使い方を，2.3節でエルミート演算子とその重要性を説明し，2.4節で射影演算子を導入します．2.5節で期待値を計算します．最後に，全ての章と同じように，理解度をチェックするためのクイズと演習問題があります．

2.1　演算子，固有ベクトル，固有関数

演算子[*1]という言葉を耳にして，「演算子とは一体何だろう？」と疑問に思っている人は，演算子とは単に，数やベクトルや関数などに対して特定のプロセスを実行するための命令である，と知れば安心するかもしれません．これまでこのような命令を演算子とよんではいなかったかもしれませんが，あなたは間違いなく，これまでに演算子に出合っています．例えば，記号 $\sqrt[\text{ルート}]{}$ は，この記号の屋根の下に表示されるものは何であっても，それの平方根をとれという命令です．また，記号 $\dfrac{d(\ )}{dx}$ は括弧内に表示されるものは何であっても，x

---

[*1]　原著では「**量子演算子**(quantum operator)」という用語が使われていますが，誤解の生じない限り，単に「演算子」と訳します．

に関する 1 階微分をとることを命じています.

　量子力学で出合う演算子は**線形演算子**とよばれます. その理由は, ベクトルまたは関数の和に演算子を適用すると, 個々のベクトルまたは個々の関数に演算子を適用してから和をとるのと同じ結果が得られるからです. したがって, $\hat{O}$ が線形演算子[†1]であり, f_1 と f_2 が関数である場合

$$\hat{O}(f_1 + f_2) = \hat{O}(f_1) + \hat{O}(f_2) \tag{2.1}$$

が成り立ちます. 線形演算子には, 関数にスカラーを掛けてから演算子を適用した結果と, 初めに演算子を適用してから, それにスカラーを掛けた結果とが同じになる, という性質もあります. したがって, $\hat{O}$ が線形演算子であり, c が(複素数の)スカラーで, f が関数のとき

$$\hat{O}(cf) = c\hat{O}(f) \tag{2.2}$$

が成り立ちます.

　量子力学で使用される演算子を理解するには, まず演算子を正方行列で表し, 行列とベクトルを掛けると何が起こるかを考えるのが役立ちます(量子力学では, 行列を考えることでプロセスが理解しやすくなる場合がありますが, これはそのような例の 1 つです). 行列計算の規則から, 行列($\bar{\bar{R}}$)を列ベクトル $\boldsymbol{A}$ に掛けると次のようになることを, 思い出してください[†2].

$$\bar{\bar{R}}\boldsymbol{A} = \begin{pmatrix} R_{11} & R_{12} \\ R_{21} & R_{22} \end{pmatrix} \begin{pmatrix} A_1 \\ A_2 \end{pmatrix} = \begin{pmatrix} R_{11}A_1 + R_{12}A_2 \\ R_{21}A_1 + R_{22}A_2 \end{pmatrix} \tag{2.3}$$

このタイプの計算ができるのは, 行列の列の数がベクトルの行の数に等しい場合だけです(この場合, $\boldsymbol{A}$ は 2 成分をもっているから, 行の数は 2 です). このように, 行列にベクトルを掛けるプロセスは, 別のベクトルを生成します. つまり, 行列はベクトルに「作用」して, 別のベクトルに変換します. そういう訳で, 線形演算子を**線形変換**とよぶテキストもあります.

[†1]　演算子の書き方にはいくつかありますが, 量子力学で最も一般的なのは演算子ラベルの上にハット記号(^)を付けることです.

[†2]　量子力学のテキストで, 行列を表す標準的な記号はないようなので, 本書では, 正方行列には 2 重バー(¯)をつけ, 1 列の行列にはベクトル記号かケット記号 $|\ \rangle$ を使うことにします.

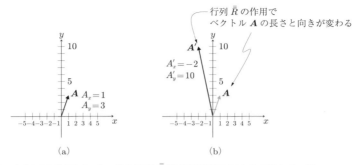

図 2.1 (a) 元のベクトル **A**, (b) 行列 $\bar{\bar{R}}$ を作用させたあとのベクトル **A'**

このタイプの演算は, ベクトルにどのような影響を与えるでしょうか? それは, 行列とベクトルに依存します. 例えば, 行列

$$\bar{\bar{R}} = \begin{pmatrix} 4 & -2 \\ -2 & 4 \end{pmatrix}$$

と, **図 2.1 (a)** のベクトル $\boldsymbol{A} = \hat{\boldsymbol{i}} + 3\hat{\boldsymbol{j}}$ を考えてみましょう. **A** の成分を列ベクトルで表してから, 行列を掛けると

$$\bar{\bar{R}}\boldsymbol{A} = \begin{pmatrix} 4 & -2 \\ -2 & 4 \end{pmatrix} \begin{pmatrix} 1 \\ 3 \end{pmatrix} = \begin{pmatrix} (4)(1)+(-2)(3) \\ (-2)(1)+(4)(3) \end{pmatrix} = \begin{pmatrix} -2 \\ 10 \end{pmatrix} \qquad (2.4)$$

となります. したがって, 行列 $\bar{\bar{R}}$ をベクトル **A** に作用させると, 長さも方向も異なる別のベクトルが生成されます. この新しいベクトルは, **図 2.1 (b)** の **A'** で示されています.

ベクトルに作用する行列が, 一般に, ベクトルの方向を変えるのはなぜでしょうか? この理由は, 新しいベクトル **A'** の x 成分が, 元のベクトル **A** の両方の成分の一次結合で, その係数が行列 $\bar{\bar{R}}$ の1番目の行で与えられることに気づけばわかります. 同様に, **A'** の y 成分は, 元のベクトル **A** の両方の成分の一次結合で, その係数は行列 $\bar{\bar{R}}$ の2番目の行で与えられます.

これは, 一次結合が行列要素の値と元のベクトルの成分の値に依存して, 一般に, 元のベクトルとは異なる大きさの新しいベクトルを与えることを意味します. ここに, 鍵となる考えがあります. 新しい成分の「比」が元の成分の比

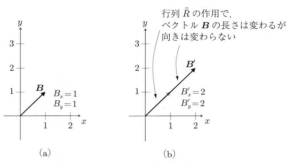

図 2.2　(a) 元のベクトル **B**，(b) 行列 $\bar{\bar{R}}$ を作用させたあとのベクトル **B′**

と異なる場合，新しいベクトルは元のベクトルの方向とは異なる方向を指します．この場合，基底ベクトルの相対的な量は，ベクトルに対する行列の作用によって変化します．

　ここで，行列 $\bar{\bar{R}}$ の効果を別のベクトルで考えてみましょう．例えば，**図 2.2 (a)** に示したベクトル $\boldsymbol{B} = \hat{\boldsymbol{i}} + \hat{\boldsymbol{j}}$ に作用させると

$$
\bar{\bar{R}}\boldsymbol{B} = \begin{pmatrix} 4 & -2 \\ -2 & 4 \end{pmatrix} \begin{pmatrix} 1 \\ 1 \end{pmatrix} = \begin{pmatrix} (4)(1) + (-2)(1) \\ (-2)(1) + (4)(1) \end{pmatrix}
$$

$$
= \begin{pmatrix} 2 \\ 2 \end{pmatrix} = 2 \begin{pmatrix} 1 \\ 1 \end{pmatrix} = 2\boldsymbol{B} \tag{2.5}
$$

となります．したがって，ベクトル **B** への行列 $\bar{\bar{R}}$ の作用によって，**B** の長さは元の長さの 2 倍になりますが，**B** の向きは変わりません．これは，ベクトル **B′** の基底ベクトルの相対的な量が，ベクトル **B** と同じであることを意味します．

　行列を掛けた後で，向きが変わらないベクトルは，その行列の**固有ベクトル**とよばれ，ベクトルの長さをスケーリング（拡大縮小）する係数は，その固有ベクトルの**固有値**とよばれます（ベクトルの長さが行列の演算で変わらなければ，その固有ベクトルの固有値は 1 です）．したがって，ベクトル $\boldsymbol{B} = \hat{\boldsymbol{i}} + \hat{\boldsymbol{j}}$ は行列 $\bar{\bar{R}}$ の固有ベクトルで，その固有値は 2 です．

　(2.5) は**固有値方程式**の一例ですが，固有値方程式の一般的な形は

$$\bar{\bar{R}}\boldsymbol{A} = \lambda\boldsymbol{A} \tag{2.6}$$

のようになります. これは, ベクトル $\boldsymbol{A}$ が行列 $\bar{\bar{R}}$ の固有ベクトルで, その固有値は λ であることを表します.

　行列の固有値と固有ベクトルを決める手順は, 難しくありません. 原著のウェブサイトで, この手順といくつかの実例を見ることができます. 前の例で使った行列 $\bar{\bar{R}}$ に対して, そのプロセスを実行すると, ベクトル $\boldsymbol{C}=\hat{\boldsymbol{i}}-\hat{\boldsymbol{j}}$ も行列 $\bar{\bar{R}}$ の固有ベクトルであり, その固有値は 6 であることがわかるでしょう[*2].

　ここに, 量子力学で遭遇する可能性のある行列に対して, 2 つの役立つヒントがあります. 1 つ目のヒントは, 行列の固有値の和は行列のトレースに等しいことです(トレースとは, 行列の対角成分の和のことで, この場合は 8). そして, 2 つ目のヒントは, 固有値の積はその行列の行列式に等しいことです(この場合は 12).

　行列が演算子としてベクトルに作用して新しいベクトルを作るのと同じように, 演算子として関数に作用して新しい関数を作る数学的なプロセスがあります. 新しい関数が元の関数のスカラー倍である場合, その関数は演算子の**固有関数**とよばれます. 行列の固有値方程式(2.6)に対応する関数の固有値方程式は

$$\hat{O}\psi = \lambda\psi \tag{2.7}$$

で, 関数 ψ は演算子 $\hat{O}$ の固有関数で, 固有値 λ をもつことを表します.

　ある関数に作用して, それをスケーリングされた関数に変える演算子はどのようなものだろうと疑問に思うかもしれません. 例として, **微分演算子** $\hat{D}=\dfrac{d}{dx}$ を考えてみましょう. 関数 $f(x)=\sin kx$ が演算子 $\hat{D}$ の固有関数であるかを判断するために, $\hat{D}$ を $f(x)$ に作用させて, その結果が $f(x)$ に比例するかを調べます.

[*2]　$\bar{\bar{R}}\boldsymbol{C} = \begin{pmatrix} 4 & -2 \\ -2 & 4 \end{pmatrix}\begin{pmatrix} 1 \\ -1 \end{pmatrix} = 6\begin{pmatrix} 1 \\ -1 \end{pmatrix}$.

$$\widehat{D}f(x) = \frac{d(\sin kx)}{dx} = k\cos kx \overset{?}{=} \lambda(\sin kx) \qquad (2.8)$$

ここでの問題は，(2.8)を成立させる λ（実数あるいは複素数）が存在するか否かです．$kx=0$ と $kx=\pi$ での $\sin kx$ と $k\cos kx$ の値を考えれば（あるいは，この2つの関数のグラフを見れば），(2.8)を満たす λ の値が存在しないことは明らかです．したがって，$\sin kx$ は演算子 $\widehat{D}=\dfrac{d}{dx}$ の固有関数ではありません．

では，2階の微分演算子に対して同じプロセスをやってみましょう．

$$\widehat{D}^2 f(x) = \frac{d^2(\sin kx)}{dx^2} = \frac{d(k\cos kx)}{dx} = -k^2\sin kx \overset{?}{=} \lambda(\sin kx) \qquad (2.9)$$

この場合，$\lambda = -k^2$ であれば，固有値方程式は成り立ちます．つまり，$\sin kx$ は **2階微分演算子** $\widehat{D}^2 = \dfrac{d^2}{dx^2}$ の固有関数であり，$\lambda = -k^2$ がこの固有関数の固有値になります．

2.1 節の主要なアイデア

線形演算子は，ベクトルを別のベクトルに変換する行列として表現できる．その新しいベクトルが元のベクトルをスケーリング（拡大縮小）したベクトルである場合，このベクトルは行列の固有ベクトルであり，スケーリング係数（倍率）はこの固有ベクトルの固有値である．演算子は関数にも作用して，新しい関数を生成する．この新しい関数が元の関数に数値を掛けたものである場合，この関数は演算子の固有関数である．

量子力学との関係

量子力学では，位置，運動量，エネルギーなどの物理的オブザーバブルは，全て演算子に関係付けられている．系の状態は，その演算子の固有関数の線形結合で表現できる．これらの固有関数の固有値が，そのオブザーバブルを測定したときの可能な結果を表す．

2.2　ディラック記号の演算子

　量子力学的な演算子を使うには，演算子がディラック記号に組み込まれる方法に慣れておくと役立ちます．このディラック記号を使うと，一般的な固有値方程式は

$$\hat{O}|\psi\rangle = \lambda|\psi\rangle \tag{2.10}$$

と書けます．このとき，$|\psi\rangle$ は演算子 $\hat{O}$ の**固有ケット**といいます．

　まず初めに，この式の両辺にケット $|\phi\rangle$ を掛けて内積をとると，どうなるかを考えてみましょう．

$$(|\phi\rangle, \hat{O}|\psi\rangle) = (|\phi\rangle, \lambda|\psi\rangle)$$

内積をとるとき，内積の1番目のメンバー（ここでは $|\phi\rangle$）はブラになることを思い出してください．左からブラ $\langle\phi|$ を掛けると

$$\langle\phi|\hat{O}|\psi\rangle = \langle\phi|\lambda|\psi\rangle \tag{2.11}$$

となります．この式の左辺には，ブラとケットに挟まれて「サンドイッチ状態の」演算子があり，右辺の同じ場所には定数があります．この表式は，量子力学では非常に一般的（かつ，有効）なので，これの意味や使い方を理解するために時間をかける価値はあります．

　$\langle\phi|\hat{O}|\psi\rangle$ の式で最初に理解すべきことは，これがベクトルや演算子ではなく，スカラーを表すということです．その理由を理解するために，右側のケット $|\psi\rangle$ に作用している演算子 $\hat{O}$ を考えてください[3]．

　列ベクトルに作用する行列が，別の列ベクトルを生成するように，演算子 $\hat{O}$ をケット $|\psi\rangle$ に作用させると別のケットを生成します．そのケットを $|\psi'\rangle$ とすると

$$\hat{O}|\psi\rangle = |\psi'\rangle \tag{2.12}$$

---

[3]　演算子を左側のブラに作用させる場合は，注意が必要です．この点は，2.3 節で説明します．

より，(2.11)の左辺は

$$\langle\phi|\widehat{O}|\psi\rangle = \langle\phi|\psi'\rangle \tag{2.13}$$

となります．この内積は，ケット $|\phi\rangle$ 方向へのケット $|\psi'\rangle$ の射影に比例します．そして，射影はスカラーなので，ブラとケットの間に演算子を挟むとスカラーの結果になることがわかります．しかし，その結果はどのような役に立つのでしょうか？　この章の最後の節でわかるように，このタイプの式を利用すると，量子力学で最も重要な量の1つを決定できます．その量とは，オブザーバブルを測定したときの期待値です．

その前に，(2.13)の表現が役立つ別の使い方を説明します．それは，演算子を基底ベクトルのペアの間にサンドイッチ状に挟むことで，この基底での演算子の行列要素を求める方法です．

その方法の有効性を見るために，次の 2×2 行列で表した演算子 $\widehat{A}$ を考えてみましょう．

$$\bar{\bar{A}} = \begin{pmatrix} A_{11} & A_{12} \\ A_{21} & A_{22} \end{pmatrix}$$

これらの要素 $A_{11}, A_{12}, A_{21}, A_{22}$（まとめて A_{ij} と表示）は基底に依存しますが，これは，ベクトルの成分がそれらの適用される基底ベクトルに依存することと全く同じです．

特定の基底での演算子 $\widehat{A}$ を表す行列の要素 A_{ij} は，その系の各基底ベクトルに演算子を作用させることによって決定できます．例えば，正規直交基底ベクトル $\hat{\boldsymbol{\epsilon}}_1$ と $\hat{\boldsymbol{\epsilon}}_2$ を表すケット $|\epsilon_1\rangle$ と $|\epsilon_2\rangle$ に演算子 $\widehat{A}$ を作用させると，行列要素は各基底ベクトルの「量」を次のように決定します．

$$\begin{aligned} \widehat{A}|\epsilon_1\rangle &= A_{11}|\epsilon_1\rangle + A_{21}|\epsilon_2\rangle \\ \widehat{A}|\epsilon_2\rangle &= A_{12}|\epsilon_1\rangle + A_{22}|\epsilon_2\rangle \end{aligned} \tag{2.14}$$

つまり，各基底ベクトルの量を決めるものは，$\bar{\bar{A}}$ の列になります．ここで，1番目の式と基底ケット $|\epsilon_1\rangle$ との内積をとると

$$\langle\epsilon_1|\widehat{A}|\epsilon_1\rangle = \langle\epsilon_1|A_{11}|\epsilon_1\rangle + \langle\epsilon_1|A_{21}|\epsilon_2\rangle$$
$$= A_{11}\langle\epsilon_1|\epsilon_1\rangle + A_{21}\langle\epsilon_1|\epsilon_2\rangle = A_{11}$$

となります．なぜなら，**正規直交**基底では $\langle\epsilon_1|\epsilon_1\rangle = 1$ と $\langle\epsilon_1|\epsilon_2\rangle = 0$ だからです．したがって，この基底での行列要素 A_{11} は $\langle\epsilon_1|\widehat{A}|\epsilon_1\rangle$ を使って求めることができます．

(2.14)の2番目の式と基底ケット $|\epsilon_1\rangle$ との内積をとると

$$\langle\epsilon_1|\widehat{A}|\epsilon_2\rangle = \langle\epsilon_1|A_{12}|\epsilon_1\rangle + \langle\epsilon_1|A_{22}|\epsilon_2\rangle$$
$$= A_{12}\langle\epsilon_1|\epsilon_1\rangle + A_{22}\langle\epsilon_1|\epsilon_2\rangle = A_{12}$$

となるので，この基底での行列要素 A_{12} は $\langle\epsilon_1|\widehat{A}|\epsilon_2\rangle$ から求めることができます．同様に，(2.14)の2つの式と基底ケット $|\epsilon_2\rangle$ との内積をとると，$A_{21} = \langle\epsilon_2|\widehat{A}|\epsilon_1\rangle$ と $A_{22} = \langle\epsilon_2|\widehat{A}|\epsilon_2\rangle$ が求まります．

これらの結果を組み合わせると，ケット $|\epsilon_1\rangle$ と $|\epsilon_2\rangle$ で表される基底ベクトルをもつ座標系での演算子 $\widehat{A}$ の行列は

$$\bar{\bar{A}} = \begin{pmatrix} \langle\epsilon_1|\widehat{A}|\epsilon_1\rangle & \langle\epsilon_1|\widehat{A}|\epsilon_2\rangle \\ \langle\epsilon_2|\widehat{A}|\epsilon_1\rangle & \langle\epsilon_2|\widehat{A}|\epsilon_2\rangle \end{pmatrix} \tag{2.15}$$

と表現されます．正規直交基底のペアを $|\epsilon_i\rangle$ と $|\epsilon_j\rangle$ で表すと，(2.15)は次のようにコンパクトに表せます．

$$A_{ij} = \langle\epsilon_i|\widehat{A}|\epsilon_j\rangle \tag{2.16}$$

ここで，(2.16)の有用性がわかる例を具体的に見るために，前節で扱ったデカルト座標での演算子を考えてみましょう．この演算子は行列 $\bar{\bar{R}} = \begin{pmatrix} 4 & -2 \\ -2 & 4 \end{pmatrix}$ で与えられる要素をもっています．いま，基底ベクトル $|\epsilon_1\rangle = \dfrac{1}{\sqrt{2}}(\hat{\boldsymbol{i}}+\hat{\boldsymbol{j}}) = \dfrac{1}{\sqrt{2}}\begin{pmatrix} 1 \\ 1 \end{pmatrix}$ と $|\epsilon_2\rangle = \dfrac{1}{\sqrt{2}}(\hat{\boldsymbol{i}}-\hat{\boldsymbol{j}}) = \dfrac{1}{\sqrt{2}}\begin{pmatrix} 1 \\ -1 \end{pmatrix}$ をもつ2次元正規直交基底で，同じ演算子を表す行列の要素を決めたいとします．この場合，$(\hat{\boldsymbol{\epsilon}}_1, \hat{\boldsymbol{\epsilon}}_2)$

基底での行列 $\bar{\bar{R}} = \begin{pmatrix} 4 & -2 \\ -2 & 4 \end{pmatrix}$ の要素は，(2.16)を使って次のように決めることができます．

$$R_{11} = \langle \epsilon_1 | \widehat{R} | \epsilon_1 \rangle = \begin{pmatrix} \frac{1}{\sqrt{2}} & \frac{1}{\sqrt{2}} \end{pmatrix} \begin{pmatrix} 4 & -2 \\ -2 & 4 \end{pmatrix} \begin{pmatrix} \frac{1}{\sqrt{2}} \\ \frac{1}{\sqrt{2}} \end{pmatrix}$$

$$= \begin{pmatrix} \frac{1}{\sqrt{2}} & \frac{1}{\sqrt{2}} \end{pmatrix} \begin{pmatrix} (4)\left(\frac{1}{\sqrt{2}}\right) + (-2)\left(\frac{1}{\sqrt{2}}\right) \\ (-2)\left(\frac{1}{\sqrt{2}}\right) + (4)\left(\frac{1}{\sqrt{2}}\right) \end{pmatrix} = \begin{pmatrix} \frac{1}{\sqrt{2}} & \frac{1}{\sqrt{2}} \end{pmatrix} \begin{pmatrix} \frac{2}{\sqrt{2}} \\ \frac{2}{\sqrt{2}} \end{pmatrix}$$

$$= \frac{1}{\sqrt{2}} \frac{2}{\sqrt{2}} + \frac{1}{\sqrt{2}} \frac{2}{\sqrt{2}} = 2$$

$$R_{12} = \langle \epsilon_1 | \widehat{R} | \epsilon_2 \rangle = \begin{pmatrix} \frac{1}{\sqrt{2}} & \frac{1}{\sqrt{2}} \end{pmatrix} \begin{pmatrix} 4 & -2 \\ -2 & 4 \end{pmatrix} \begin{pmatrix} \frac{1}{\sqrt{2}} \\ -\frac{1}{\sqrt{2}} \end{pmatrix}$$

$$= \begin{pmatrix} \frac{1}{\sqrt{2}} & \frac{1}{\sqrt{2}} \end{pmatrix} \begin{pmatrix} (4)\left(\frac{1}{\sqrt{2}}\right) + (-2)\left(-\frac{1}{\sqrt{2}}\right) \\ (-2)\left(\frac{1}{\sqrt{2}}\right) + (4)\left(-\frac{1}{\sqrt{2}}\right) \end{pmatrix} = \begin{pmatrix} \frac{1}{\sqrt{2}} & \frac{1}{\sqrt{2}} \end{pmatrix} \begin{pmatrix} \frac{6}{\sqrt{2}} \\ -\frac{6}{\sqrt{2}} \end{pmatrix}$$

$$= \frac{1}{\sqrt{2}} \frac{6}{\sqrt{2}} + \frac{1}{\sqrt{2}} \left(-\frac{6}{\sqrt{2}}\right) = 0$$

$$R_{21} = \langle \epsilon_2 | \widehat{R} | \epsilon_1 \rangle = \begin{pmatrix} \frac{1}{\sqrt{2}} & -\frac{1}{\sqrt{2}} \end{pmatrix} \begin{pmatrix} 4 & -2 \\ -2 & 4 \end{pmatrix} \begin{pmatrix} \frac{1}{\sqrt{2}} \\ \frac{1}{\sqrt{2}} \end{pmatrix}$$

$$= \begin{pmatrix} \frac{1}{\sqrt{2}} & -\frac{1}{\sqrt{2}} \end{pmatrix} \begin{pmatrix} (4)\left(\frac{1}{\sqrt{2}}\right) + (-2)\left(\frac{1}{\sqrt{2}}\right) \\ (-2)\left(\frac{1}{\sqrt{2}}\right) + (4)\left(\frac{1}{\sqrt{2}}\right) \end{pmatrix} = \begin{pmatrix} \frac{1}{\sqrt{2}} & -\frac{1}{\sqrt{2}} \end{pmatrix} \begin{pmatrix} \frac{2}{\sqrt{2}} \\ \frac{2}{\sqrt{2}} \end{pmatrix}$$

$$= \frac{1}{\sqrt{2}} \frac{2}{\sqrt{2}} - \frac{1}{\sqrt{2}} \frac{2}{\sqrt{2}} = 0$$

$$R_{22} = \langle \epsilon_2 | \widehat{R} | \epsilon_2 \rangle = \begin{pmatrix} \frac{1}{\sqrt{2}} & -\frac{1}{\sqrt{2}} \end{pmatrix} \begin{pmatrix} 4 & -2 \\ -2 & 4 \end{pmatrix} \begin{pmatrix} \frac{1}{\sqrt{2}} \\ -\frac{1}{\sqrt{2}} \end{pmatrix}$$

$$= \begin{pmatrix} \frac{1}{\sqrt{2}} & -\frac{1}{\sqrt{2}} \end{pmatrix} \begin{pmatrix} (4)\left(\frac{1}{\sqrt{2}}\right) + (-2)\left(-\frac{1}{\sqrt{2}}\right) \\ (-2)\left(\frac{1}{\sqrt{2}}\right) + (4)\left(-\frac{1}{\sqrt{2}}\right) \end{pmatrix} = \begin{pmatrix} \frac{1}{\sqrt{2}} & -\frac{1}{\sqrt{2}} \end{pmatrix} \begin{pmatrix} \frac{6}{\sqrt{2}} \\ -\frac{6}{\sqrt{2}} \end{pmatrix}$$

$$= \frac{1}{\sqrt{2}} \frac{6}{\sqrt{2}} - \frac{1}{\sqrt{2}} \left(-\frac{6}{\sqrt{2}} \right) = 6$$

したがって，行列 $\bar{\bar{R}}$ は

$$\bar{\bar{R}} = \begin{pmatrix} 2 & 0 \\ 0 & 6 \end{pmatrix} \qquad (基底 \hat{\boldsymbol{\epsilon}}_1, \hat{\boldsymbol{\epsilon}}_2 \text{ での表示})$$

で与えられます．もし対角要素の値に見覚えがあるならば，それらが前節で求めた行列 $\bar{\bar{R}}$ の固有値だからです．これは偶然ではなく，基底ベクトル $|\epsilon_1\rangle = \frac{1}{\sqrt{2}}(\hat{\boldsymbol{i}}+\hat{\boldsymbol{j}})$ と $|\epsilon_2\rangle = \frac{1}{\sqrt{2}}(\hat{\boldsymbol{i}}-\hat{\boldsymbol{j}})$ がこの行列の（規格化された）固有ベクトルだからです．そして，非縮退の固有値[†4]（つまり，2つ以上の固有ベクトルに共有されていない場合の固有値）をもつ演算子の行列が，その固有ベクトルを基底関数として表現されるとき，行列は対角行列（つまり，非対角要素はすべてゼロ）になり，対角要素は行列の固有値になります．

　演算子の数学について付け加えると，量子力学の勉強をする中で**可換性**というものに出合うでしょう．2つの演算子 $\hat{A}$ と $\hat{B}$ が，それらの適用順序を入れ替えても，結果が変わらない場合，2つの演算子は可換であるといいます．つまり，ケット $|\psi\rangle$ に演算子 $\hat{B}$ を作用させてから，その結果に演算子 $\hat{A}$ を作用させたものは，ケット $|\psi\rangle$ に演算子 $\hat{A}$ を初めに作用させ，次にその結果に演算子 $\hat{B}$ を作用させたものと同じ答えになります．これを式で表現すると

$$\hat{A}(\hat{B}|\psi\rangle) = \hat{B}(\hat{A}|\psi\rangle) \qquad (\hat{A} \text{ と } \hat{B} \text{ が可換であるとき}) \qquad (2.17)$$

あるいは

$$\hat{A}\hat{B}(|\psi\rangle) - \hat{B}\hat{A}(|\psi\rangle) = 0$$
$$(\hat{A}\hat{B} - \hat{B}\hat{A})|\psi\rangle = 0$$

となります．括弧内の量 $(\hat{A}\hat{B}-\hat{B}\hat{A})$ は，演算子 $\hat{A}$ と $\hat{B}$ の**交換子**とよばれるもので，一般に次のように書かれます．

[†4] 縮退した固有値に関しては，この章の次節で説明します．

$$[\widehat{A}, \widehat{B}] = \widehat{A}\widehat{B} - \widehat{B}\widehat{A} \tag{2.18}$$

そのため，演算の順序を変えることで生じる結果の変化が大きいほど，交換子は大きくなります．

　演算子のペアに可換でないものがあることに驚いた人は，演算子が行列で表現できること，そして，行列の積が一般に可換でない(つまり，演算の順番が問題である)ことを思い出してください．

　この具体例として，演算子 $\widehat{A}$ と $\widehat{B}$ を表す 2 つの行列を考えてみましょう．

$$\bar{\bar{A}} = \begin{pmatrix} i & 0 & 1 \\ 0 & -i & 2 \\ 0 & -1 & 0 \end{pmatrix} \qquad \bar{\bar{B}} = \begin{pmatrix} 2 & i & 0 \\ 0 & 1 & -i \\ -1 & 0 & 0 \end{pmatrix}$$

これらの演算子が可換であるかどうかは，行列の積 $\bar{\bar{A}}\bar{\bar{B}}$ と $\bar{\bar{B}}\bar{\bar{A}}$ を比べれば判断できます．これらを計算すると

$$\bar{\bar{A}}\bar{\bar{B}} = \begin{pmatrix} i & 0 & 1 \\ 0 & -i & 2 \\ 0 & -1 & 0 \end{pmatrix} \begin{pmatrix} 2 & i & 0 \\ 0 & 1 & -i \\ -1 & 0 & 0 \end{pmatrix} = \begin{pmatrix} 2i-1 & -1 & 0 \\ -2 & -i & -1 \\ 0 & -1 & i \end{pmatrix}$$

と

$$\bar{\bar{B}}\bar{\bar{A}} = \begin{pmatrix} 2 & i & 0 \\ 0 & 1 & -i \\ -1 & 0 & 0 \end{pmatrix} \begin{pmatrix} i & 0 & 1 \\ 0 & -i & 2 \\ 0 & -1 & 0 \end{pmatrix} = \begin{pmatrix} 2i & 1 & 2+2i \\ 0 & 0 & 2 \\ -i & 0 & -1 \end{pmatrix}$$

になります．これらの結果を引き算すると，交換子 $[\bar{\bar{A}}, \bar{\bar{B}}]$ は次のようになり，行列 $\bar{\bar{A}}$ と $\bar{\bar{B}}$ は可換でないことがわかります．

$$[\bar{\bar{A}}, \bar{\bar{B}}] = \bar{\bar{A}}\bar{\bar{B}} - \bar{\bar{B}}\bar{\bar{A}} = \begin{pmatrix} -1 & -2 & -2-2i \\ -2 & -i & -3 \\ i & -1 & 1+i \end{pmatrix}$$

2.2 節の主要なアイデア

特定の基底における演算子の行列要素は，正規直交である基底ベクトルのペアの間に演算子を挟むことで決定できる．2つの演算子の演算の順序を変えても，結果が変わらない場合，これらの演算子は可換であるという．

量子力学との関係

2.4 節で，「射影演算子」という重要な演算子を表す行列の要素が，この演算子を基底ベクトルのペアで挟むことによって求められることがわかる．2.5 節では，表現 $\langle\psi|\hat{O}|\psi\rangle$ を使って，状態 $|\psi\rangle$ にいる系の演算子 $\hat{O}$ に対応するオブザーバブルの測定の期待値を決定できることがわかる．

全てのオブザーバブルには対応する演算子があり，2つの演算子が可換であれば，その2つの演算子に関係した測定は，演算の順序に依らず同じ結果になる．つまり，これら2つのオブザーバブルは，実験の配置や計測だけに制限される精度で同時に測定され得ることを意味する．しかし，ハイゼンベルクの不確定性原理は，演算子が可換でない2つのオブザーバブルが同時に測定される精度を制限する．

2.3　エルミート演算子

演算子の重要な性質は，(2.11)の両辺を考察すればわかります．

$$\langle\phi|\hat{O}|\psi\rangle = \langle\phi|\lambda|\psi\rangle \tag{2.11}$$

ここで，$|\phi\rangle$ と $|\psi\rangle$ は波動関数を表します．

　(2.11)の右辺は，定数 λ がブラ $\langle\phi|$ とケット $|\psi\rangle$ の外にあるから簡単に扱えます．この定数は，ケットの右側にも，ブラの左側にも移せるので，右辺の $\langle\phi|\lambda|\psi\rangle$ は

$$\langle \phi | \lambda | \psi \rangle = \langle \phi | \psi \rangle \lambda = \lambda \langle \phi | \psi \rangle \tag{2.19}$$

と表現できます．これについては，この節の後半でもう一度説明します．しかし，いくつかの興味深くて有用な概念を含んでいるのは，（2.11）の左辺の方です．

　前の節で述べたように，（2.11）の演算子 $\hat{O}$ は，右側のケット $|\psi\rangle$ にも，左側のブラ $\langle\phi|$（ケット $|\phi\rangle$ の双対）にも作用できるので，この式は2通りの視点から考えることができます．その1つは，次の視点です．

$$\langle \phi | \longrightarrow \quad \hat{O} | \psi \rangle$$

この場合は，ケット $|\psi\rangle$ に $\hat{O}$ を演算させて生成されるケットに，ブラ $\langle\phi|$ を左側から近づけて，内積を作ることになります．

　もう1つの視点は，（2.11）を次のように考えることです．

$$\langle \phi | \hat{O} \longrightarrow \quad | \psi \rangle$$

この場合は，ブラ $\langle\phi|$ に $\hat{O}$ を演算させて生成されるブラを，ケット $|\psi\rangle$ に左側から近づけて，内積を作ることになります．

　この2つの視点は両方とも有効で，演算子を正しく用いる限り，演算子をどちらの視点で考えても同じ結果が得られます．ただし，2番目の視点には少し微妙なものが含まれています．それらは，共役演算子とエルミート演算子で，いずれもそれ自身が重要なトピックになります．

　1番目の視点によるアプローチ（$|\psi\rangle$ に $\hat{O}$ を演算する操作）は簡単です．望むならば，ラベル ψ をもつケットの括弧記号の内に，演算子 $\hat{O}$ を移動させることができます．その結果，新しいケット

$$\hat{O} | \psi \rangle = | \hat{O} \psi \rangle \tag{2.20}$$

ができます．このケット内の演算子は，奇妙に見えるかもしれません．なぜなら，これまで演算子は，ケット内の演算子ではなく，ケットに作用する演算子を考えてきたからです．しかし，ψ や $\hat{O}\psi$ などのケット内の記号は，単なるラベルであることを思い出してください．具体的には，ケットで表されるべ

クトルの名前なのです．したがって，演算子をケット内に移して新しいケット（$|\hat{O}\psi\rangle$ など）を作る場合，実際に行っていることは，ケットが参照するベクトルを，ベクトル ψ から，ψ に $\hat{O}$ を演算して生成されるベクトルに変化させているだけです．その新しいベクトルに名前 $\hat{O}\psi$ を付ければ，このベクトルに関連するケットが $|\hat{O}\psi\rangle$ なのです．そして，これが $\langle\phi|\hat{O}|\psi\rangle$ の $|\phi\rangle$ と内積を作る新しいケットになります．

$\langle\phi|\hat{O}|\psi\rangle$ などの式で，演算子を左側に移動させる方法は 2 つあります．その 1 つは，演算子 $\hat{O}$ をブラ $\langle\phi|$ の中に移動させることです．ただし，その演算子を変更せずにブラ内部に移動させることはできません．その変更とは，演算子の**アジョイント**（エルミート共役）[5]をとることで，これを $\hat{O}^{\dagger}$ と書きます．したがって，演算子 $\hat{O}$ を外側からブラ内に移動させるプロセスは，次のようになります．

$$\langle\psi|\hat{O} = \langle\hat{O}^{\dagger}\psi| \tag{2.21}$$

ブラ表現 $\langle\hat{O}^{\dagger}\psi|$ を考える場合，ブラ内の（$\hat{O}^{\dagger}\psi$ などの）ラベルは，ベクトルであることを示していることを思い出してください．この場合，ベクトル ψ に演算子 $\hat{O}^{\dagger}$ を作用させて作ったベクトルなので，ブラ $\langle\hat{O}^{\dagger}\psi|$ はケット $|\hat{O}^{\dagger}\psi\rangle$ の双対になります．

行列形式で演算子のエルミート共役を見つけることはとても簡単で，各行列要素の複素共役をとってから，**転置行列**，つまり行と列を入れ替えた行列を作るだけです．したがって，1 行目は 1 列目に，2 行目は 2 列目になるといった具合です．演算子 $\hat{O}$ の行列表現を

$$\hat{O} = \begin{pmatrix} O_{11} & O_{12} & O_{13} \\ O_{21} & O_{22} & O_{23} \\ O_{31} & O_{32} & O_{33} \end{pmatrix} \tag{2.22}$$

とすれば，このエルミート共役 $\hat{O}^{\dagger}$ は

---

[5]　演算子の**エルミート共役**（きょうやく），あるいは**転置共役**ともいいます．なお，アジョイントは**随伴**（ずいはん）ということもあります．[訳注：原著では「アジョイント」と「エルミート共役」が混在して使われていますが，日本のテキストでは「エルミート共役」を用いるのが一般的なので，これ以降は「エルミート共役」に統一します．]

$$\widehat{O}^{\dagger} = \begin{pmatrix} O_{11}^* & O_{21}^* & O_{31}^* \\ O_{12}^* & O_{22}^* & O_{32}^* \\ O_{13}^* & O_{23}^* & O_{33}^* \end{pmatrix} \tag{2.23}$$

で与えられます.

この**共役転置**のプロセスをケット $|A\rangle$ の列ベクトルに適用すると,次式の ように,ケット($|A\rangle$)のエルミート共役($|A\rangle^{\dagger}$)がブラ($\langle A|$)になることがわかり ます.

$$|A\rangle = \begin{pmatrix} A_1 \\ A_2 \\ A_3 \end{pmatrix}$$

$$|A\rangle^{\dagger} = \begin{pmatrix} A_1^* & A_2^* & A_3^* \end{pmatrix} = \langle A|$$

$\widehat{O}$ とそのエルミート共役 $\widehat{O}^{\dagger}$ の形がどのように異なるかを知ることは有益で すが,両者の機能の違いを理解することも必要です.答えは次の通りです.$\widehat{O}$ が,ケット $|\psi\rangle$ をケット $|\psi'\rangle$ に変換させるならば,$\widehat{O}^{\dagger}$ はブラ $\langle\psi|$ をブラ $\langle\psi'|$ に変換させます.これを式で表せば

$$\widehat{O}|\psi\rangle = |\psi'\rangle$$
$$\langle\psi|\widehat{O}^{\dagger} = \langle\psi'| \tag{2.24}$$

のようになります.ここで,ブラ $\langle\psi|$ はケット $|\psi\rangle$ の双対で,ブラ $\langle\psi'|$ はケ ット $|\psi'\rangle$ の双対です.(2.24)で,演算子 $\widehat{O}$ と $\widehat{O}^{\dagger}$ は共に $|\psi\rangle$ と $\langle\psi|$ の外側に あることにしっかり注目してください.

$\langle\psi|\widehat{O}$ のような表現は,ブラの中に演算子を移動させずに評価できることに も気づいてください.ブラは行ベクトルで表せるので,演算子の左側に置かれ たブラは,行列の左側に置かれた行ベクトルとして書くことができます.この ため,行ベクトルの要素数が行列の行数と一致していれば,それらの掛け算が できることになります.したがって,$|\psi\rangle$ と $\langle\psi|$ と $\widehat{O}$ を

$$|\psi\rangle = \begin{pmatrix} \psi_1 \\ \psi_2 \end{pmatrix}, \qquad \langle\psi| = (\psi_1^* \quad \psi_2^*), \qquad \widehat{O} = \begin{pmatrix} O_{11} & O_{12} \\ O_{21} & O_{22} \end{pmatrix}$$

とすると，これらから

$$\langle\psi|\widehat{O} = (\psi_1^* \quad \psi_2^*)\begin{pmatrix} O_{11} & O_{12} \\ O_{21} & O_{22} \end{pmatrix}$$

$$= (\psi_1^* O_{11} + \psi_2^* O_{21} \quad \psi_1^* O_{12} + \psi_2^* O_{22}) \tag{2.25}$$

を得ます．これは，$\langle\widehat{O}^\dagger\psi|$ と一致することが次の式からわかります．

$$\widehat{O}^\dagger = \begin{pmatrix} O_{11}^* & O_{21}^* \\ O_{12}^* & O_{22}^* \end{pmatrix}$$

$$\langle\widehat{O}^\dagger\psi| = |\widehat{O}^\dagger\psi\rangle^\dagger = \left(\widehat{O}^\dagger|\psi\rangle\right)^\dagger = \left[\begin{pmatrix} O_{11}^* & O_{21}^* \\ O_{12}^* & O_{22}^* \end{pmatrix}\begin{pmatrix} \psi_1 \\ \psi_2 \end{pmatrix}\right]^\dagger$$

$$= \begin{pmatrix} \psi_1 O_{11}^* + \psi_2 O_{21}^* \\ \psi_1 O_{12}^* + \psi_2 O_{22}^* \end{pmatrix}^\dagger$$

$$= (\psi_1^* O_{11} + \psi_2^* O_{21} \quad \psi_1^* O_{12} + \psi_2^* O_{22}) \tag{2.26}$$

したがって，演算子の左側に置かれているブラに遭遇したとき，ブラを表す行ベクトルに（ブラの外側にある）演算子の行列を掛けることも，あるいは，演算子のエルミート共役をとってから，その演算子をブラの中に移すこともできます．

　ブラとケットの外側と内側にある演算子の扱い方を理解すれば，次式の同等性がわかるはずです．

$$\langle\phi|\widehat{O}|\psi\rangle = \langle\phi|\widehat{O}\psi\rangle = \langle\widehat{O}^\dagger\phi|\psi\rangle \tag{2.27}$$

(2.27)にたどり着くまで努力したのは，この式がある演算子の非常に重要な性質を理解するのに役立つからです．その演算子とは，エルミート演算子のことで，「エルミート演算子はそれ自身の共役演算子に等しい（**自己共役**）」という性質をもっています．したがって，$\widehat{O}$ がエルミート演算子であれば

$$\hat{O} = \hat{O}^{\dagger} \qquad (\hat{O} \text{ はエルミート演算子}) \tag{2.28}$$

が成り立ちます．演算子の行列表現を見れば，その演算子がエルミートである
かどうかは簡単に判断できます．（2.22）と（2.23）を比較すると，行列がそれ
自身のエルミート共役に等しくなるためには，行列の対角要素はすべて実数で
なければならないことがわかります（実数だけがその複素共役と等しくなるた
め）．さらに，すべての非対角要素は，（O_{21} は O_{12}^* に等しく，O_{31} は O_{13}^* に
等しく，O_{23} は O_{32}^* に等しくなければならないように）対角の反対側にある対
応する非対角要素の複素共役と等しくなければならないこともわかります．

　なぜ，エルミート演算子は重要なのでしょうか？　それを知るために，もう
一度，（2.27）の最右辺を見てみましょう．演算子 $\hat{O}$ がそのエルミート共役 $\hat{O}^{\dagger}$
に等しければ

$$\langle \phi | \hat{O} | \psi \rangle = \langle \phi | \hat{O}\psi \rangle = \langle \hat{O}^{\dagger}\phi | \psi \rangle = \langle \hat{O}\phi | \psi \rangle \tag{2.29}$$

と書くことができます．ここで，2番目と4番目の式に着目すると，エルミー
ト演算子を内積のどちらのメンバーに作用させても，同じ結果になることがわ
かります．

　$f(x)$ や $g(x)$ が複素数値の連続関数の場合は，次式が（2.29）と同等な形にな
ります．

$$\int_{-\infty}^{\infty} f^*(x)[\hat{O}g(x)]dx = \int_{-\infty}^{\infty} \left[\hat{O}^{\dagger} f^*(x) \right] g(x)dx$$
$$= \int_{-\infty}^{\infty} [\hat{O}f^*(x)]g(x)dx \tag{2.30}$$

　エルミート演算子を内積のどちら側にも移動できる機能は，計算上の小さな
利点にしか思えないかもしれませんが，これは大きな副産物をもたらします．
その副産物を理解するために，エルミート演算子がケット $|\psi\rangle$ とブラ $\langle\psi|$ の間
に挟まれたときに，何が起こるかを考えてみましょう．つまり，（2.29）を次
のように書いて考察するのです．

$$\langle \psi | \hat{O} | \psi \rangle = \langle \psi | \hat{O}\psi \rangle = \langle \hat{O}\psi | \psi \rangle \tag{2.31}$$

いま，$|\psi\rangle$ が固有値 λ をもつ $\hat{O}$ の固有ケットである場合に，この式が何を意味するかを調べましょう．この場合，$|\hat{O}\psi\rangle = |\lambda\psi\rangle$ と $\langle\hat{O}\psi| = \langle\lambda\psi|$ なので，(2.31)は

$$\langle\psi|\lambda\psi\rangle = \langle\lambda\psi|\psi\rangle \tag{2.32}$$

と書けます．

この式から何かを学ぶには，定数をケットやブラの内側から外側に（または外側から内側に）移すルールを理解する必要があります．ケットの場合，定数をケットの内側から外側に（あるいは外側から内側に），たとえ定数が複素数であっても，何の変更もせずに移せます．したがって

$$c|A\rangle = |cA\rangle \tag{2.33}$$

が成り立ちます．この式が正しいことは，次のようにケットを列ベクトルで表せばわかります．

$$c|A\rangle = c\begin{pmatrix} A_x \\ A_y \\ A_z \end{pmatrix} = \begin{pmatrix} cA_x \\ cA_y \\ cA_z \end{pmatrix} = |cA\rangle$$

しかし，ブラの場合，定数をブラの内側から外側に（あるいは外側から内側に）移すときは

$$c\langle A| = \langle c^*A| \tag{2.34}$$

のように，定数を複素共役にする必要があります．その理由は，次の式からわかります．

$$c\langle A| = c(A_x^* \quad A_y^* \quad A_z^*) = (cA_x^* \quad cA_y^* \quad cA_z^*)$$
$$= ((c^*A_x)^* \quad (c^*A_y)^* \quad (c^*A_z)^*) = \langle c^*A|$$

もし，この最後の等式の成り立つ理由がわからなければ，ケット

$$|c^*A\rangle = \begin{pmatrix} c^*A_x \\ c^*A_y \\ c^*A_z \end{pmatrix}$$

に対応するブラが $\langle c^*A| = \left((c^*A_x)^* \quad (c^*A_y)^* \quad (c^*A_z)^* \right)$ であることを思い出してください. このブラが, $c\langle A|$ の式と一致するので, $c\langle A| = \langle c^*A|$ が成り立つのです.

これらの結果からわかるように, 定数をケットから出し入れする場合はそのままでよいのですが, 定数をブラから出し入れする場合は, その定数は複素共役にしなければなりません. そのため, (2.32)の左辺のケット $|\lambda\psi\rangle$ と右辺のブラ $\langle\lambda\psi|$ から定数 λ を抜き出すと

$$\langle\psi|\lambda|\psi\rangle = \lambda^*\langle\psi|\psi\rangle \tag{2.35}$$

となります. この節の初めに, ブラとケットに挟まれた定数(ただし, どちらの内側にもない場合)はブラの左側へも, あるいはケットの右側にもそのまま移動できることを学んでいます. (2.35)の左辺のブラ $\langle\psi|$ とケット $|\psi\rangle$ の間から, 定数 λ を出すと, (2.35)は最終的に

$$\lambda\langle\psi|\psi\rangle = \lambda^*\langle\psi|\psi\rangle \tag{2.36}$$

となります. この式は, $\lambda = \lambda^*$ の場合にだけ成り立つので, (2.36)は固有値 λ が実数であることを意味します. したがって, エルミート演算子は**実数の固有値**をもたねばなりません.

もう1つの有益な結果は, (2.29)のように, エルミート演算子が2つの異なる関数に挟まれている式から導けます.

$$\langle\phi|\hat{O}|\psi\rangle = \langle\phi|\hat{O}\psi\rangle = \langle\hat{O}^\dagger\phi|\psi\rangle = \langle\hat{O}\phi|\psi\rangle \tag{2.29}$$

ϕ はエルミート演算子 $\hat{O}$ の固有値 λ_ϕ をもつ固有関数で, ψ は演算子 $\hat{O}$ の固有値 λ_ψ (固有値 λ_ϕ とは異なる値)をもつ固有関数の場合を考えてみます. この場合, (2.29)は

$$\langle \phi | \widehat{O} | \psi \rangle = \langle \phi | \lambda_\psi \psi \rangle = \langle \lambda_\phi \phi | \psi \rangle$$

となり，定数 λ_ψ と λ_ϕ をブラケット記号の中から取り出すと

$$\lambda_\psi \langle \phi | \psi \rangle = \lambda_\phi^* \langle \phi | \psi \rangle$$

が得られます．しかし，エルミート演算子の固有値は実数なので，$\lambda_\phi^* = \lambda_\phi$ より

$$\lambda_\psi \langle \phi | \psi \rangle = \lambda_\phi \langle \phi | \psi \rangle$$
$$(\lambda_\psi - \lambda_\phi) \langle \phi | \psi \rangle = 0$$

となります．

　これは，$(\lambda_\psi - \lambda_\phi)$ か $\langle \phi | \psi \rangle$ のどちらか(あるいは，両方)の項がゼロであることを意味します．しかし，固有関数 ϕ と ψ は異なる固有値をもつと仮定しているので，$(\lambda_\psi - \lambda_\phi)$ の項はゼロではありません．そのため，唯一の可能性は $\langle \phi | \psi \rangle = 0$ です．2 つの関数間の内積がゼロになるのは，それらの関数が直交しているときだけなので，異なる固有値をもつエルミート演算子の固有関数は直交することを，この結果は教えています．

　では，2 つ以上の固有関数が同じ固有値を共有していると，どうなるでしょうか？　このような場合を**縮退**とよび，一般に，同じ固有値をもつ固有関数は直交しません．しかし，この場合でも，非直交な固有関数の一次結合を使って，縮退した固有値をもつ固有関数の直交系を作ることができます．

　したがって，非縮退(固有関数が同じ固有値を共有していない状態)の場合は，1 組の固有関数だけが存在し，そして，これらの固有関数は直交することが保証されています．一方，縮退している場合は，非直交な固有関数は無数にあるので，それらを使って，常に直交系[†6]を作ることができます．

　エルミート演算子の固有関数がもつ，もう 1 つの有益な性質があります．それは，これらが**完全系**を作ることです．つまり，抽象ベクトル空間内の任意の関数は，エルミート演算子の固有関数自体も含めて，これらの固有関数の一

[†6]　直交系を構築する**グラム・シュミット法**は，原著のウェブサイトで説明しています．

次結合で構築できるという意味です.

2.3 節の主要なアイデア

エルミート演算子は内積のどちらのメンバーにも適用でき，その結果は変わらない．エルミート演算子は実数の固有値をもつ．そして，エルミート演算子の非縮退の固有関数は直交しており，完全系を作る.

量子力学との関係

第 4 章でシュレーディンガー方程式の解を議論するときに，全てのオブザーバブル(位置，運動量，エネルギーなど)は演算子と対応すること，そして，オブザーバブルの測定値は演算子の固有値で与えられることが示される．測定結果は常に実数なので，オブザーバブルに対応する演算子はエルミートでなければならない．エルミート演算子の固有関数は，直交している(あるいは，直交するように構成できる)．固有関数の直交性は，シュレーディンガー方程式の解を構築したり，それらの解を使ってさまざまな測定結果の確率を決定するときに，本領を発揮する.

2.4　射影演算子

射影演算子は，量子力学のほとんどのテキストで出合う最も有用なエルミート演算子です．何が射影されるのかを理解するために，3 次元ベクトル $\boldsymbol{A}$ を表すケット $|A\rangle$ を考えてみましょう．このケット $|A\rangle$ を，直交ベクトル $\hat{\boldsymbol{\epsilon}}_1, \hat{\boldsymbol{\epsilon}}_2, \hat{\boldsymbol{\epsilon}}_3$ を表す基底ケットで展開すると

$$|A\rangle = A_1|\epsilon_1\rangle + A_2|\epsilon_2\rangle + A_3|\epsilon_3\rangle \tag{2.37}$$

となります．あるいは，成分 A_1, A_2, A_3 に(1.32)を使うと

$$|A\rangle = \langle\epsilon_1|A\rangle|\epsilon_1\rangle + \langle\epsilon_2|A\rangle|\epsilon_2\rangle + \langle\epsilon_3|A\rangle|\epsilon_3\rangle \tag{2.38}$$

と書けます．なぜなら，正規直交基底ベクトルに対して $\langle \epsilon_i | \epsilon_i \rangle = 1$ だからです．

　内積 $\langle \epsilon_1 | A \rangle$，$\langle \epsilon_2 | A \rangle$，$\langle \epsilon_3 | A \rangle$ はスカラーなので（これらは A_1, A_2, A_3 を表すので，当然スカラー），これらの内積を基底ケット $|\epsilon_1\rangle$，$|\epsilon_2\rangle$，$|\epsilon_3\rangle$ の後に移して，(2.38)を次のように表すことができます．

$$|A\rangle = |\epsilon_1\rangle\langle \epsilon_1 | A \rangle + |\epsilon_2\rangle\langle \epsilon_2 | A \rangle + |\epsilon_3\rangle\langle \epsilon_3 | A \rangle \tag{2.39}$$

この式は，次のようなグループ分けをしたことになります．

$$|A\rangle = |\epsilon_1\rangle \underbrace{\langle \epsilon_1 | A \rangle}_{A_1} + |\epsilon_2\rangle \underbrace{\langle \epsilon_2 | A \rangle}_{A_2} + |\epsilon_3\rangle \underbrace{\langle \epsilon_3 | A \rangle}_{A_3}$$

しかし，このグループ分けを

$$|A\rangle = \underbrace{|\epsilon_1\rangle\langle \epsilon_1 |}_{\widehat{P}_1} |A\rangle + \underbrace{|\epsilon_2\rangle\langle \epsilon_2 |}_{\widehat{P}_2} |A\rangle + \underbrace{|\epsilon_3\rangle\langle \epsilon_3 |}_{\widehat{P}_3} |A\rangle \tag{2.40}$$

のように変えると，各項 $|\epsilon_1\rangle\langle \epsilon_1 |$，$|\epsilon_2\rangle\langle \epsilon_2 |$，$|\epsilon_3\rangle\langle \epsilon_3 |$ はラベルに示したように演算子 $\widehat{P}_1, \widehat{P}_2, \widehat{P}_3$ になります．

　射影演算子の一般的な表現は

$$\widehat{P}_i = |\epsilon_i\rangle\langle \epsilon_i | \tag{2.41}$$

で，$\hat{\epsilon}_i$ は任意の規格化されたベクトルです．ブラの左側にケットが立っているこの表現は，少し奇妙に見えるかもしれませんが，演算子に作用させるものを与えるまでは，ほとんどの演算子は奇妙に見えるものです．次式のように，演算子 $\widehat{P}_1$ にベクトル $\boldsymbol{A}$ を表すケットを与えると，$\widehat{P}_1$ の役割がわかります．

$$\widehat{P}_1 |A\rangle = |\epsilon_1\rangle\langle \epsilon_1 | A \rangle = A_1 |\epsilon_1\rangle \tag{2.42}$$

つまり，射影演算子を $|A\rangle$ に適用すると，新しいケット $A_1 |\epsilon_1\rangle$ が生成されます．この新しいケットの大きさは，演算子に作用させたケット（ここでは $|A\rangle$）の，この演算子を定義するのに用いたケット（ここでは $|\epsilon_1\rangle$）の方向への（スカ

ラー)射影(scalar projection)[*3]です．しかし，ここに重要なステップがあるのです．それは，この大きさに，その演算子を定義するのに用いたケットが掛けられていることです．したがって，射影演算子をケットに適用した結果は，ϵ_1 の方向に沿ったケットの(スカラー)成分(例えば，A_1)ではなく，その方向に沿った新しいケットなのです．デカルト座標系でのベクトルに置き換えると，射影演算子 $\widehat{P}_1$ はスカラー A_x を与えるのではなく，ベクトル $A_x \hat{\boldsymbol{i}}$ を与えるのです．

　射影演算子を定義する際に，演算子内の規格化されたベクトルを表すケット(例えば，$\hat{\epsilon}_1$)を使う必要があります．このベクトルを**射影ベクトル**(projector vector)と考えることもできます．もし射影ベクトルが単位長さをもっていなければ，その長さは内積の結果だけでなく射影ベクトルによる掛け算の結果にも影響します．この影響を取り除くには，射影演算子を(規格化されていない)射影ベクトルのノルムの 2 乗で割る必要があります[†7]．

　完全を期すために，3 つの射影演算子 $\widehat{P}_1, \widehat{P}_2, \widehat{P}_3$ をケット $|A\rangle$ に適用した結果をまとめると，次のようになります．

$$\widehat{P}_1|A\rangle = |\epsilon_1\rangle\langle\epsilon_1|A\rangle = A_1|\epsilon_1\rangle$$
$$\widehat{P}_2|A\rangle = |\epsilon_2\rangle\langle\epsilon_2|A\rangle = A_2|\epsilon_2\rangle \qquad (2.43)$$
$$\widehat{P}_3|A\rangle = |\epsilon_3\rangle\langle\epsilon_3|A\rangle = A_3|\epsilon_3\rangle$$

3 次元空間での基底ケットに対する，これらの結果を合計すると

$$\widehat{P}_1|A\rangle + \widehat{P}_2|A\rangle + \widehat{P}_3|A\rangle = A_1|\epsilon_1\rangle + A_2|\epsilon_2\rangle + A_3|\epsilon_3\rangle = |A\rangle$$

のようになります．この等式の 1 番目と 3 番目の式から

$$(\widehat{P}_1 + \widehat{P}_2 + \widehat{P}_3)|A\rangle = |A\rangle$$

が得られます．この結果を N 次元空間の一般的な場合に拡張すると

$$\sum_{n=1}^{N} \widehat{P}_n|A\rangle = |A\rangle \qquad (2.44)$$

[*3]　これは $|\boldsymbol{A}|\cos\theta$ のことです((1.33)を参照)．
[†7]　このような理由で，テキストによっては射影演算子を $\widehat{P}_i = \dfrac{|\epsilon_i\rangle\langle\epsilon_i|}{|\epsilon_i|^2}$ で定義しています．

が得られます．これは，すべての基底ベクトルを使った射影演算子の総和が**恒等演算子** $\widehat{I}$ に等しくなることを意味します．恒等演算子とは，演算子に作用されるケットと同じケットを生成するエルミート演算子のことで

$$\widehat{I}|A\rangle = |A\rangle \tag{2.45}$$

が成り立ちます．これは $|A\rangle$ だけでなく，どのようなケットにも適用できます．ちょうど，任意の数に「1」を掛けたとき，同じ数が生成されるのと同じです．3次元空間内の恒等演算子の行列表現 $(\bar{\bar{I}})$ は

$$\bar{\bar{I}} = \begin{pmatrix} 1 & 0 & 0 \\ 0 & 1 & 0 \\ 0 & 0 & 1 \end{pmatrix} \tag{2.46}$$

で与えられます．

　次の関係式は，**完全性（完備性）** あるいは**クロージャ関係**（closure relation）とよばれるものです．

$$\sum_{n=1}^{N} \widehat{P}_n = \sum_{n=1}^{N} |\epsilon_n\rangle\langle\epsilon_n| = \widehat{I} \tag{2.47}$$

なぜなら，この式は N 次元空間のどのようなケットに適用しても成り立つからです．これは，この空間での任意のケットが，N 個の成分で重み付けされた N 個の基底ケットの和で表されることを意味します．言い換えれば，ケット $|\epsilon_n\rangle$ で表された基底ベクトル $\widehat{\epsilon}_n$ と，それらの双対なブラ $\langle\epsilon_n|$ が，（2.47）のように完全系を形成します．

　全ての演算子と同じように，N 次元空間内の射影演算子は $N \times N$ 行列で表されます．その行列の要素は，（2.16）を用いて求めることができます．

$$A_{ij} = \langle\epsilon_i|\widehat{A}|\epsilon_j\rangle \tag{2.16}$$

　2.2 節で説明したように，演算子の行列表現の要素を求める前に，使用する基底を決める必要があります（ちょうど，ベクトルの成分を求める前に，基底を決める必要があるのと同じです）．

　1つの方法は，その演算子の固有ケットから成る基底を使うことです．覚え

ているかもしれませんが，その基底では，演算子を表す行列は対角行列で，各対角要素は行列の固有値です．

射影演算子の固有ケットと固有値を求めるのは簡単です．例えば，射影演算子 $\widehat{P}_1$ の場合，固有値方程式は

$$\widehat{P}_1|A\rangle = \lambda_1|A\rangle \qquad (2.48)$$

です．このケット $|A\rangle$ は，固有値 λ_1 をもつ $\widehat{P}_1$ の固有ケットで，$\widehat{P}_1$ に $|\epsilon_1\rangle\langle\epsilon_1|$ を代入すると，(2.48)は

$$|\epsilon_1\rangle\langle\epsilon_1|A\rangle = \lambda_1|A\rangle$$

になります．基底ケット $|\epsilon_1\rangle$ 自体が $\widehat{P}_1$ の固有ケットであるかを判断するために，$|A\rangle = |\epsilon_1\rangle$ と置いてみます．

$$|\epsilon_1\rangle\langle\epsilon_1|\epsilon_1\rangle = \lambda_1|\epsilon_1\rangle$$

基底ケット $|\epsilon_1\rangle, |\epsilon_2\rangle, |\epsilon_3\rangle$ は正規直交系をなすので，$\langle\epsilon_1|\epsilon_1\rangle = 1$ より，上式は

$$|\epsilon_1\rangle(1) = \lambda_1|\epsilon_1\rangle$$

$$1 = \lambda_1$$

となり，確かに $|\epsilon_1\rangle$ は $\widehat{P}_1$ の固有ケットで，その固有値は 1 です．

同じ $\widehat{P}_1$ を使って，今度は次のように $|A\rangle = |\epsilon_2\rangle$ と置いてみます．

$$|\epsilon_1\rangle\langle\epsilon_1|\epsilon_2\rangle = \lambda_2|\epsilon_2\rangle$$

この場合，$\langle\epsilon_1|\epsilon_2\rangle = 0$ なので

$$|\epsilon_1\rangle(0) = \lambda_2|\epsilon_2\rangle$$

$$0 = \lambda_2$$

より，$|\epsilon_2\rangle$ も $\widehat{P}_1$ の固有ケットで，その固有値はゼロです．同様の計算を $|\epsilon_3\rangle$ にすると，$|\epsilon_3\rangle$ も $\widehat{P}_1$ の固有ケットで，その固有値もゼロです．

したがって，演算子 $\widehat{P}_1$ の固有ケットは $|\epsilon_1\rangle, |\epsilon_2\rangle, |\epsilon_3\rangle$ で，それぞれの固有値は $1, 0, 0$ です．これらの固有ケットがあれば，行列要素 $(P_1)_{ij}$ は(2.16)に

$\widehat{P}_1$ を挿入した式

$$(P_1)_{ij} = \langle \epsilon_i | \widehat{P}_1 | \epsilon_j \rangle \qquad (2.49)$$

から決まります. $i=1$, $j=1$ と置いて, $\widehat{P}_1 = |\epsilon_1\rangle\langle\epsilon_1|$ を使うと

$$(P_1)_{11} = \langle \epsilon_1 | \widehat{P}_1 | \epsilon_1 \rangle = \langle \epsilon_1 | \epsilon_1 \rangle \langle \epsilon_1 | \epsilon_1 \rangle = (1)(1) = 1$$

が得られます[*4]. 同様の計算から, 次の結果が求まります.

$$(P_1)_{12} = \langle \epsilon_1 | \widehat{P}_1 | \epsilon_2 \rangle = \langle \epsilon_1 | \epsilon_1 \rangle \langle \epsilon_1 | \epsilon_2 \rangle = (1)(0) = 0$$
$$(P_1)_{21} = \langle \epsilon_2 | \widehat{P}_1 | \epsilon_1 \rangle = \langle \epsilon_2 | \epsilon_1 \rangle \langle \epsilon_1 | \epsilon_1 \rangle = (0)(1) = 0$$
$$(P_1)_{13} = \langle \epsilon_1 | \widehat{P}_1 | \epsilon_3 \rangle = \langle \epsilon_1 | \epsilon_1 \rangle \langle \epsilon_1 | \epsilon_3 \rangle = (1)(0) = 0$$
$$(P_1)_{31} = \langle \epsilon_3 | \widehat{P}_1 | \epsilon_1 \rangle = \langle \epsilon_3 | \epsilon_1 \rangle \langle \epsilon_1 | \epsilon_1 \rangle = (0)(1) = 0$$
$$(P_1)_{23} = \langle \epsilon_2 | \widehat{P}_1 | \epsilon_3 \rangle = \langle \epsilon_2 | \epsilon_1 \rangle \langle \epsilon_1 | \epsilon_3 \rangle = (0)(0) = 0$$
$$(P_1)_{32} = \langle \epsilon_3 | \widehat{P}_1 | \epsilon_2 \rangle = \langle \epsilon_3 | \epsilon_1 \rangle \langle \epsilon_1 | \epsilon_2 \rangle = (0)(0) = 0$$

以上より, 演算子 $\widehat{P}_1$ は, 固有ケット $|\epsilon_1\rangle, |\epsilon_2\rangle, |\epsilon_3\rangle$ の基底で

$$\bar{\bar{P}}_1 = \begin{pmatrix} 1 & 0 & 0 \\ 0 & 0 & 0 \\ 0 & 0 & 0 \end{pmatrix} \qquad (2.50)$$

と表されます. 予想通り, この基底では, $\widehat{P}_1$ 行列は対角行列で, その対角要素は固有値 $1, 0, 0$ に等しくなっています.

同様の計算を射影演算子 $\widehat{P}_2 = |\epsilon_2\rangle\langle\epsilon_2|$ にすると, $\widehat{P}_2$ は $\widehat{P}_1$ と同じ固有ケット($|\epsilon_1\rangle, |\epsilon_2\rangle, |\epsilon_3\rangle$)をもち, それぞれの固有値は $0, 1, 0$ です. したがって, $\widehat{P}_2$ の行列は

[*4] ちなみに, $(P_1)_{22}$ と $(P_1)_{33}$ は次のようになります.
$$(P_1)_{22} = \langle \epsilon_2 | \widehat{P}_1 | \epsilon_2 \rangle = \langle \epsilon_2 | \epsilon_1 \rangle \langle \epsilon_1 | \epsilon_2 \rangle = (0)(0) = 0$$
$$(P_1)_{33} = \langle \epsilon_3 | \widehat{P}_1 | \epsilon_3 \rangle = \langle \epsilon_3 | \epsilon_1 \rangle \langle \epsilon_1 | \epsilon_3 \rangle = (0)(0) = 0$$

$$\bar{\bar{P}}_2 = \begin{pmatrix} 0 & 0 & 0 \\ 0 & 1 & 0 \\ 0 & 0 & 0 \end{pmatrix} \tag{2.51}$$

と表されます．また，同様の計算を射影演算子 $\hat{P}_3 = |\epsilon_3\rangle\langle\epsilon_3|$ にすると，$\hat{P}_3$ は $\hat{P}_1$ と同じ固有ケットをもち，各固有値は $0, 0, 1$ となるので，$\hat{P}_3$ の行列は

$$\bar{\bar{P}}_3 = \begin{pmatrix} 0 & 0 & 0 \\ 0 & 0 & 0 \\ 0 & 0 & 1 \end{pmatrix} \tag{2.52}$$

と表されます．完全性 (2.47) によれば，射影演算子 $\hat{P}_1, \hat{P}_2, \hat{P}_3$ の行列を全て足し合わせると，恒等演算子の行列になるはずです．実際に足すと，次のように確認できます．

$$\begin{pmatrix} 1 & 0 & 0 \\ 0 & 0 & 0 \\ 0 & 0 & 0 \end{pmatrix} + \begin{pmatrix} 0 & 0 & 0 \\ 0 & 1 & 0 \\ 0 & 0 & 0 \end{pmatrix} + \begin{pmatrix} 0 & 0 & 0 \\ 0 & 0 & 0 \\ 0 & 0 & 1 \end{pmatrix} = \begin{pmatrix} 1 & 0 & 0 \\ 0 & 1 & 0 \\ 0 & 0 & 1 \end{pmatrix} = \bar{\bar{I}} \tag{2.53}$$

射影演算子 $\hat{P}_1$ の行列要素を求める別の方法は，行列計算に外積を用いることです．列ベクトル $\boldsymbol{A}$ と行ベクトル $\boldsymbol{B}$ の外積は，次式で定義されます．

$$\begin{pmatrix} A_1 \\ A_2 \\ A_3 \end{pmatrix} \begin{pmatrix} B_1 & B_2 & B_3 \end{pmatrix} = \begin{pmatrix} A_1B_1 & A_1B_2 & A_1B_3 \\ A_2B_1 & A_2B_2 & A_2B_3 \\ A_3B_1 & A_3B_2 & A_3B_3 \end{pmatrix} \tag{2.54}$$

1.2 節で簡単に説明したことですが，基底ベクトルはそれら自身の**標準基底**で展開できることを思い出してください．この場合，3 つの基底ベクトルは 1 つだけゼロでない成分をもっています（そして，基底が正規直交である場合，その成分の値は 1 です）．したがって，それぞれのケット $|\epsilon_1\rangle, |\epsilon_2\rangle, |\epsilon_3\rangle$ をケット自身の基底で展開すると，各ケットが生成されるので，これらに対応するブラは次のように与えられます．

$$|\epsilon_1\rangle = 1|\epsilon_1\rangle + 0|\epsilon_2\rangle + 0|\epsilon_3\rangle = \begin{pmatrix} 1 \\ 0 \\ 0 \end{pmatrix} \quad \rightarrow \quad \langle\epsilon_1| = (1 \quad 0 \quad 0)$$

$$|\epsilon_2\rangle = 0|\epsilon_1\rangle + 1|\epsilon_2\rangle + 0|\epsilon_3\rangle = \begin{pmatrix} 0 \\ 1 \\ 0 \end{pmatrix} \quad \rightarrow \quad \langle\epsilon_2| = (0 \quad 1 \quad 0)$$

$$|\epsilon_3\rangle = 0|\epsilon_1\rangle + 0|\epsilon_2\rangle + 1|\epsilon_3\rangle = \begin{pmatrix} 0 \\ 0 \\ 1 \end{pmatrix} \quad \rightarrow \quad \langle\epsilon_3| = (0 \quad 0 \quad 1)$$

外積の定義 (2. 54) と，基底ケットと基底ブラの表現があれば，射影演算子 $\widehat{P}_1$，$\widehat{P}_2$，$\widehat{P}_3$ の要素は次のように求めることができます.

$$\widehat{P}_1 = |\epsilon_1\rangle\langle\epsilon_1| = \begin{pmatrix} 1 \\ 0 \\ 0 \end{pmatrix} (1 \quad 0 \quad 0)$$

$$= \begin{pmatrix} (1)(1) & (1)(0) & (1)(0) \\ (0)(1) & (0)(0) & (0)(0) \\ (0)(1) & (0)(0) & (0)(0) \end{pmatrix} = \begin{pmatrix} 1 & 0 & 0 \\ 0 & 0 & 0 \\ 0 & 0 & 0 \end{pmatrix}$$

$$\widehat{P}_2 = |\epsilon_2\rangle\langle\epsilon_2| = \begin{pmatrix} 0 \\ 1 \\ 0 \end{pmatrix} (0 \quad 1 \quad 0)$$

$$= \begin{pmatrix} (0)(0) & (0)(1) & (0)(0) \\ (1)(0) & (1)(1) & (1)(0) \\ (0)(0) & (0)(1) & (0)(0) \end{pmatrix} = \begin{pmatrix} 0 & 0 & 0 \\ 0 & 1 & 0 \\ 0 & 0 & 0 \end{pmatrix}$$

$$\widehat{P}_3 = |\epsilon_3\rangle\langle\epsilon_3| = \begin{pmatrix} 0 \\ 0 \\ 1 \end{pmatrix} \begin{pmatrix} 0 & 0 & 1 \end{pmatrix}$$

$$= \begin{pmatrix} (0)(0) & (0)(0) & (0)(1) \\ (0)(0) & (0)(0) & (0)(1) \\ (1)(0) & (1)(0) & (1)(1) \end{pmatrix} = \begin{pmatrix} 0 & 0 & 0 \\ 0 & 0 & 0 \\ 0 & 0 & 1 \end{pmatrix}$$

行列の外積を使って，他の基底の射影演算子の要素を求める方法は，演習問題
(問題 2.7)と解答を参照してください.

▌2.4 節の主要なアイデア

射影演算子とは，あるベクトルを別の方向に射影し，その方向に新しいベクトルを作るエルミート演算子である．つまり，あるベクトルにその空間の全ての基底ベクトルに対する射影演算子を作用させると，元のベクトルを再現する．これは，全ての基底ベクトルに対する射影演算子の総和が恒等演算子になることを意味し，完全性の 1 つの表現にあたる．射影演算子の行列要素を見つけるには，基底ベクトルのペアのブラとケットの間に演算子を挟むか，あるいは，各基底ベクトルのケットとブラの外積を計算すればよい.

▌量子力学との関係

第 4 章で述べるように，あるオブザーバブルを測定するとき，射影演算子は，系の状態をそのオブザーバブルに対応する演算子の固有状態に射影する．そのため，射影演算子はオブザーバブルの測定結果の確率を決定するときに役立つ.

2.5 期 待 値

　偉大な量子物理学者**ニールス・ボーア**は,「難しい, 特に, 未来を予測する
ことは難しい.」というデンマークの諺をどうも好んでいたようです. 幸いに
も, 前節まで勉強してきた人であれば, 位置や運動量やエネルギーなどのオブ
ザーバブルの測定結果について非常に具体的な予測ができる道具をもっていま
す.

　量子力学を初めて学ぶ学生は, そのような予測ができることによく驚きま
す. 結局のところ, 量子力学は本質的に確率論的なものではないのか？ もし
そうであるならば, 一般に, 個々の測定結果を正確に予測することはできませ
ん. それでも, 次の2つのことがわかっていれば, 平均的な測定結果につい
て非常に具体的な予測をする方法がこの節で学べます. その2つのこととは,
計画している測定に対応した演算子($\widehat{O}$), そして, 測定前のケット $|\psi\rangle$ で表さ
れた系の状態です.

　これらの予測は, オブザーバブルの**期待値**の形で現れます. その正確な意味
はこの節で説明します. 状態 $|\psi\rangle$ の系で, 演算子 $\widehat{O}$ で表されるオブザーバブ
ル(O)の期待値は, 次の式を使って決定されます.

$$\langle O \rangle = \langle \psi | \widehat{O} | \psi \rangle \tag{2.55}$$

左辺の山括弧は期待値, つまり, 演算子 $\widehat{O}$ に関連したオブザーバブルの多く
の測定結果の平均値を意味しています.

　ここで,「多くの測定」という言葉は, 次々に行われる一連の測定をさすも
のではないということを理解するのが非常に重要です. 代わりに, これらの測
定は, 単一の系に対するものではなく, 測定前に同じ状態で準備されている系
のグループ(ふつう, 系の**アンサンブル**といいます)に対して行います. したが
って, 期待値は多くの系の平均のことであり, 時間の平均ではありません(そ
のため, これは決して1回の測定で得られる値ではありません).

　これは奇妙に聞こえるかもしれませんが, 例えば, 特定の日に行われた全て
のサッカー試合の平均スコアというものを考えてください. 勝者側は平均2.4
ゴールで, 敗者側は平均1.7ゴールであったかもしれませんが, あなたは最

終スコアが 2.4 対 1.7 だと思うでしょうか？　明らかにノーです．なぜなら，個々の試合では，各チームが得るゴール数は整数だからです．非整数のスコアが期待できるのは，複数の試合を平均した場合だけです．

　このサッカー試合のアナロジーは，期待値が個々の測定から期待される値ではない理由を理解するのに役立ちます．しかし，このアナロジーには，すべての量子力学的な測定に共通する 1 つの特徴が欠けています．その特徴とは確率です．これが，多くの量子力学のテキストで期待値の概念を導入するときに，サイコロ投げのような例が用いられる理由です．そこで，終了した試合の一連のスコアを平均することを考える代わりに，一連の確率が与えられている場合に，多数の試合で勝者側が得点し得る平均ゴール数の期待値を決める方法を考えてみましょう．例えば，勝者側のゴール数がゼロか 7 以上の確率は非常に小さく，そして，ゴール数が 1 から 6 までの確率は次の表のように与えられているとします．

勝者側のゴール数	0	1	2	3	4	5	6
確率(%)	0	22	43	18	9	5	3

このような情報があれば，勝ったチームの予想ゴール数($\langle g \rangle$)は，可能な各スコア（これを λ_n とします）にその確率(P_n)を掛けた結果を，すべての可能なスコアにわたって次式のように合計すれば簡単に求めることができます．

$$\langle g \rangle = \sum_{n=0}^{N} \lambda_n P_n \tag{2.56}$$

したがって，いまの場合は次のようになります．

$$\langle g \rangle = \lambda_0 P_0 + \lambda_1 P_1 + \lambda_2 P_2 + \cdots + \lambda_6 P_6$$

$$= 0(0) + 1(0.22) + 2(0.43) + 3(0.18) + 4(0.09) + 5(0.05) + 6(0.03)$$

$$= 2.41$$

このアプローチを使用するには，「すべての可能な結果」と「それぞれの結果の生じる確率」を知っている必要があります．

　期待値を決めるために，それぞれの可能な結果にその確率を掛けるこのテク

ニックは，量子力学にも使えます．これがどのようにうまくいくかを確認する
ために，エルミート演算子 $\widehat{O}$ およびケット $|\psi\rangle$ で表される規格化された波動
関数を使って調べてみましょう．1.6 節で説明したように，このケット $|\psi\rangle$ は
エルミート演算子 $\widehat{O}$ の固有ベクトルを表すケット $|\psi_n\rangle$ の一次結合として，次
のように表すことができます．

$$|\psi\rangle = c_1|\psi_1\rangle + c_2|\psi_2\rangle + \cdots + c_N|\psi_N\rangle = \sum_{n=1}^{N} c_n|\psi_n\rangle \tag{1.35}$$

右辺の係数 c_1 から c_N は，$|\psi\rangle$ 内の各正規直交固有関数 $|\psi_n\rangle$ の量を表してい
ます．ここで

$$\langle\psi|\widehat{O}|\psi\rangle$$

を考えましょう．前に述べたように，これは，演算子 $\widehat{O}$ をケット $|\psi\rangle$ に適用
した結果と $|\psi\rangle$ との内積で表すことができます．（1.35)の $|\psi\rangle$ に，演算子 $\widehat{O}$
を適用すれば

$$\widehat{O}|\psi\rangle = \widehat{O}\sum_{n=1}^{N} c_n|\psi_n\rangle = \sum_{n=1}^{N} c_n\widehat{O}|\psi_n\rangle = \sum_{n=1}^{N} \lambda_n c_n|\psi_n\rangle \tag{2.57}$$

となります．ここで λ_n は，固有ケット $|\psi_n\rangle$ に作用させた演算子 $\widehat{O}$ の固有値
です．

いまから，$\widehat{O}|\psi\rangle$ と $|\psi\rangle$ との内積を求めます．$|\psi\rangle$ に対応するブラ $\langle\psi|$ は

$$\langle\psi| = \langle\psi_1|c_1^* + \langle\psi_2|c_2^* + \cdots + \langle\psi_N|c_N^* = \sum_{m=1}^{N} \langle\psi_m|c_m^*$$

です．ここで，この和の添字を m に変えたのは，（2.57)の和と区別するため
です．したがって，内積 $(|\psi\rangle, \widehat{O}|\psi\rangle)$ は

$$\langle\psi|\widehat{O}|\psi\rangle = \sum_{m=1}^{N} \langle\psi_m|c_m^* \sum_{n=1}^{N} \lambda_n c_n|\psi_n\rangle$$
$$= \sum_{m=1}^{N}\sum_{n=1}^{N} c_m^* \lambda_n c_n \langle\psi_m|\psi_n\rangle$$

と表せます．固有関数 ψ_n が正規直交系をなす場合は，$n=m$ の項だけが残る
ので

$$\langle\psi|\widehat{O}|\psi\rangle = \sum_{n=1}^{N} \lambda_n c_n^* c_n = \sum_{n=1}^{N} \lambda_n |c_n|^2 = \langle o \rangle \tag{2.58}$$

となります.

これは, (2.56)と同じ形で, 確率 P_n の場所に $|c_n|^2$ があります. そのため, $|c_n|^2$ が結果 λ_n を得る確率を表すと解釈すれば, 表式 $\langle\psi|\widehat{O}|\psi\rangle$ は期待値 $\langle o \rangle$ になります. 第4章でわかるように, これこそ c_n の大きさの2乗 $|c_n|^2$ が表しているものなのです.

この節で説明した期待値の式は, 結果が離散値 λ_n ではなく連続変数 x で表される場合にも拡張できます. その場合には, 各結果の離散的な確率 P_n は, 連続的な確率密度関数 $P(x)$ に置き換えられ, 和は微小増分 dx の積分になるので, オブザーバブル x の期待値は

$$\langle x \rangle = \int_{-\infty}^{\infty} x P(x) dx \tag{2.59}$$

で与えられます. この期待値は, 内積を使うとディラック記号と積分形で次のように書けます.

$$\langle x \rangle = \langle\psi|\widehat{X}|\psi\rangle = \int_{-\infty}^{\infty} [\psi(x)]^* \widehat{X}[\psi(x)] dx \tag{2.60}$$

ここで, $\widehat{X}$ はオブザーバブル x に関係した演算子を表します.

量子力学では, 期待値は, 位置や運動量やエネルギーなどの量の**不確定さ**を決定するときに重要な役割を果たします. 位置の不確定さを Δx とすると, その不確定さの2乗は

$$(\Delta x)^2 = \langle x^2 \rangle - \langle x \rangle^2 \tag{2.61}$$

で与えられます. ここで, $\langle x^2 \rangle$ は位置 x の2乗 (x^2) の期待値を表し, $\langle x \rangle^2$ は位置 x の期待値 $\langle x \rangle$ の2乗を表します.

(2.61)の両辺の平方根をとることで

$$\Delta x = \sqrt{\langle x^2 \rangle - \langle x \rangle^2} \tag{2.62}$$

が得られます.

原著のウェブサイトでわかるように, 位置の値 x の分布に対して, $(\Delta x)^2$

は x の**分散**に相当します．この分散は，次式のように，x の各値と x の平均値との差の 2 乗の平均で定義されます（平均とは期待値 $\langle x \rangle$ のことです）．

$$x \text{ の分散} = (\Delta x)^2 \equiv \left\langle (x - \langle x \rangle)^2 \right\rangle \tag{2.63}$$

ここで，分散の平方根である Δx は，分布 x の**標準偏差**です．このように，位置 x の不確定さは，(2.62)のように，x の 2 乗の期待値と x の期待値から決めることができます．同様に，運動量の不確定さ Δp は

$$\Delta p = \sqrt{\langle p^2 \rangle - \langle p \rangle^2} \tag{2.64}$$

で，エネルギーの不確定さ ΔE は

$$\Delta E = \sqrt{\langle E^2 \rangle - \langle E \rangle^2} \tag{2.65}$$

で与えられます．

2.5 節の主要なアイデア

$\langle \psi | \hat{O} | \psi \rangle$ は，量子状態 $|\psi\rangle$ での系の演算子 $\hat{O}$ に対応したオブザーバブルの期待値を与える．

量子力学との関係

1926 年に，シュレーディンガーが方程式を発表したとき，波動関数 ψ の物理的な意味は謎であった．その年の後半に，ドイツの物理学者**ボルン**は，シュレーディンガー方程式の解を測定結果の確率に関連付ける論文を発表した．その脚注に，「もっと詳細な考察から，確率は(2.58)の c_n という量の 2 乗に比例する」と述べている．第 4 章で**ボルンの規則**の詳細がわかる．

クイズ ....

1. ベクトルに行列を作用させると，次のどれになりますか？
    (a) ベクトル
    (b) 演算子
    (c) 行列
    (d) スカラー

2. ベクトルが，ある行列の固有ベクトルである場合，その固有ベクトルにこの行列を作用させると，元の固有ベクトルと同じ向き，同じ長さのベクトルが生成されます．
    (a) 正しい
    (b) 誤り
    (c) どちらともいえない

3. ブラとケットの間に演算子を挟むと，次のどれになりますか？
    (a) ケット
    (b) ブラ
    (c) 演算子
    (d) スカラー

4. 演算子が，それ自身の非縮退固有ベクトルから成る基底で，行列として表現される場合，次のどれが正しいですか？
    (a) 行列は対角である．
    (b) 行列の対角要素は，その行列の固有値である．
    (c) (a)と(b)の両方が成り立つ．
    (d) 上記のいずれでもない．

5. 行列のエルミート共役(随伴)を求める操作は次のどれですか？
    (a) 行列の各要素の複素共役をとる．
    (b) 行列の行と列を交換する．
    (c) (a)と(b)の両方を行う．
    (d) エルミート行列を求めるには，もっと多くの情報が必要である．

6. エルミート演算子の行列表現には，次のどの性質が成り立つ必要がありますか？

(a) 対角要素は，実数でなければならない.

(b) 非対角要素のそれぞれは，反対側の要素(つまり，対角の反対側にある対応する非対角要素)の複素共役でなければならない.

(c) (a)と(b)の両方が必要である.

(d) これらの性質はどれも必要ではない.

7. エルミート演算子が量子力学で役立つ理由は，次のどれですか？

(a) エルミート演算子の固有値は，すべて1だから.

(b) すべての非対角要素は，ゼロだから.

(c) すべてのベクトルは，固有ベクトルだから.

(d) エルミート演算子の固有値は，実数だから.

8. 射影演算子をケットに作用させると，次のどれになりますか？

(a) スカラー

(b) ケット

(c) 演算子

(d) ブラ

9. 量子力学で，期待値の定義として最適なのは次のどれですか？

(a) オブザーバブルを1回だけ測定したときに期待される値

(b) 異なる時間に行った一連の測定の平均値

(c) 系のアンサンブルに対して行った一連の測定の平均値

(d) 上記のいずれでもない

10. オブザーバブルの測定での不確定さは，オブザーバブルの期待値，および，そのオブザーバブルの2乗の期待値がわかれば，決めることができます.

(a) 正しい

(b) 誤り

(c) どちらともいえない

演習問題 ....

2.1　行列 $\bar{\bar{R}} = \begin{pmatrix} \cos\theta & \sin\theta \\ -\sin\theta & \cos\theta \end{pmatrix}$ をベクトル $\boldsymbol{A} = A_x\hat{\boldsymbol{i}} + A_y\hat{\boldsymbol{j}}$ に作用させる(つ

第2章のクイズの解：1.(a)；2.(c)；3.(d)；4.(c)；5.(c)；6.(c)；7.(d)；8.(b)；9.(c)；10.(a)

まり $\bar{\bar{R}}\boldsymbol{A}$ を計算する)と，行列 $\bar{\bar{R}}$ はベクトル $\boldsymbol{A}$ にどのような効果を与えるでしょうか？

（ヒント： $\theta = 90°$ と $\theta = 180°$ の場合の $\bar{\bar{R}}\boldsymbol{A}$ を考えなさい）

2.2　複素ベクトル $\begin{pmatrix} 1 \\ i \end{pmatrix}$ と $\begin{pmatrix} 1 \\ -i \end{pmatrix}$ は，問 2.1 の行列 $\bar{\bar{R}}$ の固有ベクトルであることを示しなさい．そして，各固有ベクトルの固有値を求めなさい．

2.3　$\sin(kx)\,(k \neq 0)$ は，空間の 1 階微分演算子 $\dfrac{d}{dx}$ の固有関数ではないことを，(2.8)での議論が示しています．では，$\cos(kx)$ は，この演算子の固有関数でしょうか？　また，$\cos(kx) + i\sin(kx)$ と $\cos(kx) - i\sin(kx)$ はどうでしょうか？　固有関数であれば，これらの固有値を求めなさい．

2.4　演算子 $\widehat{M}$ の 2 次元デカルト座標での行列表現を $\bar{\bar{M}} = \begin{pmatrix} 2 & 1+i \\ 1-i & 3 \end{pmatrix}$ として，次の各問に答えなさい．

　　a)　$\begin{pmatrix} 1+i \\ -1 \end{pmatrix}$ と $\begin{pmatrix} \dfrac{1+i}{2} \\ 1 \end{pmatrix}$ は $\widehat{M}$ の固有ベクトルであることを示しなさい．

　　b)　これらの固有ベクトルが直交していることを示しなさい．次に，これらの固有ベクトルを規格化しなさい．

　　c)　これらの固有ベクトルの固有値を求めなさい．

　　d)　これらの固有ベクトルの基底で，演算子 $\widehat{M}$ の行列表現を求めなさい．

2.5　2 つの行列，$\bar{\bar{A}} = \begin{pmatrix} 5 & 0 \\ 0 & i \end{pmatrix}$ と $\bar{\bar{B}} = \begin{pmatrix} 3+i & 0 \\ 0 & 2 \end{pmatrix}$ を考えましょう．

　　a)　これらの行列は可換ですか？

　　b)　行列 $\bar{\bar{C}} = \begin{pmatrix} a & 0 \\ 0 & b \end{pmatrix}$ と $\bar{\bar{D}} = \begin{pmatrix} c & 0 \\ 0 & d \end{pmatrix}$ は可換ですか？

　　c)　行列 $\bar{\bar{E}} = \begin{pmatrix} 2 & i \\ 3 & 5i \end{pmatrix}$ と $\bar{\bar{F}} = \begin{pmatrix} a & b \\ c & d \end{pmatrix}$ に対して，$\bar{\bar{E}}$ と $\bar{\bar{F}}$ が可換になるように行列要素 a, b, c, d 間の関係を求めなさい．

2.6　次の行列がエルミートであるか否かを答えなさい(d から f までの問いの行列は，エルミートになるように空白部分の要素を入れなさい)．

　　a)　$\bar{\bar{A}} = \begin{pmatrix} 5 & 1 \\ 1 & 2 \end{pmatrix}$

b) $\bar{\bar{B}} = \begin{pmatrix} i & -3i \\ 3i & 0 \end{pmatrix}$

c) $\bar{\bar{C}} = \begin{pmatrix} 2 & 1+i \\ 1-i & 3 \end{pmatrix}$

d) $\bar{\bar{D}} = \begin{pmatrix} 0 & \dfrac{i}{2} \\ & 4 \end{pmatrix}$

e) $\bar{\bar{E}} = \begin{pmatrix} i & 3 \\ 3 & \end{pmatrix}$

f) $\bar{\bar{F}} = \begin{pmatrix} 2 & \\ 5i & 1 \end{pmatrix}$

2.7 直交基底ベクトル $\epsilon_1 = 4\hat{i} - 2\hat{j}$, $\epsilon_2 = 3\hat{i} + 6\hat{j}$, $\epsilon_3 = \hat{k}$ をもつ座標系で, 射影演算子 $\hat{P}_1, \hat{P}_2, \hat{P}_3$ を表す行列要素を求めなさい.

2.8 問 2.7 の射影演算子を使って, ベクトル $A = 7\hat{i} - 3\hat{j} + 2\hat{k}$ を $\epsilon_1, \epsilon_2, \epsilon_3$ の方向に射影しなさい.

2.9 サイコロの目が $1, 2, \ldots, 6$ であるサイコロを考えましょう.

a) サイコロが純正であれば, どの目 $(1, 2, \ldots, 6)$ も同じ確率で現れます. この場合の出る目の期待値と標準偏差を求めなさい.

b) サイコロが「いかさま」で, 各目の出る確率が次のようになっているとします.

目の数	1	2	3	4	5	6
確率(%)	10	70	15	3	1	1

この場合の期待値と標準偏差を求めなさい.

2.10 演算子 $\hat{O}$ に正規直交基底ケット $|\epsilon_1\rangle, |\epsilon_2\rangle, |\epsilon_3\rangle$ を作用させると, それらの結果は $\hat{O}|\epsilon_1\rangle = 2|\epsilon_1\rangle$, $\hat{O}|\epsilon_2\rangle = -i|\epsilon_1\rangle + |\epsilon_2\rangle$, $\hat{O}|\epsilon_3\rangle = |\epsilon_3\rangle$ となります. これらの結果を使って, $\psi = 4|\epsilon_1\rangle + 2|\epsilon_2\rangle + 3|\epsilon_3\rangle$ のときのオブザーバブル O の期待値 $\langle O \rangle$ を求めなさい.

3
シュレーディンガー方程式

　第1章と第2章を学び終えた人は，**シュレーディンガー方程式**とその解について若干の知識をすでに得ていることになります．この章で学ぶように，シュレーディンガー方程式は量子状態が時間とともにどのように発展するかを記述します．そして，この有力な方程式の各項の物理的な意味を理解することが，波動関数の振る舞いを理解する準備になります．そのため，本章で扱うのはシュレーディンガー方程式に関するものだけで，シュレーディンガー方程式の解に関するものは第4章と第5章で扱います．

　本章の3.1節では，シュレーディンガー方程式のいくつかの形での「導出」を示します．そして，なぜ「導出」とカギ括弧をつけたのか，その理由を説明します．次に，3.2節で，シュレーディンガー方程式の各項の意味の説明と，シュレーディンガー方程式が波動関数の振る舞いについて正確に語っている内容を説明します．3.3節では，時間依存しない場合のシュレーディンガー方程式を扱います．この場合の方程式は，量子力学の授業やもっと進んだ量子論を読むときに必ず出合う式です．

　数学に煩わされず，物理に集中できるように，この章の大部分で議論するシュレーディンガー方程式は，1個の空間変数 x の関数とします．第4章以降でみるように，量子力学のいくつかの興味ある問題は1次元のシュレーディンガー方程式だけで解けます．しかし，特定の状況では，シュレーディンガー方程式を3次元に拡張する必要があるので，これを本章の終わりの節（3.4節）で説明します．

3.1　シュレーディンガー方程式の導出

　定評のある量子力学のテキストでシュレーディンガー方程式の導出を見る
と，シュレーディンガー方程式を「導出する」方法にはいくつかバリエーショ
ンがあることに気づくでしょう．しかし，そのようなテキストの著者たちが必
ず指摘しているように，これらの方法はどれも第一原理からの厳密な導出で
はありません（だから，カギ括弧を付けているのです）．聡明で，いつも愉快な
物理学者の**ファインマン**が言っていたように，「あなたの知っているものから，
その式を導くことは不可能だよ．なぜって，それはシュレーディンガーの心の
中から現れたんだから」．

　シュレーディンガーが，この方程式に第一原理から到達していなければ，彼
はなぜそこに正しくたどり着けたのでしょうか？　それは，当初からシュレー
ディンガーは，フランスの物理学者**ド・ブロイ**の研究から，波動方程式の必要
性を明確に認識していたからです．しかし，シュレーディンガーは（時間と空
間に対して2階の偏微分方程式である）古典的な波動方程式とは異なり，量子
的な波動方程式の形はこの章のあとで説明する理由から，時間に関して1階
の式でなければならないことを認識していました．さらに重要なことは，方程
式に複素数を含める（つまり，係数の1つに$\sqrt{-1}$の因子を含める）と，計り知
れない利点が生まれることを，彼が知っていたことです．

　シュレーディンガー方程式の基礎を理解するための1つのアプローチは，
全エネルギーを運動エネルギーとポテンシャルエネルギーの和に関連付ける古
典的な方程式から出発することです．このアプローチを量子波動関数[†1]に適用
するために，20世紀初頭に**プランク**と**アインシュタイン**によって提唱された，
光子のエネルギー（E）と**周波数**（f），あるいは**角振動数**（$\omega = 2\pi f$）を結びつけ
る次の関係式[*1]から始めましょう．

$$E = hf = \hbar\omega \tag{3.1}$$

ここで，$\hbar$は**プランク定数**を表し，$\hbar$（エイチバーと読みます）はこのプランク

[†1]　4.2節で，量子波動関数と量子状態との関係について説明します．
[*1]　(3.1)を**プランク-アインシュタインの関係式**といいます．

定数を 2π で除して新たに定義されたプランク定数$(\hbar = \dfrac{h}{2\pi})$です[*2].

　もう1つの有用な式は，**マックスウェル**の**放射圧**に関する1862年の仕事と，電磁波は運動量をもつという彼の結論から得られます．その**運動量**の大きさ(p)は，次式のように，エネルギー(E)と**光速度**(c)に関係します[*3].

$$p = \frac{E}{c} \tag{3.2}$$

　1924年に，ド・ブロイは，量子レベルの粒子(物質)は波のように振る舞う可能性があることを示唆しました．そして，このような**物質波**の運動量は，**プランク-アインシュタインの関係式**$(E = \hbar\omega)$と**運動量・エネルギーの関係式**$(p = \dfrac{E}{c})$を組み合わせて，次のように決まることを提唱しました．

$$p = \frac{E}{c} = \frac{\hbar\omega}{c} \tag{3.3}$$

波の周波数(f)は，その波長(λ)と光速度(c)に $f = \dfrac{c}{\lambda}$ という式で関係するので，(3.3)の運動量は

$$p = \frac{\hbar\omega}{c} = \frac{\hbar(2\pi f)}{c} = \frac{\hbar\left(2\pi\dfrac{c}{\lambda}\right)}{c} = \frac{\hbar 2\pi}{\lambda}$$

と書けます．**波数**の定義[*4]$(k \equiv \dfrac{2\pi}{\lambda})$から

$$p = \hbar k \tag{3.4}$$

が得られます．この式が**ド・ブロイの関係式**として知られているものです．これは，波と粒子の振る舞いが共存する**波と粒子の2重性**という概念を表しています．

　非相対論の場合，運動量は質量と速度との積$(p = mv)$になるので，運動エ

[*2] 原著では「修正されたプランク定数(modified Planck constant)」とよんでいますが，あまり使われない用語で，正式には，この定数 $\hbar$ は**ディラック定数**といいます．一般に，用語と記号を併記して「プランク定数 h」あるいは「プランク定数 $\hbar$」という表現を使うので，$\hbar$ を単にプランク定数とよんでも誤解は生じないでしょう．

[*3] これを**運動量・エネルギーの関係式**といいます．

[*4] 波数 k は，波の位相が1波長の間に進む角度を表す量です．具体的に言えば，(3.9)の指数の肩にある kx からわかるように，k は距離を位相に変換する変換係数で，積 kx は任意の距離 x に対応した位相の変化量を表します．

ネルギーを表す古典的な式は

$$KE = \frac{1}{2}mv^2 = \frac{p^2}{2m} \tag{3.5}$$

で，この運動量 p に(3.4)の $p = \hbar k$ を代入すると，次のようになります．

$$KE = \frac{\hbar^2 k^2}{2m} \tag{3.6}$$

全エネルギー(E)は，運動エネルギー(KE)とポテンシャルエネルギー(V)の和なので

$$E = KE + V = \frac{\hbar^2 k^2}{2m} + V \tag{3.7}$$

と書けます．この E に(3.1)の $E = \hbar\omega$ を代入すると，全エネルギーは

$$E = \hbar\omega = \frac{\hbar^2 k^2}{2m} + V \tag{3.8}$$

となります．

　この式を波動関数 $\Psi(x, t)$ に適用すると，シュレーディンガー方程式の基礎が与えられます．(3.8)から，シュレーディンガー方程式を得るための1つの方法は，波動関数を**平面波**，つまり，位相一定の波面が平面[†2]であると仮定することです．x 軸の正の方向に伝播する平面波に対して，波動関数は

$$\Psi(x, t) = Ae^{i(kx - \omega t)} \tag{3.9}$$

で与えられます．ここで，A は波の振幅，k は波数，ω は波の角振動数です．

　この Ψ の時間微分と空間微分をとるのは簡単です(そして，それらは(3.8)からシュレーディンガー方程式を導くときに役立ちます)．$\Psi(x, t)$ の時間(t)に関する1階微分は

$$\frac{\partial \Psi(x, t)}{\partial t} = \frac{\partial \left[Ae^{i(kx - \omega t)} \right]}{\partial t} = -i\omega \left[Ae^{i(kx - \omega t)} \right] = -i\omega \Psi(x, t) \tag{3.10}$$

です．したがって，(3.9)の平面波関数に対して，1階の時間微分をとることは，元の波動関数に $-i\omega$ を掛ける効果をもつことになります．

[†2]　平面波に馴染みのない方は，3.4 節の**図 3.4** の位相が一定な平面を見てください．

$$\frac{\partial \Psi}{\partial t} = -i\omega \Psi \tag{3.11}$$

これは，ω が次のように書けることを意味します．

$$\omega = \frac{1}{-i\Psi} \frac{\partial \Psi}{\partial t} = i\frac{1}{\Psi} \frac{\partial \Psi}{\partial t} \tag{3.12}$$

ここで，関係 $\dfrac{1}{i} = \dfrac{-(i)(i)}{i} = -i$ を使っています．

　次に，$\Psi(x,t)$ の空間（ここでは x）に関する 1 階微分をとると，何が起こるかを考えてみましょう．

$$\frac{\partial \Psi(x,t)}{\partial x} = \frac{\partial \left[Ae^{i(kx-\omega t)} \right]}{\partial x} = ik \left[Ae^{i(kx-\omega t)} \right] = ik\Psi(x,t) \tag{3.13}$$

この場合，平面波関数に対して，1 階の空間微分をとることは，元の波動関数に ik を掛ける効果をもつことになります．

$$\frac{\partial \Psi}{\partial x} = ik\Psi \tag{3.14}$$

また，平面波関数に対して，2 階の空間微分をとると

$$\frac{\partial^2 \Psi(x,t)}{\partial x^2} = \frac{\partial \left[ikAe^{i(kx-\omega t)} \right]}{\partial x} = ik \left[ikAe^{i(kx-\omega t)} \right] = -k^2\Psi(x,t) \tag{3.15}$$

となるので，2 階の空間微分をとることは，元の波動関数に $-k^2$ を掛ける効果をもつことになります．

$$\frac{\partial^2 \Psi}{\partial x^2} = -k^2\Psi \tag{3.16}$$

そのため，角振動数 ω（(3.12)）が波動関数 Ψ とその 1 階の時間微分 $\dfrac{\partial \Psi}{\partial t}$ を使って表せるように，波数 k の 2 乗も Ψ とその 2 階の空間微分 $\dfrac{\partial^2 \Psi}{\partial x^2}$ を使って

$$k^2 = -\frac{1}{\Psi} \frac{\partial^2 \Psi}{\partial x^2} \tag{3.17}$$

のように表せます．

　ω と k^2 を，波動関数 Ψ とその導関数を用いて表すことのメリットは何なのでしょうか？　これを理解するために，(3.8)をもう一度見て，式の中に ω と

k^2 が含まれていることに着目してください. この ω に, (3.12)の ω を代入すると

$$E = \hbar\omega = \hbar \left(i\, \frac{1}{\Psi}\, \frac{\partial \Psi}{\partial t} \right) = i\hbar\, \frac{1}{\Psi}\, \frac{\partial \Psi}{\partial t} \tag{3.18}$$

となります.

同様に, (3.8)の k^2 に, (3.17)の k^2 を代入すると

$$\frac{\hbar^2 k^2}{2m} + V = \frac{\hbar^2}{2m} \left(-\frac{1}{\Psi}\, \frac{\partial^2 \Psi}{\partial x^2} \right) + V \tag{3.19}$$

となります. これらから, 全エネルギーの(3.8)は

$$i\hbar\, \frac{1}{\Psi}\, \frac{\partial [\Psi(x,t)]}{\partial t} = -\frac{\hbar^2}{2m}\, \frac{1}{\Psi}\, \frac{\partial^2 [\Psi(x,t)]}{\partial x^2} + V \tag{3.20}$$

と表せます. したがって, この両辺に波動関数 $\Psi(x,t)$ を掛けると, 次式になります.

$$i\hbar\, \frac{\partial [\Psi(x,t)]}{\partial t} = -\frac{\hbar^2}{2m}\, \frac{\partial^2 [\Psi(x,t)]}{\partial x^2} + V[\Psi(x,t)] \tag{3.21}$$

これが, 1 次元の**時間に依存するシュレーディンガー方程式**の最も一般的な形です. この方程式と各項の物理的な意味は, この章で説明しますが, その前に, どのようにしてここに到達したのかを考えてみるべきです. 全エネルギーを, 運動エネルギーとポテンシャルエネルギーの和で書くことは, 一般的に成立する議論です. しかし, (3.21)にたどり着くために, 平面波の式を使いました. 具体的にいえば, ω の(3.12)と k^2 の(3.17)は, それぞれ平面波関数(3.9)の時間と空間の微分から得られたものです. では, なぜ, この方程式が他の形の波動関数に対しても, 成り立つと期待できるのでしょうか?

1 つの答えは, これがうまくいくからです. つまり, シュレーディンガー方程式の解である波動関数が, 位置や運動量やエネルギーのようなオブザーバブルの測定結果と一致する予測に導くからです.

単純な平面波関数に基づく方程式が, 平面波とほとんど共通点をもたない粒子や系の振る舞いを記述できることに驚くかもしれませんが, シュレーディンガー方程式が Ψ に関して線形であることに着目してください. 線形とは,

$\dfrac{\partial \Psi(x,t)}{\partial t}$ や $\dfrac{\partial^2 \Psi(x,t)}{\partial x^2}$ と $V\Psi(x,t)$ のような波動関数が含まれる項がすべて 1 乗[†3]であることを意味します．覚えているでしょうが，線形方程式には**重ね合わせ**という非常に重要な性質があるので，解を組み合わせたものも解になることが保証されます．平面波は，シュレーディンガー方程式の解なので，方程式の線形性から，平面波の重ね合わせも解になります．平面波をうまく組み合わせると，さまざまな波動関数が合成されます．これは，さまざまな関数が，フーリエ分析でサイン関数とコサイン関数から合成されるのと同じことです．

これがうまくいく理由を理解するために，x 軸のある領域に局在する量子的粒子の波動関数を考えてみましょう．単一周波数の平面波は両方向($\pm x$)に無限に広がっているので，粒子の波動関数を目的の領域にだけ制限するには，追加の周波数成分が必要なことは明らかです．これらの成分を正しい割合で組み合わせると，**波束**を作ることができます．つまり，波束の中心から遠ざかるにつれ，振幅の減少する波が形成できます．

有限個(N)の離散的な平面波成分から波動関数を作るために，一次結合が次のように使えます．

$$\Psi(x,t) = A_1 e^{i(k_1 x - \omega_1 t)} + A_2 e^{i(k_2 x - \omega_2 t)} + \cdots + A_N e^{i(k_N x - \omega_N t)}$$
$$= \sum_{n=1}^{N} A_n e^{i(k_n x - \omega_n t)} \tag{3.22}$$

ここで，A_n と k_n と ω_n は，それぞれ n 番目の平面波成分の振幅と波数と角振動数です．重ね合わせに含まれる各平面波の「量」を決めるものが，定数 A_n であることに注意してください．

あるいは，シュレーディンガー方程式を満たす波動関数は，平面波の連続スペクトル分解を使って次のように合成できます．

$$\Psi(x,t) = \int_{-\infty}^{\infty} A(k) e^{i(kx - \omega t)} dk \tag{3.23}$$

[†3]　2 階微分 $\dfrac{\partial^2 \Psi}{\partial x^2}$ は x に関する Ψ の傾きの変化を表していることを思い出してください．これは傾きの 2 乗 $\left(\dfrac{\partial \Psi}{\partial x}\right)^2$ とは同じではありません．したがって，$\dfrac{\partial^2 \Psi}{\partial x^2}$ は 2 階の微分ですが，シュレーディンガー方程式では 1 乗になります．

ここでは，（3.22）の和は積分になり，振幅 A_n は波数の連続関数 $A(k)$ に変わります．離散の場合と同様に，この関数は波数の関数として平面波成分の振幅に関係します．具体的にいえば，$A(k)$ は波数当たりの振幅を表しています．

　そして，平面波の組み合わせで合成された波動関数の 1 階の時間微分と 2 階の空間微分をとると，単一な平面波の場合と同様に，シュレーディンガー方程式が導けます．

　（3.23）の非常に一般的で有効な別の形は，重み付け関数 $A(k)$ から $\dfrac{1}{\sqrt{2\pi}}$ の定数係数を引き出して，時間を初期値（$t=0$）に置いた次の式です．

$$\psi(x) = \Psi(x,0) = \frac{1}{\sqrt{2\pi}} \int_{-\infty}^{\infty} \phi(k)e^{ikx}dk \tag{3.24}$$

この式は，位置基底の波動関数 $\psi(x)$ と波数基底の波動関数 $\phi(k)$ との間の**フーリエ変換**の関係を明らかにしています．これは，第 4 章と第 5 章で重要な役割を果たします．フーリエ変換は 4.4 節で説明します．

　シュレーディンガー方程式（3.21）が波動関数の振る舞いについて何を語っているかを厳密に考える前に，量子力学のテキストでよく遭遇する別形式のシュレーディンガー方程式を検討することは価値があります．（3.21）の別形式とは，次の方程式です．

$$i\hbar \frac{\partial \Psi}{\partial t} = \hat{H}\Psi \tag{3.25}$$

この方程式で，$\hat{H}$ は**ハミルトニアン**（Hamiltonian），あるいは，**全エネルギー演算子**を表します．この式の右辺を（3.21）の左辺に置くと

$$\hat{H}\Psi = -\frac{\hbar^2}{2m} \frac{\partial^2 \Psi}{\partial x^2} + V\Psi$$

になります．これは，**ハミルトニアン演算子**（Hamiltonian operator）[*5]が

$$\hat{H} \equiv -\frac{\hbar^2}{2m} \frac{\partial^2}{\partial x^2} + V \tag{3.26}$$

と同等であることを意味します．

　これが理に適っている理由を理解するために，2 つの関係式 $p=\hbar k$ と $E=$

[*5]　「ハミルトニアン演算子」を「ハミルトニアン」とよぶのが一般的なので，これ以降の訳文では「ハミルトニアン」に統一します．

$\hbar\omega$ を使って，平面波関数を運動量(p)とエネルギー(E)で

$$\Psi(x,t) = Ae^{i(kx-\omega t)} = Ae^{i\left(\frac{p}{\hbar}x - \frac{E}{\hbar}t\right)}$$
$$= Ae^{\frac{i}{\hbar}(px-Et)} \tag{3.27}$$

のように書き換えます．そして，この1階の空間微分をとると

$$\frac{\partial\Psi}{\partial x} = \left(\frac{i}{\hbar}p\right)Ae^{\frac{i}{\hbar}(px-Et)} = \left(\frac{i}{\hbar}p\right)\Psi$$

となるので，これを書き換えると次のようになります．

$$p\Psi = \frac{\hbar}{i}\frac{\partial\Psi}{\partial x} = -i\hbar\frac{\partial\Psi}{\partial x} \tag{3.28}$$

この(3.28)は運動量に関係する$(1$次元の$)$微分演算子(**運動量演算子**)が

$$\widehat{p} = -i\hbar\frac{\partial}{\partial x} \tag{3.29}$$

と表せることを示唆します．これは，それ自体で非常に有用な関係なのですが，当面はハミルトニアン(3.26)の妥当性を判断するために使うことにしましょう．そのために，古典的な全エネルギーの式 $E = \frac{p^2}{2m} + V$ を

$$\widehat{H} = \frac{(\widehat{p})^2}{2m} + V = \frac{\left(-i\hbar\dfrac{\partial}{\partial x}\right)^2}{2m} + V \tag{3.30}$$

と表します．ここで，$\widehat{H}$ は全エネルギー E に関係した演算子です．

　さて，演算子の2乗は，代数的な量の2乗とは異なり，演算子を2回適用する操作であることを思い出してください．例えば，関数 Ψ に作用した演算子$\widehat{O}$の2乗は

$$(\widehat{O})^2\Psi = \widehat{O}(\widehat{O}\Psi)$$

なので，運動量演算子$\widehat{p}$の2乗は

$$(\widehat{p})^2\Psi = \widehat{p}(\widehat{p}\Psi) = -i\hbar\frac{\partial}{\partial x}\left(-i\hbar\frac{\partial\Psi}{\partial x}\right)$$
$$= i^2\hbar^2\frac{\partial^2\Psi}{\partial x^2} = -\hbar^2\frac{\partial^2\Psi}{\partial x^2} \tag{3.31}$$

となります.したがって,演算子 $(\widehat{p})^2$ は

$$(\widehat{p})^2 = -\hbar^2 \frac{\partial^2}{\partial x^2} \tag{3.32}$$

と書けます.これを,(3.30)に代入すると,次のように(3.26)と一致することがわかります.

$$\widehat{H} = \frac{(\widehat{p})^2}{2m} + V = -\frac{\hbar^2 \dfrac{\partial^2}{\partial x^2}}{2m} + V = -\frac{\hbar^2}{2m}\frac{\partial^2}{\partial x^2} + V$$

　次の節で,シュレーディンガー方程式の各項の意味と方程式全体の意味について,より詳しく説明します.なお,シュレーディンガー方程式を「導出する」別のアプローチに興味がある人は,原著のウェブサイトで**確率流**のアプローチと**経路積分**のアプローチを参照してください.

3.2　シュレーディンガー方程式とは何か?

　シュレーディンガー方程式がどこから来たのかを理解できれば,「この方程式が語っているものは何だろう?」と一歩下がって問い直すことは価値があります.その質問への答えを理解する助けになるように,**図3.1**に,シュレーディンガー方程式を拡大表示しています.各項の定義と簡単な説明,そして次元とSI単位などは以下で補います.

　$\dfrac{\partial \Psi}{\partial t}$:波動関数 $\Psi(x, t)$ は,時間と空間の両方に依存する関数である.そのため,この項は,波動関数の時間による変化だけを表す(「偏」微分だから).時間の関数として,特定の場所での波動関数をグラフにすると,この項はグラフの傾きを表す.この項の次元を決めるには,1次元の波動関数 Ψ は確率密度振幅を表し,Ψ の絶対値の2乗が単位長さ当たりの確率の次元をもつことに注意する[*6](第4章で説明).確率は無次元なので,Ψ の絶対値の2乗のSI

[*6]　「ボルンの規則」から「Ψ の絶対値の2乗を全区間で積分したものが全確率(=1)を与える」ので,$\displaystyle\int_{-\infty}^{\infty} |\Psi|^2 dx = 1$ が成り立ちます.右辺の1(確率)は無次元で,左辺の次元を $[|\Psi|^2][dx]$ で表すと,両辺の次元は等しくなければならないので,$[|\Psi|^2][dx] = 1$ が成り立ち

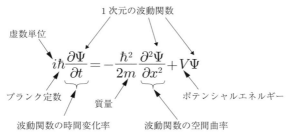

図 3.1　シュレーディンガー方程式の拡大表示

単位は $\dfrac{1}{m}$ である．つまり，Ψ^2 の単位が $\dfrac{1}{m}$ なので，Ψ の単位は $\dfrac{1}{\sqrt{m}}$ になる．したがって，$\dfrac{\partial \Psi}{\partial t}$ の SI 単位は $\dfrac{1}{s\sqrt{m}}$ である（s は時間 t の SI 単位で秒を表す）．

$\boldsymbol{i}$：**虚数単位** i の数値は，$\sqrt{-1}$ である（1.4 節を参照）．演算子としての i を掛けることは，複素平面で $90°$ 回転させる効果をもっている（**図1.7**）．そのため，例えば，数値を正の実軸から正の虚軸に，あるいは正の虚軸から負の実軸に移動させることができる．シュレーディンガー方程式に i が存在することは，波動関数が複素量になる可能性があることを意味する[*7]．第 4 章と第 5 章でわかるように，これは波動関数の一次結合に深遠な影響を与える．なお，i は無次元である．

ます．$[|\Psi|^2] = 1/[dx]$ より，$|\Psi|^2$ の次元は「1/ 長さ」（単位長さ当たりの確率の次元）になるので，Ψ の次元は「1/$\sqrt{長さ}$」です．

[*7]　波動関数 $\Psi(x,t)$ を $\Psi = u + iv$ と実数部分と虚数部分に分離して，エネルギー E をもつ系に対するシュレーディンガー方程式 $i\hbar \dfrac{\partial \Psi}{\partial t} = \hat{H}\Psi$ に代入すると，次の 2 つの式になります．

$$\hbar \frac{\partial u}{\partial t} = \hat{H}v \cdots ①, \quad \hbar \frac{\partial v}{\partial t} = -\hat{H}u \cdots ②$$

また，ハミルトニアン $\hat{H}$ の固有値を E とすると，次式が成り立ちます．

$$\hat{H}\Psi = E\Psi \cdots ③$$

仮に Ψ が実関数であるとして，$v = 0$ と置くと，①から u は t に依存しない x だけの関数であること，そして，②の「左辺 ＝ ゼロ」より，②の右辺もゼロ（$\hat{H}u = 0$），よって③は $Eu = 0$ でなければなりません．$E \neq 0$ なので，これから $u = 0$ であることがわかります．したがって，Ψ が実関数（$\Psi = u$）ならば $\Psi = 0$ という無意味な解になるので，Ψ は本質的に複素量でなければなりません．簡単にいえば，u と v が①と②のように互いに関連し合っているために，Ψ は必然的に複素量になるのです．

$\hbar$：$\hbar$はプランク定数 h を 2π で割ったものであるが，これもプランク定数とよぶのが一般的である．h が 1 個の光子のエネルギー(E)と周波数(f)の関係式($E=hf$)の比例定数であるように，$\hbar$ は全エネルギー(E)と角振動数(ω)の関係式($E=\hbar\omega$)の比例定数である．また，波動関数の運動量(p)と波数(k)の関係式($p=\hbar k$)の比例定数でもある．

これら 2 つの関係式は，シュレーディンガー方程式にプランク定数 $\hbar$ が現れる理由を説明する．プランク定数 $\hbar$ は，全エネルギーの式 $E=\hbar\omega$ に現れるため，シュレーディンガー方程式の片側の $\dfrac{\partial\Psi}{\partial t}$ に乗じる因子の分子の中に現れる．そして，$\hbar$ は運動量の式 $p=\hbar k$ にも現れるので，$\hbar$ の 2 乗は運動エネルギー $KE=\dfrac{(\hbar k)^2}{2m}$ に関係した演算子 $\dfrac{\partial^2\Psi}{\partial x^2}$ に乗じる因子の分子の中にも現れる．

プランク定数 h は，単位周波数当たりのエネルギーの**次元**をもっているので，その SI 単位はジュール/ヘルツ(J s または m^2 kg/s)である．一方，$\hbar$ はジュール/(ヘルツ・ラジアン)(J s/rad または m^2 kg/s rad)である．SI 単位系で，これらの定数の数値は $h=6.62607\times10^{-34}$ J s と $\hbar=1.05457\times10^{-34}$ J s/rad である．

m：波動関数 $\Psi(x,t)$ に関係する系または粒子の質量は，慣性の測度，つまり加速に対する抵抗の大きさを表す量である．SI 単位系では，質量の単位はキログラム(kg)である．

$\dfrac{\partial^2\Psi}{\partial x^2}$：2 階微分のこの項は，空間(1 次元の場合は x の領域)での波動関数の**曲率**を表す．$\Psi(x,t)$ は空間と時間の関数なので，1 階の偏微分 $\dfrac{\partial\Psi}{\partial x}$ は空間での波動関数の変化(x に対してプロットされた波動関数の傾き)を与える．そして，2 階の偏微分 $\dfrac{\partial^2\Psi}{\partial x^2}$ は空間での波動関数の傾きの変化を与える(つまり，波動関数の曲率)．前述のように，$\Psi(x,t)$ の SI 単位は $\dfrac{1}{\sqrt{\mathrm{m}}}$ なので，$\dfrac{\partial^2\Psi}{\partial x^2}$ の項の SI 単位は $\dfrac{1}{\mathrm{m}^2\sqrt{\mathrm{m}}}=\dfrac{1}{(\mathrm{m})^{5/2}}$ である．

V：系のポテンシャルエネルギーは，時間と空間にわたって変化する可能性があり，1 次元の場合は $V(x,t)$，3 次元の場合は $V(\boldsymbol{r},t)$ で表す．物理学のテキストの中には，V を静電ポテンシャル(単位電荷当たりのポテンシャルエ

ネルギーで，単位はジュール/クーロン(J/C)，あるいはボルト(V)を表す記号として使っているものがあるので注意してほしい．量子力学のテキストでは，「ポテンシャル」と「ポテンシャルエネルギー」の用語はどちらも同じ意味で使うことが多い．

　古典力学では，ポテンシャルエネルギー，運動エネルギー，全エネルギーなどはどれも確定した値をもっている．しかし，量子力学では，古典力学とは異なり，エネルギーの平均値あるいは期待値だけが決まる．また，ある領域で，粒子の全エネルギーがポテンシャルエネルギーよりも小さくなる場合がある．

　古典的に**許されない領域**($E < V$)での波動関数の振る舞いは，古典的に**許される領域**($E \geq V$)での振る舞いと大きく異なる．次節で説明するように，時間に依存しないシュレーディンガー方程式の「定常解」の場合，全エネルギーとポテンシャルエネルギーとの差が，古典的に許される領域での振動解の波長を決め，そして，古典的に許されない領域でのエバネッセント解の減衰率を決める．

　予想できるように，シュレーディンガー方程式のポテンシャルエネルギー項の次元はエネルギーであり，SI 単位はジュール($\mathrm{kg\,m^2/s^2}$)である．

　以上より，シュレーディンガー方程式の個々の項はすぐに理解できますが，この方程式の本当のパワーは，これらの項の間の関係から生まれます．これらの項をまとめると，シュレーディンガー方程式は放物型2階偏微分方程式になります．これらの用語が付けられた理由は，以下の通りです．

微分　方程式が波動関数 Ψ の「変化」(つまり，$\Psi(x, t)$ の空間と時間に関する微分)を含むから．

偏[*8]　波動関数 $\Psi(x, t)$ が空間(x)と時間(t)の両方に依存するから．

[*8]　2 変数以上の関数(多変数関数)に対する微分のことを**偏微分**(partial derivative)といいます．偏微分という言葉には，「特定の変数に偏って微分する」というニュアンスがあります．例えば，$\Psi(x, t)$ を x で偏微分するときは，t は定数とみなして，x だけに偏って微分するといった感じです．偏は partial の訳語ですが，partial には「部分的な」という意味があります．そのため，多変数のうちから一部の変数について微分するという意味合いがあります．ちなみに 1 変数の関数に対する微分を**常微分**(ordinary derivative)といいます．

2階　方程式の最高階の導関数($\frac{\partial^2 \Psi}{\partial x^2}$)が2階の導関数だから.

放物型　1階微分の項($\frac{\partial \Psi}{\partial t}$)と2階微分の項($\frac{\partial^2 \Psi}{\partial x^2}$)の組み合わせが，放物線の式($y = cx^2$)の1次の代数項($y$)と2次の代数項($x^2$)の組み合わせと似ているから.

これらの項は，シュレーディンガー方程式が何であるかを記述します．では，これらの項は何を意味するのでしょう？　それを理解するために，古典物理学でよく知られている方程式

$$\frac{\partial[f(x,t)]}{\partial t} = D\frac{\partial^2[f(x,t)]}{\partial x^2} \tag{3.33}$$

を考えるのが役立ちます．この1次元の**拡散方程式**[†4]は，例えば，流体の温度分布や物質の濃度などの，時間とともに発展する空間的分布をもった量 $f(x,t)$ の振る舞いを記述します．拡散方程式において，1階の時間微分と2階の空間微分の間の比例係数 D は**拡散係数**を表します.

古典的な拡散方程式とシュレーディンガー方程式との間の類似性を見るために，シュレーディンガー方程式のポテンシャルエネルギー(V)がゼロの場合を考えて，(3.21)を

$$\frac{\partial[\Psi(x,t)]}{\partial t} = \frac{i\hbar}{2m}\frac{\partial^2[\Psi(x,t)]}{\partial x^2} \tag{3.34}$$

と書いてみます.

このシュレーディンガー方程式を拡散方程式と比べると，両方とも関数の1階の時間微分と2階の空間微分とが関係していることがわかります．しかし，予想できるかもしれませんが，シュレーディンガー方程式に存在する i が，この方程式の解である波動関数に重要な意味をもちます．この意味は第4章と第5章で説明しますが，当面，これらの方程式の基本的な関係，即ち，波動関数の時間発展が空間での波形の曲率に比例するという関係を，しっかり理解しましょう.

では，なぜ関数の時間的変化が，その関数の空間的曲率に関係するのでしょ

[†4]　この式は，熱方程式あるいはフィックの第2法則ともよばれます.

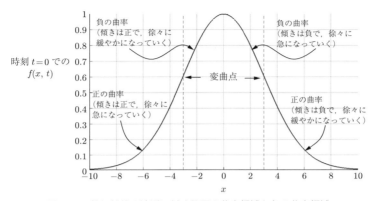

図 3.2　釣り鐘状の波形に対する正の曲率領域と負の曲率領域

うか？　それを理解するために，**図 3.2** に示すような時刻 $t=0$ における関数 $f(x, t)$ を考えてみましょう．この関数は，$x=0$ の領域に暖かいスポットをもった流体の初期温度分布を表しているとします．この温度分布の時間発展を決める場合，さまざまな領域における波動関数の曲率を考える必要があることを，拡散方程式は教えています．

　図 3.2 でわかるように，この関数は $x=0$ で最大値をもち，$x=-3$ と $x=+3$ で変曲点[†5]をもっています．$x=-3$ の変曲点の左の領域に対して，関数の傾き（$\frac{\partial f}{\partial x}$）は正で，$x$ の増加とともに傾き具合がもっと急になります．これが，この領域で曲率（傾きの「変化」（$\frac{\partial^2 f}{\partial x^2}$））が正であることを意味します．同様に，$x=+3$ の変曲点の右で，関数の傾きは負で，x の増加とともに傾き具合が緩やかになります．つまり，曲率（傾きの変化）はこの領域で正になります．

　次に，$x=-3$ と $x=0$ の間，そして，$x=0$ と $x=+3$ の間の領域を考えましょう．$x=-3$ と $x=0$ の間では，関数の傾きは正で，x の増加とともに傾斜が緩くなります．そのため，この領域の曲率は負になります．そして，$x=0$ と $x=+3$ の間では，傾きは負で，x の増加とともに傾斜がより険しくなるので，この領域の曲率も負です．

[†5]　変曲点とは，曲率の符号が変わる場所のことです．

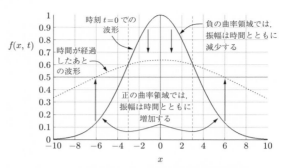

図 3.3　正の曲率領域と負の曲率領域の時間発展

　この議論から次のことがわかります．拡散方程式は，関数 $f(x, t)$ の時間変化率がその関数の曲率に比例することを語っているので，この関数は**図 3.3**のように発展します．

　この**図 3.3**からわかるように，関数 $f(x, t)$ は正の曲率の領域($x < -3$ と $x > +3$)で増加し，負の曲率領域($-3 < x < +3$)で減少します．例えば，$f(x, t)$ が温度を表すならば，これは期待通りの結果です．なぜなら，初めに温かだった領域から周りのより冷たい領域に，エネルギーは拡散するからです．

　それでは，シュレーディンガー方程式と古典的な拡散方程式との間の類似性から，全ての量子的な粒子や系は時間とともに空間に「拡散する」(広がる)のでしょうか？　もしそうであるならば，厳密には，何が広がっていくのでしょうか？

　1番目の問いに対する答えは，「条件による」というのが正しいでしょう．その理由は，シュレーディンガー方程式と拡散方程式との間の重要な違いを考えると理解できます．その違いとは，シュレーディンガー方程式に含まれる「i」という因子です．これは波動関数(Ψ)が複素数の値をもつ可能性があることを意味します．第4章と第5章で説明するように，ある条件下で，複素波動関数は拡散的というよりも波動的(振動的)な振る舞いを示します．

　2番目の問いの「何が広がっていく(あるいは振動する)のか」に対する答えは，ボルンが与えてくれます．ボルンは，1926年に波動関数 Ψ を確率振幅であると解釈しました．今日では，この解釈は広く受け入れられ，量子力学のコペンハーゲン解釈の基本的な指針になっています．このことは，第4章で説

明します．**ボルンの規則**に従えば，粒子の位置座標を引数にもつ波動関数の絶対値の 2 乗($|\Psi|^2 = \Psi^*\Psi$)が，その位置での粒子の**確率密度関数**になります(1 次元の場合は，単位長さ当たりの確率です)．そして，この確率密度関数を任意の座標区間で積分すると，その積分値が，この区間内で粒子を見出す確率を与えます．そのため，波動関数が振動したり，拡散したりしているときに，変化しているものは確率分布なのです．

　シュレーディンガー方程式には，もう 1 つの役立つ性質があります．それは，時間微分 $\dfrac{\partial \Psi}{\partial t}$ は 1 階であるというものです．これは古典的な波動方程式の時間微分が 2 階であることとは異なります．なぜ，これが役立つのでしょうか？　その理由は，1 階の時間微分は，波動関数自体が時間とともにどれだけ速く変化するかを教えてくれるからです．つまり，ある瞬間の波動関数の情報が，将来のすべての時間における粒子や系の状態を完全に規定するからです．これは，シュレーディンガー方程式を満たす波動関数が，粒子や系の状態について「知り得るすべてのもの」を表すという原理と一致します．

　しかし，あなたが 2 階の時間微分と空間微分をもつ古典的な波動方程式のファンであれば，シュレーディンガー方程式の時間微分を 2 階にすることはできないのだろうかと考えるかもしれません．確かに，2 階にすることは可能です．しかし，思い出してほしいのは，もう一度時間微分をとると，平面波 $e^{i(kx-\omega t)}$ から ω の項がもう 1 つ現れるということ，そして，この ω がプランク–アインシュタインの関係式($E = \hbar\omega$)によって E に比例するということです．つまり，結果の方程式には，時間微分項の係数に粒子のエネルギーが含まれることになります．

　「でも，全ての運動方程式はエネルギーに依存するのではないのか？」と，あなたは考えるかもしれません．**ニュートンの第 2 法則** $\boldsymbol{F} = m\boldsymbol{a}$ を考えるとわかるように，これは明らかにまちがっています．ニュートンの第 2 法則を $\boldsymbol{a} = \sum \dfrac{\boldsymbol{F}}{m}$ と書くと，この式から，物体の加速度は物体に作用する力のベクトル和に比例し，物体の質量に反比例することがわかります．しかし，古典物理学では，加速度は物体のエネルギーや運動量や速度に依存しません．そのため，量子力学でのシュレーディンガー方程式を，古典力学でのニュートンの第 2 法則のアナロジーとみなすならば，波動関数の時間発展は粒子や系のエネル

ギーあるいは運動量に依存すべきではありません．したがって，時間微分を2
階にすることはできません．

　このように，シュレーディンガー方程式は第一原理から導くことはできませ
んが，方程式の形は理に適っています．さらに重要なことは，シュレーディン
ガー方程式は時間と空間にわたる量子的な粒子や系の振る舞いを予測できるこ
とです．次節では，シュレーディンガー方程式の非常に有用なバージョンの1
つである，時間に依存しない方程式について説明します．

3.3　時間に依存しないシュレーディンガー方程式

　シュレーディンガー方程式の時間依存項と空間依存項が分離できれば，波動
関数の振る舞いを理解しやすくなります．そのような分離は，多くの微分方程
式と同様に，**変数分離**のテクニックを使って実現できます．

　このテクニックは，解(この場合は $\Psi(x,t)$)が2つの異なる関数の積で表現
できるという仮定から出発します．1つの関数は x だけに依存し，もう1つの
関数は t だけに依存します．すでに，物理学や数学の授業で，あなたはこのテ
クニックに出合っているかもしれません．さらに，このアプローチがうまくい
くという先験的な理由はないということを思い出しているかもしれませんが，
このテクニックはかなりうまくいきます．そして，ポテンシャルエネルギーが
空間だけで変化する(時間には依らない)状況では，この変数分離を使ってシュ
レーディンガー方程式を解くことができます．

　これがうまくいくかどうか確認するために，波動関数が関数 $\psi(x)$ (位置だ
けに依存する関数)と関数 $T(t)$ (時間だけに依存する関数)の積で次のように表
せると仮定してみましょう．

$$\Psi(x,t) = \psi(x)T(t) \tag{3.35}$$

これをシュレーディンガー方程式に代入すると

$$i\hbar\frac{\partial[\psi(x)T(t)]}{\partial t} = -\frac{\hbar^2}{2m}\frac{\partial^2[\psi(x)T(t)]}{\partial x^2} + V[\psi(x)T(t)]$$

を得ます．ここに，変数分離が有力である理由があります．関数 $\psi(x)$ は位置

(x) だけに依存し時間 (t) には依らないので，$\psi(x)$ を t に関する偏微分から取り出すことができます．同様に，関数 $T(t)$ は時間だけに依存し位置には依らないので，$T(t)$ を x に関する 2 階の偏微分から取り出すことができます．これを実行すると

$$i\hbar\psi(x)\frac{d[T(t)]}{dt} = -\frac{\hbar^2 T(t)}{2m}\frac{d^2[\psi(x)]}{dx^2} + V[\psi(x)T(t)]$$

となり，偏微分は常微分になります．なぜなら，偏微分記号は 1 変数 $(x$ か $t)$ の関数に作用するからです．この式は特に役立つようには見えませんが，式の各項を $\psi(x)T(t)$ で割ると何が起こるかをみてみましょう．

$$\frac{1}{\psi(x)T(t)}i\hbar\psi(x)\frac{d[T(t)]}{dt} = -\frac{1}{\psi(x)T(t)}\frac{\hbar^2 T(t)}{2m}\frac{d^2[\psi(x)]}{dx^2}$$
$$+ \frac{1}{\psi(x)T(t)}V[\psi(x)T(t)]$$
$$i\hbar\frac{1}{T(t)}\frac{d[T(t)]}{dt} = -\frac{\hbar^2}{2m}\frac{1}{\psi(x)}\frac{d^2[\psi(x)]}{dx^2} + V \qquad (3.36)$$

いま，ポテンシャルエネルギー (V) が位置だけに依存し時間には依らない場合に，この方程式の両辺を考えてみると，左辺は時間だけの関数で，右辺は位置だけの関数です．そのため，この式が成り立つためには，両辺は「定数」でなければなりません．

その理由を理解するには，この方程式の左辺が時間で変わる場合に，特定の位置(つまり，x の固定された値)で何が起こるかを想像してみるのがよいでしょう．この場合，方程式の右辺は変化しません(位置だけに依存し，そして，その位置は変化しないから)．一方，左辺は t に依存するため，変わるかも̇し̇れ̇ま̇せ̇ん̇．同様に，特定の時間 $(t$ は変化しない)に，別の位置へ移動する場合には，方程式の右辺は変化しますが，左辺は変わりません．そのため，この方程式が成り立つには，両辺は定数でなければならないことがわかります．

この説明に対して，多くの学生は「波動関数 $\Psi(x,t)$ は，場所 (x) と時間 (t) の両方の関数ではないのか？」と困惑します．もちろん，波動関数は両方の関数です．しかし，波動関数 $\Psi(x,t)$ とその微分がそれぞれ，時間と空間に対して変化しない，とは言っていないことに注意してください．定数でなけ

ればならないのは，　$i\hbar \dfrac{1}{T(t)} \dfrac{d[T(t)]}{dt}$（左辺）と $-\dfrac{\hbar^2}{2m} \dfrac{1}{\psi(x)} \dfrac{d^2[\psi(x)]}{dx^2} + V$（右辺）です．これは，$\Psi(x,t)$ とその微分が定数であることとは全く違います．

　では，方程式(3.36)の両辺が定数であるということは，何を意味するのでしょうか？　まず左辺を見てみましょう．

$$i\hbar \frac{1}{T(t)} \frac{d[T(t)]}{dt} = （定数）$$

$$\frac{1}{T(t)} \frac{d[T(t)]}{dt} = \frac{（定数）}{i\hbar} \tag{3.37}$$

この両辺を時間で積分すると

$$\int_0^t \frac{1}{T(t)} \frac{d[T(t)]}{dt} dt = \int_0^t \frac{（定数）}{i\hbar} dt$$

$$\ln[T(t)] = \frac{（定数）}{i\hbar} t = \frac{-i\,（定数）}{\hbar} t$$

$$T(t) = e^{-i \frac{（定数）}{\hbar} t}$$

となるので，定数を E（この文字を選んだ理由は，この節のあとの方で説明します）[†6]と置くと

$$T(t) = e^{-i \frac{E}{\hbar} t} \tag{3.38}$$

を得ます．これが，$\Psi(x,t)$ のうち時間の関数 $T(t)$ に対する解です．この解から，波動関数が時間とともにどのように変化するかがわかります．この関数については，空間の関数 $\psi(x)$ を考察したあとで，また検討します．

　空間の関数 $\psi(x)$ に対する方程式は

$$-\frac{\hbar^2}{2m} \frac{1}{\psi(x)} \frac{d^2[\psi(x)]}{dx^2} + V = E \tag{3.39}$$

となります．この方程式において，分離定数(E)は時間の方程式(3.37)と同じでなければなりません．なぜなら，(3.36)の両辺は等しいからです．(3.39)

[†6]　この早い段階での時間的関数についての議論でも，「定数」がエネルギーの次元をもたねばならないことはわかります．なぜなら，$-i\dfrac{（定数）}{\hbar} t$ は「角度」の次元（ラジアン）をもたねばならず，i は無次元，$\hbar$ は「(エネルギー×時間)／ラジアン」の次元，t は「時間」の次元をもっているからです．

の全ての項に $\psi(x)$ を掛けると

$$-\frac{\hbar^2}{2m}\frac{d^2[\psi(x)]}{dx^2} + V[\psi(x)] = E[\psi(x)] \tag{3.40}$$

となります．この方程式を**時間に依存しないシュレーディンガー方程式**とよび
ます．その理由は，この解 $\psi(x)$ が量子波動関数 $\Psi(x,t)$ の空間的な振る舞い
だけを記述するからです（$\Psi(x,t)$ の時間的振る舞いは関数 $T(t)$ で記述されま
す）．この解は，興味のある領域でのポテンシャルエネルギー(V)の性質に依
存しますが，（3.40)を注意深く見るだけでもかなりのことがわかります．

　最初に注意すべきことは，これが**固有値方程式**であることです．それを見る
ために，次の演算子を考えてみましょう．

$$\widehat{H} = -\frac{\hbar^2}{2m}\frac{d^2}{dx^2} + V \tag{3.41}$$

3.1 節で説明したように，これは 1 次元のハミルトニアン(全エネルギー演算
子)です．これを使って，時間依存しないシュレーディンガー方程式(3.40)を
書き替えると

$$\widehat{H}[\psi(x)] = E[\psi(x)] \tag{3.42}$$

となります．この形は，まさしく固有関数 $\psi(x)$ と固有値 E をもつ固有値方
程式です．この事実が，時間依存しないシュレーディンガー方程式(3.40)を
解くプロセスを「ハミルトニアンの固有値と固有関数を見つけることである」
と，多くの著者が述べる理由です．

　また，関数 $\psi(x)$ に関して**定常状態**という用語に遭遇することがあります
が，これは，波動関数 $\Psi(x,t)$ が「定常」であるとか，時間的に変化しないと
いう意味ではありません．その意味は，（(3.35)で $\Psi(x,t)=\psi(x)T(t)$ と分離
して書いたときのように)空間的関数と時間的関数に分離できる任意の波動関
数 $\Psi(x,t)$ に対して，確率密度や期待値などの量が時間的に変化しないという
ことです．それが正しい理由は，この分離可能な波動関数とそれ自身との内積
を次式のように計算するとわかります．

$$\langle\Psi(x,t)|\Psi(x,t)\rangle \propto \Psi^*\Psi = [\psi(x)T(t)]^*[\psi(x)T(t)]$$
$$= [\psi(x)e^{-i\frac{E}{\hbar}t}]^*[\psi(x)e^{-i\frac{E}{\hbar}t}]$$
$$= [\psi(x)]^*e^{i\frac{E}{\hbar}t}[\psi(x)]e^{-i\frac{E}{\hbar}t} = [\psi(x)]^*[\psi(x)]$$

この計算からわかるように，時間依存性は消えます．したがって，$\Psi(x,t)$ が変数分離できる限り，$\Psi^*\Psi$ を含むどのような量も，時間的に変化することはありません(それが「定常」の意味です)．

　時間依存しないシュレーディンガー方程式(3.40)は固有値方程式なので，第 2 章で説明した数学を使って，この方程式の解の意味を理解できることにも留意してください．

　これらの役割は第 4 章と第 5 章でわかりますが，その前に，シュレーディンガー方程式の 3 次元バージョンを本章の最後の節でみておきましょう．

3.4　3 次元のシュレーディンガー方程式

　ここまでは，1 変数 x だけに依存する波動関数の空間変動を扱ってきましたが，量子力学で興味ある多くの問題は 3 次元のなかにあります．たぶん推測できるでしょうが，シュレーディンガー方程式を 3 次元に拡張するには，波動関数を $\Psi(x,t)$ から $\Psi(\boldsymbol{r},t)$ と書き替えなければなりません．

　書き替える理由は，1 次元の場合であれば，位置はスカラーの x で決まりますが，3 次元の場合には，位置の指定は 3 個の成分をもつ位置ベクトルが必要になるからです．3 個の成分は，それぞれ異なる基底ベクトルに関係しています．例えば，3 次元デカルト座標の場合，位置ベクトル $\boldsymbol{r}$ は直交基底ベクトル $(\hat{\boldsymbol{i}}, \hat{\boldsymbol{j}}, \hat{\boldsymbol{k}})$ を使って

$$\boldsymbol{r} = x\hat{\boldsymbol{i}} + y\hat{\boldsymbol{j}} + z\hat{\boldsymbol{k}} \tag{3.43}$$

と表せます．

　波動の伝播方向に関しては，1 次元の場合は，1 つの軸に拘束されているので，スカラーな波数 k が使えました．しかし，3 次元の場合には，波は任意の方向に伝播できるので，**図 3.4** に示すように波数はベクトル $\boldsymbol{k}$ になります．

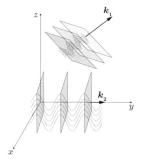

図 3.4　3次元の平面波

3次元デカルト座標の場合，ベクトル成分 k_x, k_y, k_z を使うと，波数ベクトル $\boldsymbol{k}$ は

$$\boldsymbol{k} = k_x\hat{\boldsymbol{i}} + k_y\hat{\boldsymbol{j}} + k_z\hat{\boldsymbol{k}} \tag{3.44}$$

のように書けます．波数ベクトルの大きさ（$|\boldsymbol{k}|$）と波長（λ）との関係は，次式のように1次元の場合と変わりません．

$$|\boldsymbol{k}| = \sqrt{k_x^2 + k_y^2 + k_z^2} = \frac{2\pi}{\lambda} \tag{3.45}$$

　3次元の位置ベクトル $\boldsymbol{r}$ と波数ベクトル $\boldsymbol{k}$ を平面波関数 $\Psi(\boldsymbol{r}, t)$ に導入すると，$\Psi(\boldsymbol{r}, t)$ は

$$\Psi(\boldsymbol{r}, t) = Ae^{i(\boldsymbol{k}\cdot\boldsymbol{r} - \omega t)} \tag{3.46}$$

で与えられます．ここで，$\boldsymbol{k}\cdot\boldsymbol{r}$ はベクトル $\boldsymbol{k}$ と $\boldsymbol{r}$ とのスカラー積です．

　この式の中に，なぜスカラー積が現れるのか不思議に思う人は，**図 3.5** の y 軸に沿って伝播する平面波の図を見てください．

　この**図 3.5** に示すように，位相が一定の面は，伝播方向に垂直な平面です．そのため，いまの場合，この平面は xz 平面に平行です．明確にするために，これらの平面は三角関数の正のピークでの平面だけを描いています．しかし，波の任意の別の位相（あるいは，すべて別の位相）で存在する平面を想像することもできます．

　要点は，各平面で，原点とその平面上の任意の点をつなぐ全ての位置ベクト

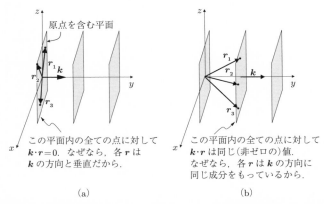

(a)　　　　　　　　　　　　　　　(b)

図 3.5　平面波に含まれるスカラー積の意味.（a）原点を含む平面内の点に対する場合,（b）原点から離れた平面内の点に対する場合

ルに対して, スカラー積 $\boldsymbol{k}\cdot\boldsymbol{r}$ が同じ値をもつということです. これを簡単に理解するには, **図 3.5(a)**のように原点を通る平面に着目するのがよいでしょう. その平面上の点に対する全ての位置ベクトルは波数ベクトル $\boldsymbol{k}$ に直交しているので, スカラー積 $\boldsymbol{k}\cdot\boldsymbol{r}$ はその平面上ですべてゼロの値になります.

次に, **図 3.5(b)**のように, 原点から右隣にある平面上の点への位置ベクトルを考えてみましょう. 2つのベクトルの間のスカラー積は, 一方のベクトルのもう一方のベクトル方向への射影に比例することを思い出してください. この平面上の点への位置ベクトルは, どれも同じ y 成分をもっているので, スカラー積 $\boldsymbol{k}\cdot\boldsymbol{r}$ はこの平面上ではゼロでない一定の値をもちます.

その値は, 正確にはいくつでしょうか？　ベクトル $\boldsymbol{k}$ と $\boldsymbol{r}$ の間の角度を θ とすると, $\boldsymbol{k}\cdot\boldsymbol{r}=|\boldsymbol{k}||\boldsymbol{r}|\cos\theta$ と書けることに注意してください. また, $|\boldsymbol{r}|\cos\theta$ は原点から, $\boldsymbol{k}$ の方向に沿った原点に最も近い平面上の点までの距離（つまり, 原点からその平面までの垂直距離）であることに注意すれば, このスカラー積 $\boldsymbol{k}\cdot\boldsymbol{r}$ は, 原点から $\boldsymbol{k}$ の方向にある平面までの距離（$|\boldsymbol{r}|\cos\theta$）に, $|\boldsymbol{k}|$ を掛けた量になります. したがって, 距離に $|\boldsymbol{k}|$ を掛けることは, $|\boldsymbol{k}|=\dfrac{2\pi}{\lambda}$ より, 距離を波長（λ）で割り（これは, その距離の中に何個の波長が入っているかを教えてくれます）, その結果に 2π を掛ける効果をもっています（これは, 波長の数をラジアンに変えます. なぜなら, 各波長は位相の 2π ラジア

ンを表すからです).

同じロジックを,一定の位相をもった任意の他の平面にまで拡張すると,3次元波動関数 $\Psi(\boldsymbol{r}, t)$ にスカラー積 $\boldsymbol{k} \cdot \boldsymbol{r}$ が現れる理由がわかります.つまり,このスカラー積は,原点からラジアン単位での平面までの距離を与えるのです.これは,波が $\boldsymbol{k}$ 方向に伝播するときに $\Psi(\boldsymbol{r}, t)$ の位相の変化を正しく計算するために必要なものです.

これが,3次元波動関数に $\boldsymbol{k} \cdot \boldsymbol{r}$ が現れる理由です.デカルト座標で展開すると,スカラー積は

$$\boldsymbol{k} \cdot \boldsymbol{r} = (k_x \hat{\boldsymbol{i}} + k_y \hat{\boldsymbol{j}} + k_z \hat{\boldsymbol{k}}) \cdot (x\hat{\boldsymbol{i}} + y\hat{\boldsymbol{j}} + z\hat{\boldsymbol{k}})$$
$$= k_x x + k_y y + k_z z$$

となるので,デカルト座標での3次元平面波は

$$\Psi(\boldsymbol{r}, t) = Ae^{i[(k_x x + k_y y + k_z z) - \omega t]} \tag{3.47}$$

で与えられます.

波動関数 $\Psi(x, t)$ を $\Psi(\boldsymbol{r}, t)$ のように3次元に拡張するのに加えて,2階の空間微分 $\dfrac{\partial^2}{\partial x^2}$ も3次元に拡張する必要があります.そのために,まず $\Psi(\boldsymbol{r}, t)$ の x に関する1階の空間微分と2階の空間微分を計算します.

$$\frac{\partial \Psi(\boldsymbol{r}, t)}{\partial x} = \frac{\partial [Ae^{i[(k_x x + k_y y + k_z z) - \omega t]}]}{\partial x} = ik_x \left[Ae^{i[(k_x x + k_y y + k_z z) - \omega t]} \right]$$
$$= ik_x \Psi(\boldsymbol{r}, t)$$

$$\frac{\partial^2 \Psi(\boldsymbol{r}, t)}{\partial x^2} = \frac{\partial [ik_x Ae^{i[(k_x x + k_y y + k_z z) - \omega t]}]}{\partial x} = ik_x \left[ik_x Ae^{i[(k_x x + k_y y + k_z z) - \omega t]} \right]$$
$$= -k_x^2 \Psi(\boldsymbol{r}, t)$$

同様に,y と z に関する2階の空間微分は次のようになります.

$$\frac{\partial^2 \Psi(\boldsymbol{r}, t)}{\partial y^2} = -k_y^2 \Psi(\boldsymbol{r}, t), \quad \frac{\partial^2 \Psi(\boldsymbol{r}, t)}{\partial z^2} = -k_z^2 \Psi(\boldsymbol{r}, t)$$

これらの2階微分を足し合わせると

$$\frac{\partial^2 \Psi(\boldsymbol{r},t)}{\partial x^2} + \frac{\partial^2 \Psi(\boldsymbol{r},t)}{\partial y^2} + \frac{\partial^2 \Psi(\boldsymbol{r},t)}{\partial z^2} = -k_x^2 \Psi(\boldsymbol{r},t) - k_y^2 \Psi(\boldsymbol{r},t) - k_z^2 \Psi(\boldsymbol{r},t)$$
$$= -(k_x^2 + k_y^2 + k_z^2)\Psi(\boldsymbol{r},t)$$

となるので，（3.45）で右辺を書き換えると

$$\frac{\partial^2 \Psi(\boldsymbol{r},t)}{\partial x^2} + \frac{\partial^2 \Psi(\boldsymbol{r},t)}{\partial y^2} + \frac{\partial^2 \Psi(\boldsymbol{r},t)}{\partial z^2} = -|\boldsymbol{k}|^2 \Psi(\boldsymbol{r},t) \tag{3.48}$$

となります．この式と(3.16)を比べると，2階の空間微分の和は，平面波の指数部分から $-|\boldsymbol{k}|^2$ をもたらすことがわかります．これは，1次元の場合に $\frac{\partial^2 \Psi(x,t)}{\partial x^2}$ が $-k^2$ をもたらすのと全く同じです．

　この2階の空間微分の和は，微分演算子として

$$\frac{\partial^2 \Psi(\boldsymbol{r},t)}{\partial x^2} + \frac{\partial^2 \Psi(\boldsymbol{r},t)}{\partial y^2} + \frac{\partial^2 \Psi(\boldsymbol{r},t)}{\partial z^2} = \left(\frac{\partial^2}{\partial x^2} + \frac{\partial^2}{\partial y^2} + \frac{\partial^2}{\partial z^2} \right) \Psi(\boldsymbol{r},t)$$

と書けます．これが，デカルト座標で表した**ラプラシアン**で，多くのテキストには次の記号[†7]が使われます．

$$\nabla^2 = \frac{\partial^2}{\partial x^2} + \frac{\partial^2}{\partial y^2} + \frac{\partial^2}{\partial z^2} \tag{3.49}$$

　ラプラシアン演算子と波動関数 $\Psi(\boldsymbol{r},t)$ を用いれば，シュレーディンガー方程式は

$$i\hbar \frac{\partial \Psi(\boldsymbol{r},t)}{\partial t} = -\frac{\hbar^2}{2m} \nabla^2 \Psi(\boldsymbol{r},t) + V[\Psi(\boldsymbol{r},t)] \tag{3.50}$$

と表現できます．この3次元の**時間に依存するシュレーディンガー方程式**は，1次元のシュレーディンガー方程式といくつかの特徴を共有していますが，ラプラシアンの解釈には，さらに検討が必要ないくつかの微妙な点があります．その検討は，1次元の場合と同じように，拡散方程式との比較から始めるのがよいでしょう．**3次元の拡散方程式**は次式です．

$$\frac{\partial[f(\boldsymbol{r},t)]}{\partial t} = D\nabla^2 [f(\boldsymbol{r},t)] \tag{3.51}$$

[†7]　ラプラシアンの記号は，テキストによっては，∇^2 の代わりに Δ が使われます．

1次元の場合と同様に，この3次元の拡散方程式は，時間とともに発展する空間分布をもつ量 $f(\boldsymbol{r}, t)$ の振る舞いを記述します．1階の時間微分 $\dfrac{\partial f}{\partial t}$ と2階の空間微分 $\nabla^2 f$ の間の比例係数 D は，拡散係数を表します．

3次元拡散方程式と3次元シュレーディンガー方程式との間の類似性を見るために，ここでもポテンシャルエネルギー（V）がゼロの場合を考えて，（3.50）を次のように書きます．

$$\frac{\partial [\Psi(\boldsymbol{r}, t)]}{\partial t} = \frac{i\hbar}{2m} \nabla^2 [\Psi(\boldsymbol{r}, t)] \tag{3.52}$$

1次元の場合と同様に，シュレーディンガー方程式の因子 i の存在は重要な意味をもちますが，これら2つの方程式がもつ基本的な関係は「波動関数の時間発展は波動関数のラプラシアンに比例する」ということです．

ラプラシアンの性質を理解するために，別の視点から空間曲率を見るのが役立ちます．その視点とは，ある点での関数の値と，その点から等距離にある隣接点でのその関数の平均値とを比べて，両者の値がどのようになるかを考えるというものです．

この考え方は，1次元関数 $\psi(x)$ の場合は簡単です．例えば，この関数が棒に沿った温度分布を表しているとします．**図3.6** でわかるように，関数の曲率は，この関数の任意の点での値が，その点から等距離にある2点の関数の値の平均に等しいか，大きいか，小さいかを決めます．

まず初めに，**図3.6 (a)** に示した曲率ゼロの場合を考えましょう．曲率ゼロは，$\psi(x)$ の傾きがこの領域で一定であることを意味します．そのため，位置 x_0 での ψ の値は，x_0 の両側の等距離にある2点での ψ の値をつないだ直線上にあります．これは，$\psi(x_0)$ の値が x_0 の両側に等距離（図の Δx）にある位置での ψ の値の平均に等しいことを意味します．したがって，この場合は $\psi(x_0) = \dfrac{1}{2}[\psi(x_0 + \Delta x) + \psi(x_0 - \Delta x)]$ となります．

しかし，関数 $\psi(x)$ が**図3.6 (b)** のように正の曲率をもつ場合には，$\psi(x)$ の位置 x_0 での値は，両側の等距離にある2点 $x_0 + \Delta x$ と $x_0 - \Delta x$ での関数の値の平均よりも小さくなります．そのため，正の曲率の場合は，$\psi(x_0) < \dfrac{1}{2}[\psi(x_0 + \Delta x) + \psi(x_0 - \Delta x)]$ となり，正の曲率が大きくなればなるほど，$\psi(x_0)$ の値は周囲の点の値の平均よりもさらに小さくなります．

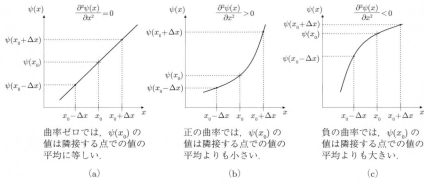

図 3.6　ラプラシアン．(a) 曲率ゼロの場合，(b) 正の曲率の場合，(c) 負の曲率の場合

　同様に，関数 $\psi(x)$ が**図 3.6 (c)**のように負の曲率をもつ場合には，$\psi(x)$ の位置 x_0 での値は，両側の等距離にある 2 点 $x_0+\Delta x$ と $x_0-\Delta x$ での関数の平均値よりも大きくなります．そのため，負の曲率の場合は，$\psi(x_0) > \dfrac{1}{2}[\psi(x_0+\Delta x)+\psi(x_0-\Delta x)]$ となり，負の曲率が大きくなればなるほど，$\psi(x_0)$ の値は周囲の点での平均値よりもさらに大きくなります．

　重要な点は，任意の点における関数の曲率は，その点での関数の値が周囲の点での関数の平均値と等しいか，大きいか，小さいかを表す尺度だということです．

　この議論を，1 次元より高い空間次元をもつ関数に拡張するために，2 次元の関数 $\psi(x,y)$ で考えてみましょう．この関数は，例えば，鋼板の様々な点 (x,y) での温度，流れの表面での微粒子の濃度，あるいは，海抜のように基準面からの標高などを表します．

　2 次元の関数は，**図 3.7** のように 3 次元でプロットするのが便利で，z 軸は興味ある量，例えば，いま示した温度，濃度，海抜などを表しています．

　まず**図 3.7 (a)**に示した関数を考えましょう．これは，位置 $(x=0,\ y=0)$ で正のピーク（最大値）をもっています．ピークでの関数の値 $\psi(0,0)$ は，明らかに，この位置から等距離にある周りの点，つまり図の等高線に沿った点での関数の平均値よりも大きくなります．これは，この節で説明した 1 次元の負曲率の場合と矛盾してはいません．

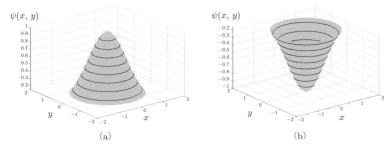

図 3.7　2次元の関数 $\psi(x, y)$ と等高線の図.（a）原点で最大の場合,
（b）原点で最小の場合

　次に，**図 3.7 (b)** の関数を見てみましょう．これは，位置 $(x = 0,\ y = 0)$ で
図のような谷（最小値）をもっています．この場合，谷底での関数の値 $\psi(0, 0)$
は，明らかに，この位置から等距離にある周りの点での関数の平均値よりも小
さくなります．この結果も，1次元の正曲率の場合と矛盾してはいません．

　関数 $\psi(x, y)$ を x 軸と y 軸に沿ってカットした図を想像すると，**図 3.7 (a)**
の正のピークをもった関数のピーク近傍で，曲率は負になることが確信できる
でしょう．なぜなら，それぞれの軸に沿って正の向きに動いていくと，関数の
傾きが減少するからです（つまり，$\dfrac{\partial}{\partial x}\left(\dfrac{\partial \psi}{\partial x}\right)$ と $\dfrac{\partial}{\partial y}\left(\dfrac{\partial \psi}{\partial y}\right)$ はともに負で
す）．

　ところで，2次元関数の振る舞いを理解する別の方法があります．それは，
ラプラシアンを2つの異なる演算子の組み合わせで考えることです．2つの
異なる演算子とは**勾配**（gradient）と**発散**（divergence）です．これらの演算子に
は，多変数の微積分や電磁気学の授業で出合っているかもしれませんが，これ
らの意味がわからなくても心配はいりません．このあとの説明で，これらの演
算子やラプラシアンの役割が理解できるようになるからです．

　くだけた言葉でいえば，「勾配」は，ある量がその変数によってどう変化す
るかを記述するのに使われます．例えば，傾斜した道路の高さの変化，写真の
彩度の変化，室内のさまざまな場所での温度の増減などです．幸い，そのよう
な一般的な使い方が，勾配演算子の数学的定義を与えてくれます．3次元デカ
ルト座標の場合，勾配演算子は

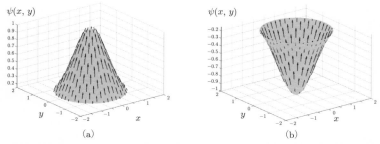

図 3.8　勾配.（a）2 次元の山型の関数の場合，（b）2 次元の谷型の関数の場合

$$\boldsymbol{\nabla} = \hat{\boldsymbol{i}}\frac{\partial}{\partial x} + \hat{\boldsymbol{j}}\frac{\partial}{\partial y} + \hat{\boldsymbol{k}}\frac{\partial}{\partial z} \tag{3.53}$$

のように定義されます．ここで，記号 $\boldsymbol{\nabla}$ は**デル**あるいは**ナブラ**とよばれます．単位ベクトル $(\hat{\boldsymbol{i}}, \hat{\boldsymbol{j}}, \hat{\boldsymbol{k}})$ を偏微分の左に書いたのを不思議に思うかもしれませんが，その理由は，偏微分が関数だけに作用することを明確にするためです．つまり，これらの微分は単位ベクトルには作用しません．

　ほかの演算子と同じように，デル演算子は，これに何かを作用させるまでは何もしません．そして，関数 $\psi(x, y, z)$ の勾配は，デカルト座標で

$$\boldsymbol{\nabla}\psi(x, y, z) = \frac{\partial \psi}{\partial x}\hat{\boldsymbol{i}} + \frac{\partial \psi}{\partial y}\hat{\boldsymbol{j}} + \frac{\partial \psi}{\partial z}\hat{\boldsymbol{k}} \tag{3.54}$$

となります．

　この定義から，（ψ などの）スカラー関数の勾配をとるとベクトルが生成されることがわかります．そのベクトルの方向と大きさは，ともに意味をもっています．勾配の方向は，関数が最も増加する方向を教えてくれます．そして，勾配の大きさは，この方向への関数の変化率を教えてくれます．

　図 3.8 で，勾配の作用を見ることができます．勾配ベクトルは，関数の最も増加する方向を指すので，**図 3.8 (a)** ではピークに向かって「上方を」指し，**図 3.8 (b)** では谷底から離れる方向を指します．そして，等高線は関数 ψ の値が一定な線を表すので，勾配ベクトルの方向は，等高線に常に直交しています（そのような等高線は**図 3.7** に示しています）．

　ラプラシアンにおける勾配の役割を理解するには，**図 3.9** に示すように，

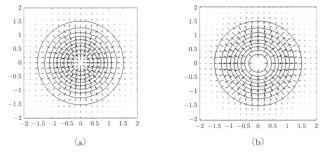

図 3.9 等高線と勾配の俯瞰図.（a）2 次元の山型の関数の場合，
（b）2 次元の谷型の関数の場合

山型の関数と谷型の関数それぞれの勾配の俯瞰図を考えるのが役立ちます．この図から，勾配ベクトルは，正のピークの頂上に向かって収束し，谷底から離れながら発散するのがわかります（そして，前の段落で説明したように，等しい値をもつ等高線に直交しています）．

　この俯瞰図が役立つ理由は，勾配と連携してラプラシアンを生成する別の演算子の役割を明らかにしてくれるからです．その演算子とは**発散**のことで，これは勾配演算子 $\boldsymbol{\nabla}$ と（$\boldsymbol{A}$ などの）ベクトルとのスカラー積（ドット積）で与えられます．3 次元デカルト座標の場合，この発散は

$$\boldsymbol{\nabla}\cdot\boldsymbol{A} = \left(\hat{\boldsymbol{i}}\,\frac{\partial}{\partial x} + \hat{\boldsymbol{j}}\,\frac{\partial}{\partial y} + \hat{\boldsymbol{k}}\,\frac{\partial}{\partial z}\right)\cdot\left(A_x\hat{\boldsymbol{i}} + A_y\hat{\boldsymbol{j}} + A_z\hat{\boldsymbol{k}}\right)$$
$$= \frac{\partial A_x}{\partial x} + \frac{\partial A_y}{\partial y} + \frac{\partial A_z}{\partial z} \tag{3.55}$$

となります．注意してほしいのは，発散はベクトル関数に作用して，スカラー関数を生成することです．

　では，ベクトル関数の発散をとって得られたスカラー関数は，もとの関数について何を語ってくれるのでしょうか？　任意の場所で，その関数が発散しているか（簡単にいえば「広がる」か），収束しているか（簡単にいえば「集まる」か）を，発散は教えてくれます．ベクトル関数の発散の意味を可視化する 1 つの方法は，ベクトルが流体の速度ベクトルを表すと想像することです．大きな正の発散をもつ場所では，そこに流れ込む流体よりもその場所から流れ出る流体の方が多くなります．そのため，流れベクトルはその場所から発散します

（そして，流体の「ソース（湧き出し点）」がその場所に存在します）．発散がゼ
ロの場所では，その場所から流れ去る流体は，その場所に流れ込む流体と厳密
に同じ量です．そして，予想できると思いますが，大きな負の発散をもつ場所
では，そこから離れる流体よりも流れ込む流体のほうが多くなります（そして，
流体の「シンク（吸い込み点）」がその場所に存在します）．

　もちろん，ほとんどのベクトルは流体の流れを表してはいませんが，それで
も，ベクトルが1点に向かう，あるいは，その点から離れるといったベクト
ルの「流れ」の概念は有用です．興味のある点を囲む小さな球を想像して，ベ
クトル場の外向きフラックス（球の内側から外側に表面を貫通するベクトルの
数）が，内向きフラックス（球の外側から内側に表面を貫通するベクトルの数）
よりも大きいか，等しいか，小さいかを決めてみましょう．

　流体のアナロジーを使って，ある点での発散をテストするために，よく使わ
れる思考実験は，おが屑や粉末のような遊離性物質を流体の中に撒いた状態を
想像することです．撒かれた物質が広がっていくならば（つまり，密度が減少
すれば），その位置での発散は正です．しかし，撒かれた物質が集まってくる
ならば（つまり，密度が増加すれば），その位置での発散は負です．そして，物
質が流れに沿って移動しながら，広がりもせず，集まりもせず，ただ単に元の
密度を保っていれば，そこでの発散はゼロです．

　ラプラシアンと拡散方程式からかなり横道にそれたように見えるかもしれま
せんが，実は，ここに報酬があるのです．関数のラプラシアン（$\nabla^2\psi$）は，そ
の関数の勾配（$\nabla\psi$）の発散（$\nabla\cdot\nabla\psi$）に等しいのです．このことは，次のよう
に「ψ の勾配」と「発散」とのスカラー積をとるとわかります．

$$\nabla\cdot\nabla\psi = \frac{\partial\left(\frac{\partial\psi}{\partial x}\right)}{\partial x} + \frac{\partial\left(\frac{\partial\psi}{\partial y}\right)}{\partial y} + \frac{\partial\left(\frac{\partial\psi}{\partial z}\right)}{\partial z}$$
$$= \frac{\partial^2\psi}{\partial x^2} + \frac{\partial^2\psi}{\partial y^2} + \frac{\partial^2\psi}{\partial z^2} = \nabla^2\psi$$

したがって，「勾配の発散」はラプラシアンと同じものになります．これは，
ピークに収束する勾配ベクトルの説明（つまり，ピークで，勾配の発散が負で
あること）と，ピークの値が周囲の点の平均値よりも大きくなること（つまり，

ピークで，ラプラシアンが負であること)とを結びつけます.

それでは，以上のことは拡散方程式やシュレーディンガー方程式と，どのように関係するのでしょうか？ 思い出してほしいのは，拡散方程式は関数 ψ の時間的な変化(つまり $\dfrac{\partial \psi}{\partial t}$)が ψ のラプラシアン($\nabla^2 \psi$)に比例するということです．したがって，ψ が温度を表す場合，拡散は，温度が周囲の点での平均温度を超える領域(つまり，関数 ψ が正のピークをもつ領域)を冷やし，温度が周囲の平均温度よりも低い領域(関数 ψ が谷をもつ領域)を温めます.

同様の分析はシュレーディンガー方程式にも適用できますが，非常に重要な違いが1つあります．それは，1次元の場合と同じように，シュレーディンガー方程式の片側にある虚数単位(i)が，一般に，解を実関数ではなく複素関数にすることです．つまり，関数のピークや谷が時間とともに滑らかになる「拡散」解に加えて，振動する解も現れます．これらの解については，第4章と第5章で説明します.

それらの章に行く前に，3次元の**時間に依存しないシュレーディンガー方程式**が，1次元の場合と同様のアプローチで導けることを説明しておきましょう．それには，まず3次元の波動関数 $\Psi(\boldsymbol{r}, t)$ を空間と時間の部分に分けて

$$\Psi(\boldsymbol{r}, t) = \psi(\boldsymbol{r}) T(t) \tag{3.56}$$

と書きます．次に，3次元のポテンシャルエネルギーを $V(\boldsymbol{r})$ とします．方程式の時間部分の解は1次元の場合と同じ $T(t) = e^{-i\frac{E}{\hbar}t}$ ですが，3次元の空間部分の方程式は

$$-\frac{\hbar^2}{2m}\nabla^2[\psi(\boldsymbol{r})] + V[\psi(\boldsymbol{r})] = E[\psi(\boldsymbol{r})] \tag{3.57}$$

のようになります．この3次元の方程式の解は，ポテンシャル $V(\boldsymbol{r})$ の性質に依存します．そして，この場合の**3次元ハミルトニアン**(全エネルギー)は

$$\hat{H} = -\frac{\hbar^2}{2m}\nabla^2 + V \tag{3.58}$$

で与えられます.

この節の終わりに，3次元シュレーディンガー方程式に現れるラプラシアンに関する注意を1つ与えます．それは，デカルト座標でのラプラシアンは最

も簡単な形ですが，問題の幾何学的な性質によっては（特に，球対称性をもつ問題では），次式のような球座標（3次元極座標）の**ラプラシアン**を適用する方がもっと簡単に解ける，ということです．

$$\nabla^2 = \frac{1}{r^2}\frac{\partial}{\partial r}\left(r^2\frac{\partial}{\partial r}\right) + \frac{1}{r^2\sin\theta}\frac{\partial}{\partial\theta}\left(\sin\theta\frac{\partial}{\partial\theta}\right) + \frac{1}{r^2\sin^2\theta}\frac{\partial^2}{\partial\phi^2}$$
$$(3.59)$$

このラプラシアンの適用に関しては，演習問題（問題3.9と3.10）とその解答を見てください．

クイズ ....

1. シュレーディンガー方程式は，エネルギー保存則から厳密に導き出せます．
   (a) 正しい
   (b) 誤り
   (c) どちらともいえない

2. シュレーディンガー方程式の妥当性は平面波の関数を使って示されているので，この方程式が適用できるのは平面波の場合だけです．
   (a) 正しい
   (b) 誤り
   (c) どちらともいえない

3. 演算子の2乗を関数に作用させるには，先ず演算子を関数に作用させ，次にその結果を2乗します．
   (a) 正しい
   (b) 誤り
   (c) どちらともいえない

4. シュレーディンガー方程式が2階微分方程式である理由は，次のどれですか？
   (a) 方程式の項の1つが2乗されるから．
   (b) 最高階の導関数が2階の導関数だから．
   (c) 方程式のどの項も2よりも大きなベキをもっていないから．
   (d) 上記のすべて．

5. 時間依存するシュレーディンガー方程式は，波動関数の空間曲率を，次のどれに関連付けますか？
   (a) 波動関数とポテンシャルエネルギー
   (b) 時間に対する波動関数の変化とポテンシャルエネルギー
   (c) 時間に対する波動関数の曲率とポテンシャルエネルギー
   (d) 上記のいずれでもない

6. 拡散方程式（およびポテンシャルがゼロの領域でのシュレーディンガー方程式）によれば，負の空間曲率が大きい領域では，波動関数の振る舞いは次のどれになりますか？
   (a) 時間の経過とともにゆっくりと増加する.
   (b) 時間の経過とともに急速に増加する.
   (c) 時間の経過とともにゆっくりと減少する.
   (d) 時間の経過とともに急速に減少する.
   (e) もっと情報がなければ，わからない.

7. 変数分離の方法で，シュレーディンガー方程式に含まれる項を分離するとき，方程式の一方の側に時間依存項をまとめ，もう一方の側に空間依存項をまとめます．このとき，波動関数の 1 階の時間導関数と 2 階の空間導関数は両方ともゼロでなければなりません.
   (a) 正しい
   (b) 誤り
   (c) どちらともいえない

8. 変数分離の方法で求められる波動関数と量子状態は，時間の経過とともに変化しないので「定常」とよばれます.
   (a) 正しい
   (b) 誤り
   (c) どちらともいえない

9. 平面波の関数において $\boldsymbol{k} \cdot \boldsymbol{r}$ の項は次のどれを表しますか？
   (a) 関数の波数ベクトルの大きさ
   (b) 原点から位相面までの位置ベクトル
   (c) 原点から $\boldsymbol{k}$ 方向に沿った位相面までの位相変化
   (d) 上記のいずれでもない

10. 関数のラプラシアンは，関数の値が隣接する点での関数の平均値を超えるような点で負の値をもちます.

   (a) 正しい

   (b) 誤り

   (c) どちらともいえない

演習問題 ....

3.1　物質波のド・ブロイ波長を次の場合に求めなさい.

   a)　速さ 5×10^6 m/s の電子

   b)　時速 100 マイルで投げた 160 グラムのクリケットボール

3.2　波数基底の波動関数 $\phi(k)$ が波数の範囲 $-\dfrac{\Delta k}{2} < k < \dfrac{\Delta k}{2}$ で $\phi(k) = A$, これ以外の範囲ではゼロである場合，この $\phi(k)$ に対応する位置基底の波動関数 $\psi(x)$ を(3.24)を使って求めなさい. ただし，A は定数です.

3.3　2 つのケット $|\epsilon_1\rangle = \sin kx$ と $|\epsilon_2\rangle = \cos kx$ で表される基底ベクトルから成る 2 次元基底で，運動量演算子 $\hat{p}$ の行列表現を求めなさい.

3.4　問 3.3 と同じ 2 次元基底で，一定のポテンシャルエネルギー V[*9]をもつ領域でのハミルトニアン $\hat{H}$ の行列表現を求めなさい.

3.5　運動量演算子と一定のポテンシャルエネルギー V をもつハミルトニアンが交換することを，問 3.3 と問 3.4 で与えた基底でのこれらの演算子の行列表現を使って示しなさい.

3.6　波数ベクトル $\boldsymbol{k} = \hat{\boldsymbol{i}} + \hat{\boldsymbol{j}} + 5\hat{\boldsymbol{k}}$ をもつ平面波に対して，次の各問に答えなさい.

   a)　3 次元デカルト座標を使って，この波の一定位相の平面をいくつか描きなさい.

   b)　この波の波長 λ を求めなさい.

   c)　原点から点 $(x = 4,\ y = 2,\ z = 5)$ を含む平面までの，$\boldsymbol{k}$ 方向に沿った最短距離を決めなさい.

第 3 章のクイズの解：1.(b)；2.(b)；3.(b)；4.(b)；5.(b)；6.(b)；7.(b)；8.(b)；9.(c)；10.(a)

[*9]　ポテンシャルエネルギーが一定の場合，エネルギーの基準点は $V = 0$ になるように選ぶことができるので，この問題では $V = 0$ が仮定されています. なお，問 3.5 と問 3.8 も同様に $V = 0$ が仮定されています.

3.7　**2次元ガウス関数** $f(x,y) = Ae^{-\left[\frac{(x-x_0)^2}{2\sigma_x^2} + \frac{(y-y_0)^2}{2\sigma_y^2}\right]}$ に対して，次の事柄を示しなさい．ただし，$A > 0$ とする．

a)　勾配 ∇f は，関数のピーク $(x = x_0,\ y = y_0)$ でゼロである．

b)　ラプラシアン $\nabla^2 f$ は，ピークで負になる．

c)　ピークが急峻になる（つまり，σ_x と σ_y が小さくなる）ほど，ピークでのラプラシアンの絶対値は大きくなる．

3.8　$E_n = \dfrac{k_n^2 \hbar^2}{2m}$ のとき，

$$\Psi_n(x,y,z,t) = \sqrt{\frac{8}{a_x a_y a_z}}\,\sin(k_{n,x}x)\sin(k_{n,y}y)\sin(k_{n,z}z)e^{-i\frac{E_n}{\hbar}t}$$

は，3次元デカルト座標でのシュレーディンガー方程式の解であることを示しなさい．ただし，ポテンシャルが一定の領域において $k_n^2 = (k_{n,x})^2 + (k_{n,y})^2 + (k_{n,z})^2$，および $k_{n,x} = \dfrac{n_x \pi}{a_x}$, $k_{n,y} = \dfrac{n_y \pi}{a_y}$, $k_{n,z} = \dfrac{n_z \pi}{a_z}$ である[*10]．

3.9　変数分離法を使って，球座標での3次元シュレーディンガー方程式を分離した2つの方程式で表しなさい．方程式の1つは，動径座標 (r) だけに依存し，もう一方の方程式は角座標 $(\theta$ と $\phi)$ だけに依存する．ただし，ポテンシャルエネルギーは動径座標だけに依存する（つまり $V = V(r)$）．

3.10　関数 $R(r) = \dfrac{1}{r\sqrt{2\pi a}}\sin\left(\dfrac{n\pi r}{a}\right)$ は，$V = 0$ で分離定数 $E_n = \dfrac{n^2 \pi^2 \hbar^2}{2ma^2}$ のとき，球座標での3次元シュレーディンガー方程式の動径部分の解であることを示しなさい．

[*10]　$k_{n,x}, k_{n,y}, k_{n,z}$ の値は，この問題を解く上では必要ありません．この問題は直方体（3辺の長さ a_x, a_y, a_z）内部（ポテンシャル $V = 0$ の領域）での粒子の運動を考えているので，粒子の波数 $\boldsymbol{k}$ の x, y, z 成分 (k_x, k_y, k_z) がそれぞれ $k_{n,x}, k_{n,y}, k_{n,z}$ に量子化されることを示しているだけです．

4

シュレーディンガー方程式を解く

　第1章と第2章で説明した抽象ベクトル空間，直交関数，演算子，固有値などと，第3章で展開したシュレーディンガー方程式の解である波動関数との関係について不思議に思っている人には，この章が役に立つはずです．これらの関係がはっきりしない理由の1つは，量子力学が2つの並行なルートをたどって発展したからです．これら2つのルートは，**ハイゼンベルクの行列力学**と**シュレーディンガーの波動力学**とよばれるものです．これら2つのアプローチは同じ結果を与えることが知られていますが，量子力学の特定の側面を明らかにする上で，それぞれが特別な役割を果たしています．そのため，第1章と第2章では行列代数とディラック記号に焦点を当て，第3章では平面波と微分演算子を扱ったのです．

　行列力学と波動力学の関係を理解するために，まず4.1節で，量子力学のコペンハーゲン解釈の基礎であるボルンの規則を説明してから，この規則を使ったシュレーディンガー方程式の解の意味について解説します．4.2節では，量子状態，波動関数，および演算子に関する説明と，量子力学を実際の問題に適用するときに学生たちが陥りがちないくつかの誤解について説明します．

　波動関数の要件と一般的な特徴は4.3節で論じ，そのあとで，フーリエ理論が波動関数にどのように適用されるかを4.4節で説明します．そして，この章の最後にあたる4.5節で，位置空間と運動量空間における位置演算子と運動量演算子を扱います．

4.1　ボルンの規則とコペンハーゲン解釈

　シュレーディンガーが彼の方程式を 1926 年初めに提唱したとき，誰も（彼自身も含めて）波動関数 ψ が何を表しているのか知りませんでした．シュレーディンガーは，荷電粒子の波動関数が電荷密度の空間分布に関係している可能性があると考え，波動関数を現実の擾乱，つまり**物質波**として文字通り解釈することを示唆しました．一方，波動関数は全ての物理的粒子に付随し，粒子の振る舞いの特定の側面をコントロールする一種の**ガイド波**を表すものだと推測する人々もいました．これらのアイデアにはそれなりのメリットはありましたが，シュレーディンガー方程式の波動関数の解で実際に「波打っているもの」は何かという問題は，非常に議論の余地がありました．

　この問題に対する答えは，1926 年の後半に，ボルンが，シュレーディンガー方程式の波動関数の解に対して唯一の可能な解釈であると信じて発表した論文の中に現れました．現在**ボルンの規則**とよばれている，その答えによれば，波動関数は「確率振幅」を表していることになります．そして，ある量を観測したときに特定の結果を得る確率が，この波動関数の絶対値の 2 乗で決定されます．次節で，波動関数と確率については詳しく説明しますが，差しあたり重要な点は，ボルンの規則が波動関数を物理的媒質内の測定可能な擾乱領域から追い出し，ψ を（非常に便利なツールではありますが）統計ツールの世界に移したことです．具体的には，波動関数から，オブザーバブルの測定の可能な結果が決まり，それらの結果を得る確率が計算できます．

　ボルンの規則は，量子力学において非常に特別な役割を果たします．なぜなら，この規則が，シュレーディンガー方程式の解の意味を実験結果と一致するように説明できるからです．しかし，ボルンの規則は，量子力学の他の重要な側面については何も語りません．そのため，ボルンの規則は論文の発表後すぐに広く受け入れられたにも拘らず，これらの他の側面は，ほぼ 1 世紀にわたって論争が続いています．

　その論争は，万人に受け入れられる一連の原理には導いていません．量子力学の最も広く受け入れられている（そして，広く争点にもなっている）説明は，**コペンハーゲン解釈**とよばれるものです．この名前は，コペンハーゲンの**ニー**

ルス・ボーア研究所で大部分が発展させられたことに由来します．コペンハーゲン解釈に対して多くの量子論の専門家はためらいをもっていますが，それでも，この解釈の基本的な原理を理解する価値はあります．なぜなら，その理解により，コペンハーゲン解釈の特長と欠点，および他の解釈の長所と難点がわかるようになるからです．

それでは，これらの原理は正確には何でしょうか？　答えるのは簡単ではありません．なぜなら，コペンハーゲン解釈のいろいろなバージョンが，コペンハーゲンの自転車の数と同じくらいあるように思われるからです*1．しかし，ふつう，コペンハーゲン解釈に寄与する原理には，量子状態の情報の完全性，量子状態の滑らかな時間発展，波動関数の収縮，測定結果と演算子の固有値との関係，不確定性原理，ボルンの規則，古典物理学と量子物理学の間の対応原理，そして物質のもつ波と粒子の相補的な側面などが含まれます．

これらの各原理の簡単な説明は，次の通りです．

情報の完全性　量子状態 Ψ は，量子系に関するすべての可能な情報を含んでいる．付加的な情報をもった「隠れた変数」*2は存在しない．

時間発展　測定をしない限り，量子状態はシュレーディンガー方程式に従って滑らかに時間とともに発展する．

波動関数の収縮　量子状態を測定すると，状態は常に測定したオブザーバブルに対応する演算子の固有状態に**収縮**する．

測定結果　オブザーバブルに対して測定される値は，元の量子状態が収縮する固有状態の固有値である．

---

*1　コペンハーゲンは，非常にフラットな土地で坂道などがほとんどないため，多くの人々は自転車を使っています．著者はこの事実を喩えに使っているのでしょう．

*2　アインシュタイン，ド・ブロイ，シュレーディンガーたちは，コペンハーゲン解釈に基づく確率的な性質をもつ量子力学には懐疑的で，完全な量子力学であれば，物理量はすべて決定論的に決まるべきだと考えていました．そして，量子力学の確率的な性質は見かけだけのもので，そのような性質は実験でまだ発見されていない**隠れた変数**（hidden variables）によって生じるというアイデアをもっていました．つまり，完全な量子力学では，この隠れた変数を介して，1 対 1 の因果関係が成り立ち，物理量は確定値をもつが，コペンハーゲン解釈に基づく量子力学では，この隠れた変数が考慮されていないので，物理量の値は確率的になると，アインシュタインたちは考えていました．

不確定性原理　特定の「両立できない(incompatible)」オブザーバブル(位置と運動量など)は，任意の精度で同時に決めることはできない．

ボルンの規則　測定された量子状態が特定の固有状態に収縮する確率は，元の状態(波動関数)に存在するその固有状態の量の2乗で決まる．

対応原理　量子数が非常に大きな極限では，オブザーバブルの測定結果は，古典物理学の結果と一致しなければならない．

相補性　すべての量子状態には，波と粒子の相補的な側面が含まれている．測定したときに，系が波のように振る舞うか，粒子のように振る舞うかは，測定の種類で決まる．

　幸いなことに，あなたがコペンハーゲン解釈を選んでも，あるいは別の解釈を選んでも，量子力学の「処方箋」はうまくいきます．つまり，オブザーバブルの測定結果を予測し，それらの結果の各確率を計算する量子力学のテクニックが，正しい答を与えることは繰り返し実証されています．

　この章の後半で，シュレーディンガー方程式の解である波動関数を詳しく扱いますが，次節では，量子力学の用語の復習と，波動関数，演算子，測定に関するいくつかの誤解について説明します．

4.2　量子状態，波動関数，演算子

　これまでの章を勉強しているときに気づいたかもしれませんが，古典力学の概念や数学的テクニックの中には，量子力学の領域に拡張できるものがいくつかあります．しかし，量子力学の本質的に確率的な性質は，いくつかの重大な相違に導きます．そして，これらの相違に対する理解を深めることが非常に重要です．その理解には，古典物理学の特定の用語が量子力学にどのように適用されるか，あるいは，適用されないかに対する認識が必要です．

　幸いなことに，量子力学の誕生からほぼ100年の間に一貫性のある専門用語が整理されてきました．しかし，定評のある量子力学のテキストやオンライ

ンの資料を読むと，**量子状態と波動関数**の用語の使い方に多少の違いがあることに気づくでしょう．これらの用語を区別せずに使う著者もいれば，はっきり区別する著者もいます．この区別について，この節で説明します．

　量子状態の用語の最も一般的な使い方は，「粒子または系の量子状態とは，粒子または系について知ることができる全ての情報を含む記述である」，というものです．量子状態は，ふつう ψ（時間依存性がある場合は，大文字の Ψ）で記述され，基底独立なケット $|\psi\rangle$ または $|\Psi\rangle$ で表します．量子状態は，抽象ベクトル空間のメンバーで，その空間の規則に従います．シュレーディンガー方程式は，量子状態が時間とともにどのように発展するかを記述します．

　では，この量子状態と波動関数との違いは何でしょうか？　多くの量子力学のテキストでは，波動関数は特定の基底での量子状態の展開係数として定義されます．でもそれは，どの基底でしょうか？　どの基底を選択するとしても，理にかなった選択は，興味のあるオブザーバブルに対応する基底です．全てのオブザーバブルは演算子に対応しており，その演算子の固有関数は完全直交基底をなすことを思い出してください．つまり，これらの固有関数の一次結合（重ね合わせ）によって，任意の関数が合成されるということです．1.6 節で説明したように，その基底の固有関数 $(\psi_1, \psi_2, \ldots, \psi_N)$ の重みを付けた和を使って，量子状態を展開すると，$|\psi\rangle$ で表される量子状態は

$$|\psi\rangle = c_1|\psi_1\rangle + c_2|\psi_2\rangle + \cdots + c_N|\psi_N\rangle = \sum_{n=1}^{N} c_n|\psi_n\rangle \tag{1.35}$$

と記述できます．波動関数は，状態 $|\psi\rangle$ の各固有関数 $|\psi_n\rangle$ の量 (c_n) です．したがって，指定された基底の波動関数は，（複素数の）値 c_n の集合です．

　また，各 c_n は，1.6 節で述べたように，状態 $|\psi\rangle$ を対応する（規格化された）固有関数 $|\psi_n\rangle$ の上に射影して

$$c_n = \langle \psi_n|\psi\rangle \tag{4.1}$$

のように求めることができます．

　可能な測定結果は，オブザーバブルに対応する演算子の固有値であり，それぞれの結果の確率は，波動関数の値 c_n の絶対値の 2 乗に比例します．したが

って，波動関数は各結果の**確率振幅**を表します[†1].

離散値 c_n のグループに，「関数」という言葉を適用するのは奇妙に思えるかもしれませんが，量子系（例えば，**自由粒子**など）を考察するときに，その言葉の理由が明らかになります．それらの系では，測定の可能な結果（オブザーバブルに対応した演算子の固有値）は，離散値ではなく連続関数です．量子力学のテキストでは，これを固有値の**連続スペクトル**をもつ演算子として説明することがあります．

連続な場合，位置や運動量などのオブザーバブルに対応した演算子を表す行列は，行の数と列の数が無限になるので，そのオブザーバブルの固有関数は無限に存在します．例えば，（1 次元の）位置基底関数はケット $|x\rangle$ で表すことができるため，この位置基底関数を用いて，ケット $|\psi\rangle$ で表される状態を展開すると

$$|\psi\rangle = \int_{-\infty}^{\infty} \psi(x)|x\rangle dx \qquad (4.2)$$

となります．連続変数 x の各値における基底関数 $|x\rangle$ の「量」が，いまは連続関数 $\psi(x)$ になっていることに注意してください．したがって，この場合の波動関数は，離散値（c_n など）の集合ではなく，位置の連続関数 $\psi(x)$ です．

$\psi(x)$ を決定する方法は，離散の場合と全く同じで，次式のように，状態 $|\psi\rangle$ を位置基底関数の上に射影します．

$$\psi(x) = \langle x|\psi\rangle \qquad (4.3)$$

離散の場合と同じように，各結果の確率は波動関数の 2 乗に関係しています．ただし，連続の場合には，$|\psi(x)|^2$ は確率密度を与えます（1 次元の場合は単位長さ当たりの確率）．そのため，ある範囲内での結果の確率を決定するには，その範囲内の x で積分しなければなりません．

同じアプローチは，運動量波動関数に対しても適用できます．（1 次元の）運動量基底関数はケット $|p\rangle$ で表せ，この運動量基底で状態 $|\psi\rangle$ を展開すると

[†1] 「振幅」という言葉は，他の種類の波のアナロジーとして使われており，そのような波の強度は振幅の 2 乗に比例します．

$$|\psi\rangle = \int_{-\infty}^{\infty} \tilde{\phi}(p)|p\rangle dp \qquad (4.4)$$

となります．この場合，連続変数 p の各値における基底関数の「量」は，連続関数 $\tilde{\phi}(p)$ です．

この $\tilde{\phi}(p)$ を決定するには，次式のように，状態 $|\psi\rangle$ を運動量基底関数に射影します．

$$\tilde{\phi}(p) = \langle p|\psi\rangle \qquad (4.5)$$

したがって，$|\psi\rangle$ で表される量子状態に対して，特定の基底で波動関数を見つけるための適切なアプローチは，スカラー積を使って，量子状態をその基底の固有関数に射影する方法です．しかし，調査[†2]に依れば，量子力学の入門コースを終えた後でも，多くの学生にとって量子状態，波動関数，および演算子の関係は曖昧なようです．

演算子に関する共通した誤解の1つは，量子状態 $|\psi\rangle$ が与えられたとき，位置演算子や運動量演算子を状態 $|\psi\rangle$ に作用させれば，位置基底の波動関数 $\psi(x)$ や運動量基底の波動関数 $\tilde{\phi}(p)$ が決定できるというものです．これは誤りです．前に説明したように，位置や運動量を基底とする波動関数を決める正しいアプローチは，スカラー積を使って状態 $|\psi\rangle$ を位置や運動量の固有状態上に射影する方法です．

これに関連した誤解は，演算子を使って，位置基底の波動関数 $\psi(x)$ と運動量基底の波動関数 $\tilde{\phi}(p)$ の間で変換ができるというものです．しかし，4.4節でわかるように，位置基底と運動量基底の波動関数は，位置演算子や運動量演算子を使うのではなく，**フーリエ変換**によって互いに関係付けられているのです．

量子力学を初めて学ぶ学生たちが，演算子を量子状態に適用することと，その演算子に対応したオブザーバブルの物理的測定を行うこととは解析的に同じことであると，思い込むことも共通しています．

このような誤解が生じることは理解できます．なぜなら，ある状態に演算子

[†2] 例えば，巻末の関連図書 [4] を参照してください．

を作用させることは新しい状態を生成することであり，そして，ある状態を測定するということは波動関数の収縮を生じさせるということを，学生たちは教わっているからです．

　演算子の適用と測定との実際の関係は少し複雑ですが，もっと有益です．オブザーバブルの測定は，実際に，量子状態を，そのオブザーバブルに対応した演算子の固有状態の 1 つに**収縮**させます（状態が未だその演算子の固有状態でなければ）．しかし，それは，演算子を量子状態に適用したときに起こることではありません．

　量子状態 $|\psi\rangle$ に演算子を適用する場合，この量子状態は

$$|\psi\rangle = \sum_n c_n |\psi_n\rangle$$

のように，演算子の固有状態の重ね合わせ（つまり，重み付け係数 c_n による一次結合）で記述されますが，これに演算子 $\hat{O}$ を適用すると

$$\hat{O}|\psi\rangle = \sum_n c_n \hat{O}|\psi_n\rangle = \sum_n c_n o_n |\psi_n\rangle \tag{4.6}$$

のように，$\hat{O}$ がその固有値（o_n）を抜き出すため，固有状態の重み係数は c_n と o_n の積になります．

　2.5 節で説明したように，この新しい状態 $\hat{O}|\psi\rangle$ と元の状態 $|\psi\rangle$ の内積を作ると，演算子に対応したオブザーバブルの期待値が求まります．したがって，演算子 $\hat{O}$ に対応したオブザーバブル O と固有値 o_n と期待値 $\langle O \rangle$ に対して，正規直交波動関数の $\langle \psi_m | \psi_n \rangle = \delta_{mn}$ より

$$\langle \psi | \hat{O} | \psi \rangle = \sum_m \left(c_m^* \langle \psi_m | \right) \sum_n \left(c_n o_n | \psi_n \rangle \right)$$
$$= \sum_m \sum_n (c_m^* o_n c_n) \langle \psi_m | \psi_n \rangle = \sum_n o_n (|c_n|)^2 = \langle O \rangle$$

が成り立ちます．つまり，演算子は，各固有関数の重み係数（c_n）にその固有関数の固有値（o_n）を掛けた，新しい状態を生み出す機能をもっています．演算子のこのような役割に注意してください．

　これが，オブザーバブルの期待値を決定する上で重要なステップです．要点は次の通りです．ある系の量子状態に演算子を適用することは，その状態を各

構成要素の固有関数にその固有値を掛けた状態にすること((4.6))であり，そして，測定を行うということは，波動関数をそれらの固有関数の1つに収縮させるということです．したがって，演算子と測定はともに系の量子状態を変化させる点では同じですが，内容が異なります．

この章の後半と第5章で，実際に演算子の例を説明しますが，そこへ行く前に，波動関数の一般的な特徴を検討する方が有益でしょう．これが，次節で扱うテーマです．

4.3　波動関数の特徴

シュレーディンガー方程式の解である波動関数の詳細を決めるには，興味のある領域全体でのポテンシャルエネルギー V の値を知る必要があります．第5章で3種類のポテンシャルに対して具体的な解を説明しますが，波動関数の一般的な振る舞いは，シュレーディンガー方程式の性質とその解に対するコペンハーゲン解釈を考慮すれば理解できます．

ある関数が波動関数の資格をもつには，それがシュレーディンガー方程式の解であり，そして，関数の絶対値の2乗が，関数を確率または確率密度に関係付けるボルンの規則の要件を満たす必要があります．量子力学の多くのテキストでは，そのような関数のことを**振る舞いのよい関数**と表現しています．これは，関数が1価で，滑らかで，2乗可積分であることを意味します．これらの用語の量子力学における意味，そして，これらの特徴が波動関数に要求される理由をここで簡単に説明します．

1価　関数の引数の任意の値（1次元の位置基底の波動関数 $\psi(x)$ における x など）で，波動関数が1つの値しかもたないことを意味します．これは，量子力学的な波動関数にも当てはまります．なぜなら，ボルンの規則から，波動関数の2乗は確率（これは離散的な波動関数の場合で，連続波動関数の場合は確率密度）を与えること，そして，確率はどのような場所でもただ1つの値しかもつことができないからです．

滑らか　波動関数とその導関数がともに連続でなければならないこと，つまり，ギャップや不連続な点(角など)がないことを意味します．なぜなら，シュレーディンガー方程式は空間座標について2階微分方程式なので，もし $\psi(x)$ または $\dfrac{\partial \psi(x)}{\partial x}$ が連続かつ滑らかでなければ，2階の空間微分は存在しないからです[*3]．ただし，例外として，無限大のポテンシャルの場合はギャップが起こりますが，これは第5章で説明します．

　2乗可積分　波動関数は規格化できなければなりません．これは，波動関数の絶対値の2乗の積分が無限大にならないことを意味します．ほとんどの関数の場合，これは関数自身がどこでも有限でなければならないことを意味しますが，**ディラックのデルタ関数**は例外であることを知っておくべきです．ディラックのデルタ関数は無限の高さをもつように定義されていますが，その幅が無限に狭いことで，この関数の下の面積は有限[†3]に保たれています．また，平面波関数 $Ae^{i(kx-\omega t)}$ のような関数は，空間的に無限に広がり，単独では2乗可積分ではありませんが，これらの関数を組み合わせることによって，空間的に制限され，そして，2乗可積分の要件に合った関数を作ることは可能です．

　これらの要件を満たすことに加えて，波動関数は特定の問題の境界条件も満たす必要があります．前述のように，波動関数を完全に決めるには，興味のある領域で具体的にポテンシャル $V(x)$ の形を知る必要があります．しかし，波動関数の振る舞いのいくつかの重要な側面は，時間依存しないシュレーディンガー方程式(3.40)の全エネルギー E およびポテンシャルエネルギー V の値と，波動関数の曲率との関係を考えるとわかります．

　波動関数の振る舞いは，シュレーディンガー方程式(3.40)を次のように書

[*3]　関数(曲線)が滑らかとは，その接線の方向が曲線に沿って連続的に変化することです．シュレーディンガー方程式の波動関数が領域1，2で ψ_1, ψ_2 である場合，領域全体として1つの波動関数を表すには，領域1，2の境界($x=a$)で $\psi_1(a) = \psi_2(a)$ (連続)であること，$\psi_1'(a) = \psi_2'(a)$ (滑らか＝1階の微分係数が等しい)であることが要求されます(第5章を参照)．

[†3]　引数がゼロのときの値が無限に大きいため，テクニカルな意味では関数ではありません．実際には，ディラック関数は「一般化された関数」または分布であり，特定のインプットに対して既知のアウトプットを生成するブラックボックスと数学的に同等です．物理学では，ディラックのデルタ関数の有用性は，4.4節でのフーリエ分析の説明でわかるように，この関数が積分の中に現れるときに明らかになります．

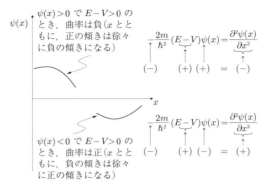

図 4.1 $E - V > 0$ の場合の波動関数の曲率

きかえると理解しやすくなります.

$$\frac{d^2[\psi(x)]}{dx^2} = -\frac{2m}{\hbar^2}(E - V)\psi(x) \tag{4.7}$$

この方程式の左辺の項は空間曲率で,位置 x に対する関数 $\psi(x)$ のグラフの傾きの変化を表します.この方程式に従えば,この**曲率**は波動関数 $\psi(x)$ 自身に比例し,そして,比例定数の1つに $E - V$,つまり,考えている位置での全エネルギーとポテンシャルエネルギーとの差があります.

　ここで,興味のある領域全体で,全エネルギー(E)がポテンシャルエネルギー(V)を超える状況を想像しましょう(これは,ポテンシャルエネルギーが一定であることを必ずしも意味するわけでなく,全エネルギーがこの領域のポテンシャルエネルギーよりも大きいことを意味するだけです).したがって,$E - V$ は正になるので,曲率は((4.7)の右辺のマイナス符号のため)波動関数とは逆の符号をもつことになります.

　なぜ曲率と波動関数の符号が重要なのでしょうか? 波動関数 $\psi(x)$ が正である領域(**図 4.1** で x 軸の上側)で,x 軸の正の方向に動いていくときの波動関数の振る舞いを見てください.$E - V$ は正だから,$\psi(x)$ の曲率はこの領域で負でなければなりません(なぜなら,$E - V$ が正の場合,曲率と波動関数の符号が逆になるから).これは,x の値を大きくすると,$\psi(x)$ のグラフの傾きがますます負になっていくため,波形は x 軸に向かって曲がっていき,最終

的にその軸と交差することになります．そして，交差のあと，波動関数 $\psi(x)$ は負になるので，曲率は正になります．これは，波形が再び x 軸に向かって曲がり，いつかは正の $\psi(x)$ 領域に戻るまで曲がり続けることを意味します．戻ってきた領域で，曲率は再び負になります．

したがって，ポテンシャルエネルギー $V(x)$ がどのようなものであっても，全エネルギーがポテンシャルエネルギーを超えている限り，波動関数 $\psi(x)$ は位置の関数として振動します．この第 4 章と第 5 章で，これらの振動の波長と振幅は，E と V の差で決まることがわかります．

次に，全エネルギーがポテンシャルエネルギーよりも小さい領域を考えてみましょう．つまり，$E-V$ が負なので，曲率は波動関数と同じ符号をもつことになります．

あなたが量子力学を初めて学ぶのであれば，全エネルギーがポテンシャルエネルギーよりも小さいという考えは，物理的に不可能に思うでしょう．全エネルギーはポテンシャルエネルギーと運動エネルギーの和なので，全エネルギーをポテンシャルエネルギーよりも小さくするには，運動エネルギーを負にするしかありません．しかし，どのようにすれば運動エネルギー $\frac{1}{2}mv^2 = \frac{p^2}{2m}$ を負にすることができるのでしょうか？

古典物理学では，このようなことはできないので，物体のポテンシャルエネルギーが全エネルギーを超える領域は，**古典的に禁止される領域**，あるいは「古典的に許容されない領域」とよばれています．しかし，量子力学では，ポテンシャルエネルギーが全エネルギーを超える領域でシュレーディンガー方程式を解いても，完全に許容される波動関数が得られるのです．この章の後半でわかるように，これらの波動関数は距離とともに領域内で指数関数的に減衰します．この場合，運動エネルギーをこれらの領域の 1 つで測定すると，何が起こるでしょうか？ 波動関数は運動エネルギー演算子の固有状態の 1 つに収縮し，測定結果はその固有状態の固有値になります．そして，これらの固有値は全て正です．したがって，**運動エネルギーの負の値**が測定されることは絶対にありません．

では，この結果は，この領域で全エネルギーを超えるポテンシャルエネルギーとどのように折り合うのでしょうか？ その答えは，「この領域で」という

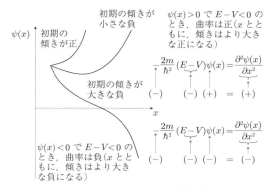

図 4.2 $E - V < 0$ の場合の波動関数の曲率

言葉の中に隠されています。位置と運動量は,両立できないオブザーバブルです。そして,運動エネルギーは運動量の 2 乗に依存するので,不確定性原理から,位置と運動エネルギーの両方を任意の精度で同時に測定することはできません。具体的にいえば,運動エネルギーを正確に測定すればするほど,位置の不確定さが大きくなります。そのため,あなたが運動エネルギーを測定して正の値を得るとき,粒子または系が存在しそうな位置には,必ず全エネルギーがポテンシャルエネルギーを超える領域が含まれているのです。

この理解をもって,**図 4.2** で,波動関数 $\psi(x)$ が最初に正領域(x 軸の上側)で x 軸の正の方向に動くときの,$\psi(x)$ の振る舞いを見てください。この領域で $E - V$ が負の場合,曲率は正です。なぜなら,$E - V$ が負で,$\psi(x)$ が正なので,曲率と波動関数は同じ符号になるからです。これは,x の値を大きくすると,$\psi(x)$ のグラフの傾きが増大することを意味するので,波形は x 軸から離れる方向に曲がっていきます。図示された位置で,$\psi(x)$ の傾きが正(あるいはゼロ)の場合,波動関数は最終的に無限大になります。

次に,図示された位置で,$\psi(x)$ の傾きが負の場合に何が起こるかを考えてみましょう。これは,その傾きがどれだけ負であるかに依存します。図に示すように,傾きが最初わずかに負であっても,正の曲率は傾きを正にするので,$\psi(x)$ のグラフは x 軸と交差する前に上向きになります。そして,最終的に $\psi(x)$ の値は正の無限大になります。

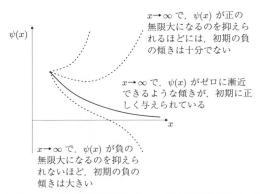

図 4.3　$E-V<0$ の場合の $\psi(x)$ に対する初期の傾きの効果

　しかし，図示された位置での傾きが十分に大きな負であれば，$\psi(x)$ は x 軸と交差して負になります．そして，$\psi(x)$ が負になると，曲率も負になります．なぜなら，$E-V$ が負だからです．x 軸の下側で負の曲率をもつと，$\psi(x)$ は x 軸から離れながら下向きに曲がるので，最終的に負の無限大になります．

　したがって，**図 4.2** に示されている初期の傾きに対して，波動関数 $\psi(x)$ の値は最終的に $+\infty$ か $-\infty$ のどちらかに向かいます．そして，無限に大きな振幅をもった波動関数は物理的に実現できないので，波動関数の傾きは，図示された位置で，これらの値をもつことはできません．代わりに，波動関数の曲率の値は，波動関数が規格化できるように，$\psi(x)$ の振幅が全ての場所で有限になるように決まっていなければなりません．これは，$\psi(x)$ の絶対値の 2 乗の積分が有限値に収束しなければならないこと，つまり，x が $\pm\infty$ に近づくにつれて，$\psi(x)$ の値はゼロに接近しなければならないことを意味します．そのためには，傾き $\dfrac{\partial \psi}{\partial x}$ は適切な値をもつ必要があります．そうすれば，$\psi(x)$ は x 軸から離れていったり，あるいは x 軸と交差して下方に向かったりしないで，x 軸に漸近的に近づきます．その場合，**図 4.3** に示すように，x が $+\infty$ に近づくにつれ，$\psi(x)$ はゼロに接近します．

　$E-V$ が負の領域での波動関数 $\psi(x)$ の振る舞いについて，どのような結論に到達できるでしょうか？　結論は，この領域で振動は不可能である，ということです．なぜなら，任意の場所で波動関数は，x が $\pm\infty$ に近づくとともに，

波動関数をゼロに減衰させるような傾きをもたねばならないからです.

したがって,シュレーディンガー方程式の波動関数の**曲率**と $E-V$ の値との関係を考えるだけで,$\psi(x)$ は,全エネルギー E がポテンシャルエネルギー V を超える領域で振動し,そして,E が V 未満の領域で減衰することがわかります.その振る舞いの詳細は,第5章で,特定のポテンシャルに対してシュレーディンガー方程式を解くときに明らかになります.

ここで,波動関数の振る舞いをもっと良く理解するために,ポテンシャル $V(x)$ が興味のある領域全体で一定であるとして,全エネルギー E がポテンシャルエネルギーよりも大きい場合と小さい場合に分けて考えてみましょう.

まず $E-V$ が正の場合,シュレーディンガー方程式(4.7)は

$$\frac{d^2[\psi(x)]}{dx^2} = -\frac{2m}{\hbar^2}(E-V)\psi(x) = -k^2\psi(x) \tag{4.8}$$

と書けます.ただし,定数 k は次式で定義されます.

$$k = \sqrt{\frac{2m}{\hbar^2}(E-V)} \tag{4.9}$$

この方程式の一般解は

$$\psi(x) = Ae^{ikx} + Be^{-ikx} \tag{4.10}$$

で与えられ[4],定数 A と B は境界条件から決定されます.

これらの境界条件を知らなくても,**オイラーの公式** $e^{\pm ikx} = \cos kx \pm i\sin kx$ により,E が V よりも大きい領域(古典的に許容される領域)で,波動関数は正弦波的に振動することがわかります.この結論は,前に示した曲率を用いた分析と一致します.

そして,ここに,(4.10)の解の形から導くことのできる別の結論があります.k は,この領域の波数を表しますが,波動関数の波長を $k = \dfrac{2\pi}{\lambda}$ の関係から決定します.波数は,波動関数が距離とともにどれくらい「速く」振動するかを決めます(1秒当たりのサイクル数ではなく,1メートル当たりのサイクル数).(4.9)から,$E-V$ が大きいと k が大きいことがわかります.そして,

---

[4] これは $A_1\cos(kx) + B_1\sin(kx)$ または $A_2\sin(kx+\phi)$ に等価です.その理由や係数間の関係を知りたければ,演習問題 4.6 とその解答を見てください.

大きな波数は短い波長を意味します. したがって, 粒子の全エネルギー E と
ポテンシャルエネルギー V との差が大きいほど, 曲率が大きくなり, 粒子の
波動関数は x とともに, より速く振動することがわかります(1メートル当た
りのサイクル数が多くなります).

　異なるポテンシャルをもつ2つの古典的に許容される領域の境界で, $\psi(x)$
と傾き($\frac{\partial \psi}{\partial x}$)のそれぞれに連続性の境界条件を課すと, 2つの領域での波動関
数の相対的な振幅の大きさが理解できます. それを確認するには, (4.10)を
使って, 境界の両側での波動関数とその1階導関数を書くことです. $\psi(x)$ を
微分すると係数 k が取り出せるので, 境界の両側の領域での振幅の比が波数
の比に反比例する, という結論が導けます[†5]. したがって, 境界をもつ古典的
に許容される領域で, エネルギー差 $E-V$ が大きい(つまり k が大きい)方の
領域にある波動関数は, もう一方の波動関数よりも振幅は小さくなければなり
ません.

　次に, ポテンシャルエネルギーが全エネルギーを超えている, つまり $E-V$
が負の場合を考えてみましょう. この場合, シュレーディンガー方程式(4.7)
は

$$\frac{d^2[\psi(x)]}{dx^2} = -\frac{2m}{\hbar^2}(E-V)\psi(x) = +\kappa^2\psi(x) \tag{4.11}$$

と書け, 定数 $\overset{カッパ}{\kappa}$ は次式で定義されます.

$$\kappa = \sqrt{\frac{2m}{\hbar^2}(V-E)} \tag{4.12}$$

　この方程式の一般解は

$$\psi(x) = Ce^{\kappa x} + De^{-\kappa x} \tag{4.13}$$

で与えられ, 定数 C と D は境界条件から決定されます.

　古典的に禁止された領域で, 興味のある領域が $+\infty$ の方まで広がっている
場合, (x はこの領域で大きな正の値をとることができるので) C がゼロでな
い限り, (4.13)の第1項は無限大になります. したがって, この領域での解

[†5] この結果を得る助けが必要ならば, 演習問題 4.5 とその解答を見てください.

は $\psi(x) = De^{-\kappa x}$ でなければなりません.つまり,波動関数は x が正の方向に増加するとともに指数関数的に減衰します.

同様に,古典的に禁止された領域で興味のある領域が $-\infty$ の方まで広がっている場合,x が大きな負の値をとるため,(4.13)の第 2 項は無限大になります.このため,この領域では D はゼロでなければならないので,解は $\psi(x) = Ce^{\kappa x}$ となり,波動関数は x が負の方向に動くとともに指数関数的に減衰します.

したがって,ここでも,正確な境界条件を知らなくても,V が E より大きい領域(つまり,古典的に禁止されている領域)で,波動関数が指数関数的に減衰すると断言できます.この結果も,やはり以前に示した曲率による分析と一致します.

次の付加的な情報は,(4.13)から得ることができます.定数 κ は,波動関数がゼロに向かう速さを決める**減衰定数**です.そして,(4.12)は,κ が $V - E$ の平方根に比例することを述べているので,ポテンシャルエネルギー V が全エネルギー E を大きく超えるほど,減衰定数 κ は大きくなり,x の増加とともに波動関数がより速く減衰することがわかります.

図 4.4 の中に,これらすべての特徴を見ることができます.この図には,ポテンシャルの値の異なる 5 つの領域が示されています(ただし,$V(x)$ は各領域で一定).このような**区分的に一定の**(piecewise constant)**ポテンシャル**(階段的ポテンシャル)は,波動関数の振る舞いを理解するときや,連続的に変化するポテンシャルでシミュレーションするときにも役立ちます.

領域 1(最左端)のポテンシャル V_1 と領域 5(最右端)のポテンシャル V_5 は,値は異なりますが,ともに粒子のエネルギー E よりも大きくなっています.領域 2, 3, 4 では,ポテンシャルの値は異なりますが,粒子のエネルギーはポテンシャル以上の大きさをもっています.

古典的に禁止される領域の 1 と 5 では,波動関数は指数関数的に減衰しますが,$V - E$ は領域 5 の方が領域 1 より大きいので,波動関数の減衰は領域 5 の方が速くなります.

古典的に許容される領域 2 では,全エネルギーとポテンシャルエネルギーは等しいので,ここでの曲率はゼロになります.また,波動関数の傾きは,古

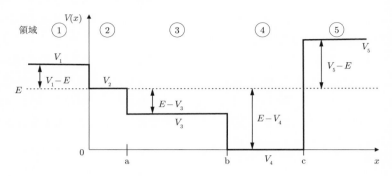

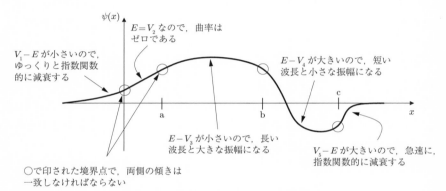

図 4.4　階段的ポテンシャルと波動関数

典的に禁止される領域 1 と許容される領域 2 の境界で滑らかにつながること
にも注意してください.

　古典的に許容される領域の 3 と 4 では, 波動関数は振動します. そして,
全エネルギーとポテンシャルエネルギーとの差は, 領域 3 の方が小さいので,
波数 k は領域 3 の方が小さくなります. これは, 領域 3 の方が波長が長く,
振幅が大きいことを意味します. また, 領域 4 の $E-V$ の値が大きいほど,
領域 4 での波長は短くなり, 振幅も小さくなります.

　古典的に許容されているか, 禁止されているかに拘わらず, 2 つの領域の
各境界(**図 4.4** で○を付けたところ)では, 波動関数 $\psi(x)$ と傾き $\dfrac{\partial \psi}{\partial x}$ の両方
は連続でなければなりません(つまり, 境界の両側で等しくなる必要がありま
す).

図4.4に示されたポテンシャルと波動関数の別の側面も，検討する価値があります．全エネルギー E をもつ粒子の場合，x が $\pm\infty$ に近づくにつれて，この粒子を見出す確率はゼロに近づきます．これは，粒子が束縛状態にあること，つまり，空間の特定の領域に局在していることを意味します．そのような束縛粒子とは異なり，**自由粒子**は，波動関数が全空間で振動するという意味で，「無限大へ逃げる」ことができます．第5章でわかるように，束縛状態の粒子は許容エネルギーに関して離散的なエネルギースペクトルをもち，自由粒子は連続的なエネルギースペクトルをもちます．

4.4 フーリエ理論と量子的な波束

これまでの章を学び終えた人は，フーリエ理論の2つの主要な側面である解析と合成に既に出合っています．1.6節では，波動関数の成分を内積を使って求める方法を学びました．フーリエ解析（Fourier analysis）は，その**スペクトル分解**の1つのタイプです．3.1節では，重みを付けた平面波の重ね合わせで波動関数を構成する方法を学びました．正弦関数の重ね合わせは，**フーリエ合成**（Fourier synthesis）の基礎です．

この節の目指すところは，**フーリエ変換**が解析と合成の両方で重要な役割を果たす理由を理解し，そして，フーリエ変換の正しい使い方を習得することです．また，フーリエ理論を使用して量子**波束**を理解する方法，および，この理論と不確定性原理との関係も説明します．

フーリエ変換が関数に対して果たす役割を正確に理解するために，位置の関数 $\psi(x)$ のフーリエ変換

$$\phi(k) = \frac{1}{\sqrt{2\pi}} \int_{-\infty}^{\infty} \psi(x)e^{-ikx}dx \tag{4.14}$$

を考えましょう．ここで，$\phi(k)$ は**波数スペクトル**とよばれる波数（k）の関数です．

もし波数スペクトル $\phi(k)$ が既知で，これに対応する位置関数 $\psi(x)$ を決定したいときは，**フーリエ逆変換**

$$\psi(x) = \frac{1}{\sqrt{2\pi}} \int_{-\infty}^{\infty} \phi(k)e^{ikx}dk \qquad (4.15)$$

が必要なツールです.

　フーリエ理論(解析と合成)は，1 つのアイデアにルーツをもっています．それは，**振る舞いのよい**[†6]**関数**は，正弦関数の一次結合として表せる，というものです．$\psi(x)$ などの位置の関数の場合，構成要素は $\cos(kx)$ と $\sin(kx)$ の形をしており，k は各成分の波数を表しています(波数は**空間周波数**ともよばれ，その次元は単位長さ当たりの角度なので，SI 単位ではラジアン/メートルになります).

　フーリエ変換の意味を理解するために，いま位置の関数 $\psi(x)$ があるとして，各波数 k ごとに，$\psi(x)$ の中に存在する各構成要素のコサイン関数とサイン関数の量を知りたいとします．このとき，(4.14)が教えているのは，次のことです．すなわち，これらの量を見つけるには，$\psi(x)$ に e^{-ikx} (これは**オイラーの公式**より $\cos kx - i\sin kx$ と等しい)を掛けて得られる積を空間全体で積分せよ，ということです．この結果が，複素関数の $\phi(k)$ になります．そして，$\psi(x)$ が実数であれば，k の各値に対して，$\phi(k)$ の実部は $\psi(x)$ 内の $\cos(kx)$ の量を示し，$\phi(k)$ の虚部は $\psi(x)$ 内の $\sin(kx)$ の量を示すことになります．

　なぜ，この掛け算と積分のプロセスで，関数 $\psi(x)$ 内の各正弦関数の量がわかるのでしょうか？　これを図解する方法はいくつかありますが，学生たちにとって最も理解しやすいのは，オイラーの公式を使ってフーリエ変換を次のように書くことです．

$$\phi(k) = \frac{1}{\sqrt{2\pi}} \int_{-\infty}^{\infty} \psi(x)e^{-ikx}dx$$
$$= \frac{1}{\sqrt{2\pi}} \int_{-\infty}^{\infty} \psi(x)\cos(kx)dx - i\frac{1}{\sqrt{2\pi}} \int_{-\infty}^{\infty} \psi(x)\sin(kx)dx \quad (4.16)$$

ここで，関数 $\psi(x)$ が単一波数 k_1 をもつコサイン関数である場合，つまり $\psi(x)=\cos(k_1 x)$ である場合を考えます．これを(4.16)に代入すると

[†6]　この文脈では，「振る舞いのよい」とは，関数が有限個の極値(極大値と極小値)と有限個の有界な不連続点をもつという**ディリクレ条件**を満たすことを意味します.

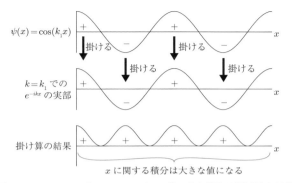

$\psi(x) = \cos(k_1 x)$

$k = k_1$ での e^{-ikx} の実部

掛け算の結果

x に関する積分は大きな値になる

図 4.5 $\cos(k_1 x)$ と $k = k_1$ での e^{-ikx} の実部との掛け算の結果

$$\phi(k) = \frac{1}{\sqrt{2\pi}} \int_{-\infty}^{\infty} \cos(k_1 x) \cos(kx) dx - i \frac{1}{\sqrt{2\pi}} \int_{-\infty}^{\infty} \cos(k_1 x) \sin(kx) dx$$

となります.

　次のステップは，**直交関係**を適用することです．これは，1番目の積分が $k = k_1$ のときだけゼロにならないことを教えます（なぜなら，異なる空間周波数をもつコサイン波は，全空間で積分すると互いに直交するから）．一方，2番目の積分は，k の全ての値でゼロになります（なぜなら，全空間で積分すると，サイン関数とコサイン関数は直交するから）．なぜこれが成立するのかわからなければ，**図 4.5** を見てください．この図の中には，1.5 節で述べた正弦的関数（sinusoidal function）の直交性についてより詳しい説明が与えられています．

　図 4.5 の一番上の図は単一波数の波動関数 $\psi(x) = \cos(k_1 x)$ を，そして，中央の図は $k = k_1$ の場合の関数 e^{-ikx} の実部（$\cos(kx)$）を示しています．縦の矢印は，これら2つの関数の各点での掛け算を意味し，一番下の図は，この掛け算の結果を示しています．ご覧の通り，$\psi(x)$ の正の部分と負の部分は全て，e^{-ikx} の実部と同じ符号で並んでいるので，掛け算の結果はすべて正になります（一番下の図が示すように，両方の関数の振動により，振幅は変化しますが）．掛け算の積を x で積分することは，この曲線の下の面積を求めることと同等で，積が常に同じ符号をもつ場合，その面積は大きな値になります．実際，積分が $-\infty$ から $+\infty$ まで広がり，積が全て正であれば，曲線の下の面積

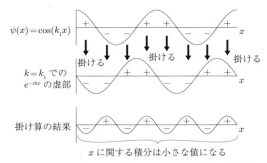

$\psi(x) = \cos(k_1 x)$

$k = k_1$ での
e^{-ikx} の虚部

掛ける　　　　掛ける　　　　掛ける

掛け算の結果

x に関する積分は小さな値になる

図4.6　$\cos(k_1 x)$ と $k = k_1$ での e^{-ikx} の虚部との掛け算の結果

は無限大になります。これは，k が厳密に k_1 に等しいことを意味します。し
かしながら，k と k_1 に差があると，2つの関数は k と k_1 との差で決まる割合
で同相から逆相になり，そして同相に戻るので，$\cos(kx)$ と $\cos(k_1 x)$ の積は
正の値と負の値の間で振動することになります。これは，空間全体での積分
の値が，$k = k_1$ の場合は無限大に近づき，$k \neq k_1$ の場合はゼロに近づくことを
意味します。その結果，関数 $\phi(k)$ は無限に背が高くなり，その幅は無限に狭
くなります。この関数がディラックのデルタ関数で，この節の後半で詳しく
説明します。したがって，一定振幅の（そのため無限に広い）波動関数 $\psi(x) = $
$\cos(k_1 x)$ のフーリエ変換である $\phi(k)$ は，波数 k_1 で無限に大きな実数の値を
もちます。

　では，$\phi(k)$ の虚部はどうなるでしょうか？　$\psi(x)$ は純粋な（実の）コサイン
波なので，推察できるかもしれませんが，たとえ波数が k_1 であっても，$\psi(x)$
にサイン関数が含まれることはありません。実際にそうなることを，**図4.6**
に示すように，フーリエ変換が教えています。

　$k = k_1$ の場合，$\psi(x)$ の振動と e^{-ikx} の虚部（$-\sin(kx)$）の空間周波数は同じ
ですが，これら2つの関数の間の位相差により，これらの積は正と負の半々
になります。したがって，x で積分すると，小さな値になります（この節の後
半で説明するように，整数のサイクル数で積分するとゼロになります）。その
ため，波数が $k = k_1$ であっても，$\phi(k)$ の虚部は小さいかゼロになります。

　この例では，$\psi(x)$ は純粋にコサイン波なので，フーリエ変換は $\phi(k)$ の虚部
を厳密にゼロにするでしょうか？　もし，$\psi(x)$ のサイクルの整数倍だけ積分

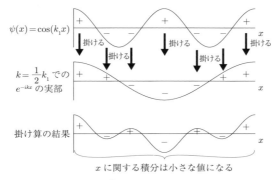

$$\psi(x) = \cos(k_1 x)$$

掛ける　　掛ける　　掛ける

$k = \frac{1}{2}k_1$ での
e^{-ikx} の実部

掛ける　　掛ける

掛け算の結果

x に関する積分は小さな値になる

図 4.7　$\cos(k_1 x)$ と $k = \dfrac{1}{2}k_1$ での e^{-ikx} の実部との掛け算の結果

するならば，その通りです．なぜなら，その場合，掛け算の結果は，$\phi(k)$ に対して正の寄与と負の寄与が厳密に同じになるからです（つまり，曲線の下の面積は厳密にゼロです）．しかし，例えば $\psi(x)$ の 1.25 サイクルだけ積分すれば，曲線の下に負の面積が残るので，積分の結果は厳密にはゼロにはなりません．ただし，注意してほしいことは，x 軸全体で積分することにより，虚部と実部との割合を任意に小さくできることです．なぜなら，この積分により，$\phi(k)$ の実部（全て正の掛け算の結果）を虚部の正や負の面積よりも非常に大きくできるためです．このような理由から，フーリエ直交関係の積分の範囲は，一般的な関数の場合には $-\infty$ から $+\infty$ までをとり，そして，周期関数の場合には $-\dfrac{T}{2}$ から $\dfrac{T}{2}$ までをとります（なお，T は解析している関数の周期です）．

　したがって，フーリエ変換における乗法と積分のプロセスは，e^{-ikx} の波数 k が，変換される関数の成分の 1 つの波数（この場合は k_1）と一致するときには，期待される結果を生み出します．しかし，波数 k が k_1 以外の値をもつ場合には何が起こるでしょうか？　$\psi(x)$ に存在しない波数に対して，このプロセスは，なぜ $\phi(k)$ の値を小さくできるのでしょうか？

　この問いに対する答えを理解するために，**図 4.7** で示した掛け算の結果を考えてみましょう．この場合，e^{-ikx} の波数 k は，$\psi(x)$ の単一波数（k_1）の半分の値にとっています．そのため，**図 4.7** からわかるように，$e^{-i(\frac{1}{2})k_1 x}$ の実部の各空間振動は，$\psi(x)$ の各振動の距離の 2 倍の範囲で起こります．そして，これら 2 つの関数の積は正と負の間で符号が交互に変わるので，曲線の下の

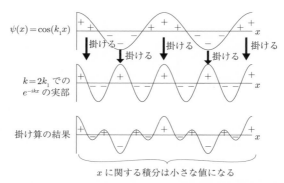

図 4.8 $\cos(k_1 x)$ と $k = 2k_1$ での e^{-ikx} の実部との掛け算の結果

面積はゼロに近づきます. $\psi(x)$ と $e^{-i(\frac{1}{2})k_1 x}$ の振幅の変化により, それらの積の振幅は x とともに変化しますが, 波形の対称性により, 任意の整数サイクルの区間内で正の面積と負の面積は等しくなります.

　同様の分析から, e^{-ikx} の波数 k が $\psi(x)$ の単一波数(k_1)の値より大きい場合も, フーリエ変換は小さな結果を生じることがわかります. **図 4.8** は, $k = 2k_1$ の場合に何が起こるかを示しています. そこでは, $e^{-i(2)k_1 x}$ の実部の振動は, $\psi(x)$ の各振動の半分の距離で起こります. 前の場合と同様に, これら 2 つの関数の積の符号は正と負を交互に繰り返すので, 曲線の下の面積はゼロに近づきます(そして, $\psi(x)$ の任意の整数サイクルの区間内で面積は厳密にゼロになります).

　この例で $\phi(k)$ の虚部がゼロになるのは, $\psi(x)$ が実数であるためではなく, 純粋なコサイン波であるという理由を理解する必要があります. 仮に, $\psi(x)$ が純粋な(実の)サイン波($\sin(kx)$ 波)であれば, フーリエ変換で $\phi(k)$ は純虚数になったはずです. なぜなら, その場合, $\psi(x)$ を構成するために必要なサイン成分は 1 つだけで, コサイン成分はいらないからです. 一般に, フーリエ変換の結果は, 変換する関数($\psi(x)$)が純粋に実数, 純虚数, あるいは複素数であるかどうかに関係なく, 複素数になります. 変換する関数に e^{-ikx} の実部と虚部を掛けることは, フーリエ変換のプロセスを理解する 1 つの方法ですが, $\psi(x)$ と $\phi(k)$ の複素数的性質, そして変換プロセスにより, いくつかの利点をもつ別の方法があります. それは, $\psi(x)$ の成分と e^{-ikx} を**位相ベクト**

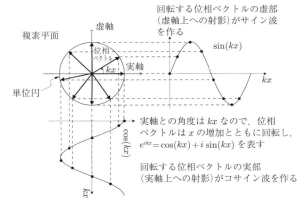

図 4.9　サイン関数・コサイン関数と回転する位相ベクトルとの関係

ル(phasor)[4]として表す方法です.

　ただし，現時点で，位相ベクトルについての知識があなたになくても，心配無用です．位相ベクトルは，フーリエ変換の核心である正弦関数を表すのに非常に便利な方法なので，このあとの数段落で必要に応じて，位相ベクトルの基礎を簡潔に説明します.

　位相ベクトルは，1.4 節で説明した**複素平面**で考えます．複素平面は，「実」軸（通常は水平軸）と垂直な「虚」軸（通常は鉛直軸）で定義された 2 次元空間であることを思い出してください．位相ベクトルは，その平面内のベクトルの一種で，一般に，ベクトルの始点を原点にとり，その終点を原点から 1 単位の距離にある点の軌跡である単位円上に描きます.

　位相ベクトルが三角関数を表すのに役立つ理由は，次の通りです．位相ベクトルの角度を正の実軸から kx に等しくとると（kx が増えるにつれて位相ベクトルは反時計回りに進み），関数 $\cos(kx)$ と $\sin(kx)$ はそれぞれ，位相ベクトルを実軸と虚軸に射影することによって描けるからです.

　このことは，**図 4.9** で確認できます．この図には，回転する位相ベクトルが，ランダムに選ばれた 8 個の角度 kx の値に対して描かれています．位相

---

[4]　phasor は**フェザー**あるいは**フェーズ**ともいいます.

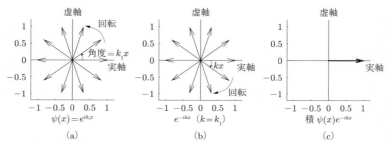

図 4.10　位相ベクトル表示．（a）関数 $e^{ik_1 x}$，（b）$k=k_1$ での e^{-ikx}，
（c）両方の積

ベクトルは x の増加とともに連続的に回転し，回転の速さは波数 k で決まり
ます．$k=\dfrac{2\pi}{\lambda}$ なので，1 波長の x の値の増加は kx に 2π ラジアンだけの回
転を生じます[*5]．これは，位相ベクトルが完全に 1 回転することを意味しま
す．

　位相ベクトルを使ってフーリエ変換を理解するために，分析している関数
$\psi(x)$ は，$e^{ik_1 x}$ で表される単一の複素波数成分をもつと想像してください．**図
4.10 (a)** に，$\psi(x)$ を表す位相ベクトルが $k_1 x$ に関して 10 個の等間隔の値で
示されています．これは，x の値が位相ベクトルの各位置の間で $\dfrac{\lambda}{10}$（$\dfrac{\pi}{5}$ ラジ
アンあるいは $36°$ の角度）ずつ増加していることを意味します．

　次に，**図 4.10 (b)** を見てください．ここには，$k=k_1$ の場合のフーリエ変
換の e^{-ikx} を表す位相ベクトルが描かれています．この関数を表す位相ベクト
ルは，$\psi(x)$ を表す位相ベクトルと同じ速さで回転しますが，指数に負符号が
ついているので，時計回りに回転します．これが，フーリエ変換のプロセスに
とって何を意味するかを知るには，2 つの位相ベクトルを（$\psi(x)\times e^{-ikx}$ のよ
うに）掛け合わせた効果を理解する必要があります．

　一般に，2 つの位相ベクトルを掛け合わせると，別の位相ベクトルが生成
され，その新しい位相ベクトルの長さは，2 つの位相ベクトルの長さの積に
等しくなります（2 つの位相ベクトルの先端が単位円上にあれば，ともに 1 に
等しくなります）．このプロセスでさらに重要なのは，新しい位相ベクトルの

[*5]　位相 $\theta=kx=\dfrac{2\pi}{\lambda}x$ は，$x=\lambda$ のとき $\theta=2\pi$ となります．

方向が，掛け合わされる 2 つの位相ベクトルの角度の和に等しくなることです．そのため，この場合の 2 つの位相ベクトルは同じ速さで反対方向に回転するので，それらの角度の和は一定です．これが成り立つ理由を理解するために，実軸の方向を $0°$ に定義してから考えてみましょう．$\psi(x)$ を表す位相ベクトルの位置は，$36°, 72°, 108°$ などです．一方，e^{-ikx} を表す時計回りの位相ベクトルの位置は，$-36°, -72°, -108°$ などです．これにより，x の全ての値で，2 つの位相ベクトルの角度の和はゼロになります[7]．したがって，**図 4.10 (a)** で示された 10 個の位相ベクトルの角度で掛け算を実行すると，**図 4.10 (c)** のように，全て実軸に沿った方向を指す単位長さの位相ベクトルになります．

2 つの位相ベクトル $\psi(x)$ と e^{-ikx} の掛け算から得られる位相ベクトルが，一定の方向をもっていることがなぜ重要なのでしょうか？ その理由は，フーリエ変換のプロセスにおいて，この掛け算の結果を x の全ての値で次式のように積分するからです．

$$\phi(k) = \frac{1}{\sqrt{2\pi}} \int_{-\infty}^{\infty} \psi(x) e^{-ikx} dx \qquad (4.14)$$

これは，掛け算の結果の位相ベクトルを連続的に足し合わせることと同じです．$k = k_1$ のとき（つまり，e^{-ikx} の波数と一致する波数成分が，$\psi(x)$ に含まれているとき），これらの位相ベクトルはすべて同じ向きを指しているため，この足し算は大きな数になります（位相ベクトルはベクトル加法のルールに従うので，位相ベクトルがすべて同じ向きを指しているときの和が最も大きくなります）．k_1 の値が k の値に厳密に等しい場合，積分区間を $-\infty$ から $+\infty$ まで広げると，この大きな数は無限大になります．

$\psi(x)$ に含まれる波数（k_1 など）が，e^{-ikx} の波数と一致しない場合には，状況は大きく変わります．**図 4.11** に，その例を示します．ここでは，e^{-ikx} の k は $\psi(x)$ にある波数 k_1 の 2 倍の値です．**図 4.11 (b)** でわかるように，波数が大きいほど，この関数を表す位相ベクトルがより速い角振動数で回転しま

---

[7] 正の角度を使用する場合は，時計回りの位相ベクトルの角度は $360°$ から $324°, 288°, 252°$ のようにカウントダウンされ，$\psi(x)$ の角度と合計されて（例えば，$324° + 36° = 360°$ のように）$360°$ の一定値になります．この $360°$ は $0°$ と同じ方向なので，結果は一致します．

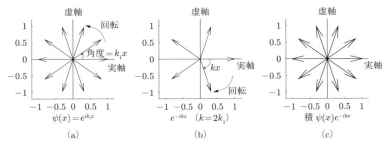

図 4.11　位相ベクトル表示．(a) 関数 $e^{ik_1 x}$，(b) $k = 2k_1$ での e^{-ikx}，(c) 両方の積

す．この場合の速さは 2 倍なので，この位相ベクトルは $\psi(x)$ が 36° 進む間に 72° 進みます．そして**図 4.11 (a)**に示した $\psi(x)$ を表す位相ベクトルが 1 サイクル完了すると，e^{-ikx} を表す位相ベクトルは 2 サイクル完了します．

　このような異なる角振動数の重要な帰結は，$\psi(x)$ に e^{-ikx} を掛けて生じる位相ベクトルの角度が一定の値ではないということです．両方の位相ベクトルを $x = 0$ のとき 0° からスタートさせる場合，$\psi(x)$ を表す位相ベクトルの角度が 36° 進むと，e^{-ikx} を表す位相ベクトルの角度は $-72°$ になるので，それらの積の位相ベクトル角度は $36° + (-72°) = -36°$ です．x がこのような増分でさらに 1 つ増えると，$\psi(x)$ を表す位相ベクトルの角度は 72° になり，e^{-ikx} を表す位相ベクトルの角度は $-144°$ になるので，それらの積の位相ベクトルの角度は $72° + (-144°) = -72°$ になります．x の増加により，$\psi(x)$ を表す位相ベクトルが 1 回転した場合(そして，e^{-ikx} を表す位相ベクトルが 2 回転した場合)，**図 4.11 (c)**に示すように，それらの積の位相ベクトルも，時計回りに 1 回転します．

　積の位相ベクトルの角度が一定ではなく変化するということは，角度の総和がゼロに近づくことを意味します．このことは，位相ベクトルにベクトルのヘッド・テール(head-to-tail)アプローチ[*6]を使えばわかります(これらはループを作り，出発点に戻ってくるから)．そして，積の位相ベクトルが整数のサ

[*6]　ベクトルの始点と終点をつなぐ方法で，例えば，2 つのベクトル **A** とベクトル **B** を幾何学的に足し合わせるために，2 つのうちの 1 つを，その始点がもう一方のベクトルの終点の位置になるように動かすことで **A + B** を計算します．複数のベクトルに対して，この操作を行ったあとに全ベクトルが閉じた形(ループ)になれば，ベクトル和がゼロであることを意味します．

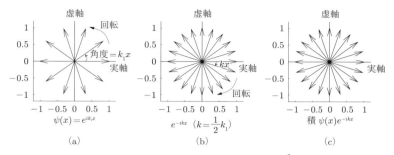

図 4.12 位相ベクトル表示. (a) 関数 e^{ik_1x}, (b) $k = \frac{1}{2}k_1$ での e^{-ikx}, (c) 両方の積

イクル数で回転するように, x の十分に広い範囲で $\psi(x)$ と e^{-ikx} の積を積分すれば, その結果は完全にゼロになります.

推測されるように, 関数 e^{-ikx} の波数が $\psi(x)$ の波数 k_1 よりも小さい場合でも, 同様の分析は適用できます. **図 4.12** に, $k = \frac{1}{2}k_1$ の場合が示されています. **図 4.12 (b)**で, e^{-ikx} を表す位相ベクトルが小さいステップ(この場合は 18°)になることがわかります. そして, k は k_1 に一致しないので, 積の位相ベクトルの向きは一定ではありません. この場合, 反時計回りに回転します. しかし, 積の位相ベクトルが整数のサイクル数で回転する限り, 回転の向きによらず, 積の位相ベクトルの積分はゼロになります.

この位相ベクトル分析は, 一定の長さをもち単一で回転する位相ベクトルでは表現できない関数にも適用できます. 例えば, この節の初めの方で議論した, 波動関数 $\psi(x) = \cos(k_1x)$ を考えてみましょう. これは実関数なので, 単一で回転する位相ベクトルでは表現できません. しかし, コサインに関する**オイラーの逆公式**

$$\cos(k_1x) = \frac{e^{ik_1x} + e^{-ik_1x}}{2} \tag{4.17}$$

を思い出してください. これは, **図 4.13 (a)**のように, 関数 $\psi(x) = \cos(k_1x)$ が, 長さ $\frac{1}{2}$ をもつ 2 つの逆回転する位相ベクトルによって表現されることを意味します. これら 2 つの位相ベクトルは逆回転しているので, それらの和(積ではありません)は完全に実軸上にあります(なぜなら, それらの虚数成

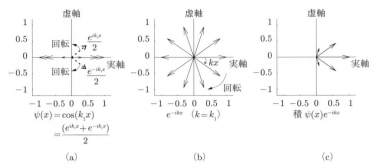

図 4.13 位相ベクトル表示. (a) 関数 $\cos(k_1 x)$, (b) $k = k_1$ での e^{-ikx}, (c) 両方の積

分の符号は反対で打ち消し合うから). 2つの位相ベクトルがちょうど1回転するたびに, この2つの和を表す位相ベクトルの長さは1から0(位相ベクトルが虚軸に沿って反対方向を指しているとき)を通って -1 まで行き, そして再び0を通って1に戻ります. これは, コサイン関数と全く同じ振る舞いです.

図 4.13 (b) と **(c)** を見ると, この場合, フーリエ変換の位相ベクトル分析がどのようにはたらくかがわかります. $k = k_1$ の場合, 位相ベクトル e^{-ikx} の回転は **図 4.13 (b)** に示されています. そして, その位相ベクトルに $\psi(x)$ を表す位相ベクトルを掛けた結果は **図 4.13 (c)** に示されています. コサイン関数のフーリエ変換で予想されるように, 結果は実数であり, その長さは積の位相ベクトルの和で与えられます. それらのいくつかが図に描かれています(虚軸方向の成分は和をとるとゼロになります). したがって, 「回転する位相ベクトル」は, 分析しようとする関数が実数, 虚数, または複素数のいずれであっても, フーリエ変換のプロセスを視覚化するのに役立ちます.

　フーリエ変換と波動関数との関係を理解するには, これらの関数や掛け算・積分プロセスをディラック記号を使って表現するのが便利です. これを行うために, 位置基底の波動関数 $\psi(x)$ は, 基底独立な状態ベクトル $|\psi\rangle$ の位置基底ベクトル $|x\rangle$ 上への射影に等しい, つまり,

$$\psi(x) = \langle x|\psi\rangle \tag{4.18}$$

が成り立つことを思い出してください. また, 平面波関数 $\dfrac{1}{\sqrt{2\pi}} e^{ikx}$ は位置基

底[†8]で表した波数固有関数なので，ケット $|k\rangle$ で表した基底独立な波数ベクトルの，位置基底ベクトル $|x\rangle$ 上への射影として

$$\frac{1}{\sqrt{2\pi}}e^{ikx} = \langle x|k\rangle \tag{4.19}$$

のように書けることにも注意してください.

フーリエ変換(4.14)を

$$\phi(k) = \frac{1}{\sqrt{2\pi}}\int_{-\infty}^{\infty}\psi(x)e^{-ikx}dx = \int_{-\infty}^{\infty}\frac{1}{\sqrt{2\pi}}e^{-ikx}\psi(x)dx$$

と書き変えてから，$\frac{1}{\sqrt{2\pi}}e^{-ikx}$ に $\langle x|k\rangle^*$ を代入し，$\psi(x)$ に $\langle x|\psi\rangle$ を代入すると

$$\phi(k) = \int_{-\infty}^{\infty}\langle x|k\rangle^*\langle x|\psi\rangle dx = \int_{-\infty}^{\infty}\langle k|x\rangle\langle x|\psi\rangle dx$$
$$= \langle k|\widehat{I}|\psi\rangle \tag{4.20}$$

となります. ここで，$\widehat{I}$ は恒等演算子を表します.

恒等演算子が(4.20)のどこから現れたのか不思議であれば，$|x\rangle\langle x|$ が**射影演算子**(2.4節を参照)であることを思い出してください. 具体的には，任意のベクトルを位置基底ベクトル $|x\rangle$ 上に射影する演算子です. そして，2.4節で説明したように，全ての基底ベクトルの射影演算子の総和(あるいは，連続の場合は積分)が，恒等演算子を与えます((2.47)). したがって

$$\phi(k) = \langle k|\widehat{I}|\psi\rangle = \langle k|\psi\rangle \tag{4.21}$$

が得られます. この表現では，フーリエ変換の結果である波数スペクトル $\phi(k)$ は，内積を通して，ケット $|\psi\rangle$ で表される状態の，波数ケット $|k\rangle$ 上への射影として表現されています. 位置基底では，状態 $|\psi\rangle$ は位置基底の波動関数 $\psi(x)$ に対応し，波数ケット $|k\rangle$ は平面波の正弦的な基底関数 $\frac{1}{\sqrt{2\pi}}e^{ikx}$ に対応します.

フーリエ変換を，ある関数にコサイン関数とサイン関数を掛けて，その積を積分する操作と考えるか，位相ベクトルを掛けて足し合わせる操作と考える

[†8] さまざまな基底での位置固有関数と波数固有関数・運動量固有関数に関するもっと詳しい説明は，本章の 4.5 節で行います.

か，あるいは，抽象状態ベクトルを正弦的な基底関数上に射影する操作と考えるかどうかは自由です．要は，フーリエ解析が関数を構成する各正弦的な波の量を決定する手段を与えるということです．

一方，フーリエ合成は，適切な割合で正弦的関数を(e^{ikx} の形で)組み合わせることによって，目的とする特徴や性質をもつ波動関数を生成する手段を与えてくれます．

これは，例えば，空間的に限定された広がりをもつ**波束**を生成するときに役立ちます．

単色(単一波数)の平面波から波束を生成することは，量子力学におけるフーリエ合成の重要な応用です．なぜなら，単色の平面波関数は規格化できないからです．これは，$Ae^{i(kx-\omega t)}$ などの関数が，x の正と負の両方で無限遠まで広がっているからで，このような正弦的関数の2乗の大きさの下の面積は，無限大になります．この章の前半で説明したように，このような規格化できない関数は，物理的に実現可能な波動関数となる資格はありません．しかし，空間の特定の領域に局在した正弦的な波動関数は，規格化できます．そして，このような波束関数は**単色平面波**から合成できます．

波束を作るには，目的の領域内では複数の平面波が建設的に加算され，領域外では打ち消し合うように，適切な割合で組み合わされる必要があります．これらの「適切な割合」は，次式のフーリエ逆変換の積分内の連続波数関数 $\phi(k)$ で与えられます．

$$\psi(x) = \frac{1}{\sqrt{2\pi}} \int_{-\infty}^{\infty} \phi(k)e^{ikx}dk \tag{4.15}$$

前に説明したように，波数 k ごとに，波数スペクトル $\phi(k)$ は，$\psi(x)$ を合成するために必要な複素正弦的関数 e^{ikx} の量を教えてくれます．

フーリエ変換は，(位置や時間などの)空間あるいは「領域」の関数を(波数や周波数などの)別の「領域」に写像するプロセスと考えることもできます．フーリエ変換で関係付けられた関数(例えば，$\psi(x)$ と $\phi(k)$)を，**フーリエ変換ペア**とよび，これらの関数が依存する変数(この場合は，位置 x と波数 k)を**共役変数**とよびます．

このような共役変数は，常に**不確定性原理**に従います．つまり，両方の変

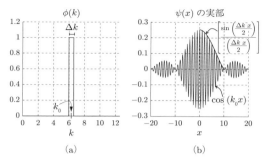

図 4.14　(a)の波数スペクトル $\phi(k)$ が，(b)に示すような空間的に局在した波束 $\psi(x)$ を作る

数の値を同時に正確に知ることはできません．この理由は，**図 4.14**–**図 4.18** で図解されているフーリエ変換の関係から理解できます．

　空間的に局在した波束の位置波動関数 $\psi(x)$ と波数スペクトル $\phi(k)$ は，フーリエ変換ペアと共役変数の代表的な例です．これらの波束を理解するために，それぞれの振幅が 1 の平面波関数 e^{ikx} を，波数 k_0 を中心に Δk の波数範囲で足し合わせると，何が起こるかを考えてみましょう．**図 4.14 (a)**に，この場合の波数スペクトル $\phi(k)$ を示しています．

　この波数スペクトル $\phi(k)$ に対応する位置波動関数 $\psi(x)$ は，フーリエ逆変換から求めることができるので，フーリエ逆変換(4.15)にこの $\phi(k)$ を代入すると

$$\psi(x) = \frac{1}{\sqrt{2\pi}} \int_{-\infty}^{\infty} \phi(k)e^{ikx}dk = \frac{1}{\sqrt{2\pi}} \int_{k_0-\frac{\Delta k}{2}}^{k_0+\frac{\Delta k}{2}} (1)e^{ikx}dk$$

と書けます．この積分は，$\int_a^b e^{cx}dx = \frac{1}{c}e^{cx}\Big|_a^b$ を使って簡単に計算できるので，$\psi(x)$ は

$$\psi(x) = \frac{1}{\sqrt{2\pi}} \frac{1}{ix}e^{ikx}\Big|_{k_0-\frac{\Delta k}{2}}^{k_0+\frac{\Delta k}{2}} = \frac{-i}{\sqrt{2\pi}x}\left[e^{i(k_0+\frac{\Delta k}{2})x} - e^{i(k_0-\frac{\Delta k}{2})x}\right]$$

$$= \frac{-i}{\sqrt{2\pi}x}e^{ik_0x}\left[e^{i\frac{\Delta k}{2}x} - e^{-i\frac{\Delta k}{2}x}\right] \tag{4.22}$$

で与えられます．ここで，角括弧内の項に着目してください．サイン関数に関するオイラーの逆公式

$$\sin\theta = \frac{e^{i\theta} - e^{-i\theta}}{2i} \tag{4.23}$$

を思い出せば

$$\left[e^{i\frac{\Delta k}{2}x} - e^{-i\frac{\Delta k}{2}x} \right] = 2i\sin\left(\frac{\Delta k}{2}x \right) \tag{4.24}$$

であることがわかります．これを(4.22)に代入すると，次式を得ます．

$$\psi(x) = \frac{-i}{\sqrt{2\pi x}} e^{ik_0 x} \left[e^{i\frac{\Delta k}{2}x} - e^{-i\frac{\Delta k}{2}x} \right] = \frac{-i}{\sqrt{2\pi x}} e^{ik_0 x} \left[2i\sin\left(\frac{\Delta k}{2}x \right) \right]$$

$$= \frac{2}{\sqrt{2\pi x}} e^{ik_0 x} \sin\left(\frac{\Delta k}{2}x \right) \tag{4.25}$$

この式の x に関する振る舞いは，分子と分母の両方に $\frac{\Delta k}{2}$ を掛けて，次式のように並び替えると，もっと簡単に理解できます．

$$\psi(x) = \frac{\left(\dfrac{\Delta k}{2} \right) 2}{\left(\dfrac{\Delta k}{2} \right)\sqrt{2\pi x}} e^{ik_0 x} \sin\left(\frac{\Delta k}{2}x \right)$$

$$= \frac{\Delta k}{\sqrt{2\pi}} e^{ik_0 x} \frac{\sin\left(\dfrac{\Delta k}{2}x \right)}{\left(\dfrac{\Delta k}{2}x \right)} \tag{4.26}$$

この式の最右辺の x とともに変化する項を注意深く見てください．第 1 項は $e^{ik_0 x}$ で，その実部は $\cos(k_0 x)$ です．したがって，x が変化すると，この実部は $+1$ と -1 の間を振動し，距離 $\lambda_0 = \dfrac{2\pi}{k_0}$ で 1 サイクル(2π の位相)になります．**図 4.14 (b)** では，λ_0 を距離単位にとっているので，このような急速な振動が x の整数値でくり返されている[*7]ことがわかります．

次に，第 2 項の分数について考えてみましょう．これも x とともに変動します．この項は，sinc 関数とよばれ，$\dfrac{\sin(ax)}{ax}$ という形でよく知られています(これが，分子と分母に $\dfrac{\Delta k}{2}$ を掛けた理由です)．sinc 関数には，大きな中央部分(**メインローブ**という)と，中央の最大値からの距離とともに減少する

[*7] $\lambda_0 = \dfrac{2\pi}{k_0} = 1$ より $k_0 = 2\pi$ なので，実部 $\cos(k_0 x) = \cos(2\pi x)$ は $x = 0, \pm 1, \pm 2, \ldots$ で 1 周期をくり返します．

一連の小さいけれども重要な極大値(**サイドローブ**)があります*8. この関数は, $x=0$ で最大値をもち(**ロピタルの定理**を使えば証明できます), そして, ローブ間でゼロとの交差を繰り返しながら広がります. sinc 関数の最初の**ゼロ交差**は, 分子のサイン関数がゼロに到達する場所で起こります. そして, サイン関数はその引数が π に等しいときにゼロになるので, 最初のゼロ交差は $\frac{\Delta k}{2}x=\pi$, つまり, $x=\frac{2\pi}{\Delta k}$ のときに起こります.

この結論は重要です. なぜなら, $\psi(x)$ で表される波束のメインローブの空間的広がりを決めるのは, (4.26)の sinc 関数だからです. そのため, 狭い波束を作るには, Δk は大きくする必要があります. つまり, $\psi(x)$ を構成する平面波の混合には, 広い領域の波数を含める必要があります. また, 波束が特定の値まで減少する距離は, 波数スペクトル $\phi(k)$ の形状に依存しますが, x 空間での波束の幅が k 空間での波数スペクトルの幅に反比例して変化するという結論は, この例で用いた平屋根型(flat-topped)の波数スペクトルだけでなく, 全ての形状のスペクトルで成り立つものです.

図4.14 では, Δk は k_0 の 10% にとっているので, $\psi(x)$ の最初のゼロ交差は

$$x=\frac{2\pi}{\Delta k}=\frac{2\pi}{0.1k_0}=\frac{2\pi}{0.1\frac{2\pi}{\lambda_0}}=10\lambda_0$$

で起こります. このプロットでは, $\lambda_0=1$ なので, ゼロ交差は $x=10$ で起こることになります.

波数スペクトルの幅を広げた効果は, **図4.15** で見ることができます. この場合, Δk は k_0 の 50% まで増加しているため, 波数スペクトル $\phi(k)$ は**図4.14** の $\phi(k)$ より 5 倍広くなり, 波束の包絡線(エンベロープ, envelope)は同じ係数だけ狭くなります(この場合, 最初のゼロ交差は $x=2$ で生じます).

図4.16 は, 波数スペクトルの幅を減少させる効果を示しています. この場合, Δk は k_0 の 5% ($\Delta k=0.05k_0$)に減少されているので, 波束の包絡線は**図4.14** の包絡線の 2 倍の幅になります($x=20$ で最初のゼロ交差).

---

*8 main lobe, sidelobe の lobe (ローブ)は「丸い突出部」や「丸屋根」を意味します.

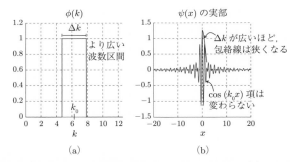

図 4. 15　(a)に示すような区間で波数を足し合わせると，(b)のように $\psi(x)$ の包絡線の幅が減少する

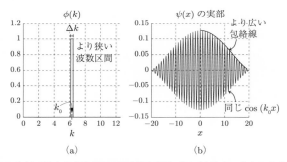

図 4. 16　(a)に示すような区間で波数を足し合わせると，(b)のように $\psi(x)$ の包絡線の幅が増加する

　しかし，たとえ $\psi(x)$ と $\phi(k)$ の幅の間の反比例関係を知らなくても，Δk を ゼロに近づけて波数スペクトルの幅を減少させると，何が起こるか推測できる でしょう．結局，$\Delta k = 0$ であれば，$\phi(k)$ は単一波数 k_0 で構成されます．そ れに，単一周波数平面波(**単色平面波**)がどのように振る舞うかはわかっていま す．つまり，平面波は，x の正と負の両方向に無限に広がります．言い換えれ ば，$\psi(x)$ の「幅」は無限大になります．なぜなら，包絡線の最初のゼロ交差 が決して起きないからです．

　図 4. 17 に，そのような振る舞いが描かれています．この図では，波数ス ペクトルの幅 Δk は k_0 の 0.5% に減少しています．この $\psi(x)$ の実部は，実 質的に純粋なコサイン関数です．なぜなら，$\psi(x)$ の sinc 関数項の幅が図のプ

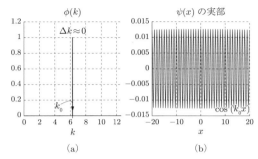

図 4.17 (a)に示すように $\phi(k)$ の幅がゼロに近づくと，(b)のように $\psi(x)$ の包絡線の幅は無限大に近づく

ロットの横軸の範囲より広いからです.

　このことを数学で確認するために，まず波数変数 k' の関数(k にダッシュを付ける理由はこのあと直ぐに説明します)のフーリエ逆変換の定義(4.15)から始めましょう.

$$\psi(x) = \frac{1}{\sqrt{2\pi}} \int_{-\infty}^{\infty} \phi(k') e^{ik'x} dk' \qquad (4.27)$$

　この $\psi(x)$ をフーリエ変換の定義(4.14)に代入すると

$$\phi(k) = \frac{1}{\sqrt{2\pi}} \int_{-\infty}^{\infty} \psi(x) e^{-ikx} dx$$

$$= \frac{1}{\sqrt{2\pi}} \int_{-\infty}^{\infty} \left[\frac{1}{\sqrt{2\pi}} \int_{-\infty}^{\infty} \phi(k') e^{ik'x} dk' \right] e^{-ikx} dx \qquad (4.28)$$

となります. k' にダッシュを付けたのは，$\psi(x)$ の積分変数である波数(k')と，スペクトル $\phi(k)$ の波数(k)を区別するためです.

　(4.28)は少し面倒に見えるかもしれませんが，積分を行う変数に依存しない項は積分の外側にも内側にも自由に移せることを思い出してください. そのような自由さを利用して，e^{-ikx} 項を k' による積分内に移動させ，そして，定数をまとめると，(4.28)を

$$\phi(k) = \int_{-\infty}^{\infty} \left[\frac{1}{2\pi} \int_{-\infty}^{\infty} \phi(k') e^{i(k'-k)x} dk' \right] dx$$

と書き変えることができます. 次に，積分の順序を交換します. これができる

のは，積分する関数が連続で，2重積分がよい振る舞いをする場合です．2つの積分の範囲は $-\infty$ から $+\infty$ までなので，積分の順序を変えても，これらの範囲を変更する必要はありません．したがって，上の式から

$$\phi(k) = \int_{-\infty}^{\infty} \phi(k') \left[\frac{1}{2\pi} \int_{-\infty}^{\infty} e^{i(k'-k)x} dx \right] dk' \tag{4.29}$$

が得られます．一歩引いて，この式の意味を考えてみましょう．この式は，全ての波数 k に対して関数 $\phi(k)$ の値が，同じ関数 ϕ と角括弧の項との積を，$-\infty$ から $+\infty$ まで波数 k' で積分したものに等しいことを語っています．それが成り立つためには，角括弧の項は非常に変わった機能をもつ必要があります．それは，関数 $\phi(k')$ を「ふるいにかけ」，値 $\phi(k)$ だけを引き出す「ふるい分け機能」です．したがって，この場合の積分は結局何も合計することはなく，ただ関数 $\phi(k')$ は $\phi(k)$ という値をとって，積分から抜け出すだけです．

　このような演算ができる魔法の関数は何でしょうか？　既に私たちは見ています．これこそ，**ディラックのデルタ関数**で，次のように定義されます．

$$\delta(x'-x) = \begin{cases} \infty, & x' = x \text{ の場合} \\ 0, & \text{それ以外の場合} \end{cases} \tag{4.30}$$

この定義は，ディラックのデルタ関数が何であるかを示していますが，非常に役に立つ定義は，ディラックのデルタ関数が何をするかを示す次式です．

$$\int_{-\infty}^{\infty} f(x')\delta(x'-x)dx' = f(x) \tag{4.31}$$

言い換えれば，積分内の関数に掛けたディラックのデルタ関数は，(4.29)で必要なふるい分け機能を次のように実行します．つまり，(4.29)を

$$\phi(k) = \int_{-\infty}^{\infty} \phi(k') \left[\delta(k'-k) \right] dk' \tag{4.32}$$

と書いて，次のように，(4.32)と(4.29)の角括弧の項を等しく置けば良いのです．

$$\frac{1}{2\pi} \int_{-\infty}^{\infty} e^{i(k'-k)x} dx = \delta(k'-k) \tag{4.33}$$

　この関係は，正弦的関数の重ね合わせで合成された関数を分析する場合に，

非常に役立ちます．同様に，(4.14)の $\phi(k)$ をフーリエ逆変換(4.15)に代入すると導ける，次の関係[9]も役立ちます．

$$\frac{1}{2\pi}\int_{-\infty}^{\infty}e^{ik(x'-x)}dk=\delta(x'-x) \tag{4.34}$$

これらの関係がどのように役立つのかをみるために，単一波数(単色)の波動関数 $\psi(x)=e^{ik_0x}$ のフーリエ変換のプロセスを考えてみましょう．この位置波動関数を(4.14)に代入すると，次のようになります．

$$\phi(k)=\frac{1}{\sqrt{2\pi}}\int_{-\infty}^{\infty}\psi(x)e^{-ikx}dx=\frac{1}{\sqrt{2\pi}}\int_{-\infty}^{\infty}e^{ik_0x}e^{-ikx}dx$$
$$=\frac{1}{\sqrt{2\pi}}\int_{-\infty}^{\infty}e^{i(k_0-k)x}dx=\sqrt{2\pi}\delta(k_0-k) \tag{4.35}$$

つまり，**図 4.17** からも予想できるように，無限の空間的広がりをもつ関数 $\psi(x)=e^{ik_0x}$ のフーリエ変換は，波数 $k=k_0$ で無限に狭いスパイクになります．

図 4.17 の波数スペクトル $\phi(k)$ と位置波動関数 $\psi(x)$ の振幅について疑問があれば，$\phi(k)$ の最大値が振幅 1 の大きさにとられていることに注意してください．また，(4.26)は，$\psi(x)$ の振幅が係数 $\dfrac{\Delta k}{\sqrt{2\pi}}$ で決まることを示しています．この場合，Δk は k_0 の 0.5 %（$\Delta k=0.005k_0$）で $k_0=2\pi$ と置いているので，$\psi(x)$ の振幅は $\dfrac{\Delta k}{\sqrt{2\pi}}=\dfrac{0.005(2\pi)}{\sqrt{2\pi}}=0.0125$ となります．この値は，**図 4.17** で確認できます．これは極端な例で，波数領域で幅がゼロに近づくスパイクは，位置領域で幅が無限大に近づく正弦的関数のフーリエ変換になります．

図 4.18 に，別の極端な例が示されています．この場合，$\phi(k)$ が $k=0$ から $2k_0$ まで一定の振幅になるように波数スペクトルの幅 Δk が大きくされています．**図 4.18 (b)** でわかるように，この場合，$\psi(x)$ の実部は位置 $x=0$ でデルタ関数 $\delta(x)$ に近づきます．

これを数学で確認するために，位置座標での狭いスパイク $\psi(x)=\delta(x)$ をフーリエ変換(4.14)に代入して，対応する波数スペクトル $\phi(k)$ を決めるとき

---

[9]　この結果を得るのに助けが必要な場合は，演習問題 4.7 とその解答を見てください．

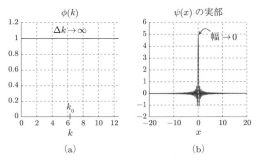

図 4.18　(a)に示すように $\phi(k)$ の幅が無限大に近づくと、(b)のように $\psi(x)$ の包絡線の幅はゼロに近づく

に、何が起こるかをみましょう。

$$\phi(k) = \frac{1}{\sqrt{2\pi}} \int_{-\infty}^{\infty} \psi(x) e^{-ikx} dx = \frac{1}{\sqrt{2\pi}} \int_{-\infty}^{\infty} \delta(x) e^{-ikx} dx \qquad (4.36)$$

すでに知っているように、積分の中のディラックのデルタ関数は関数 e^{-ikx} をふるいにかけるだけなので、次式のように、唯一の寄与は $x=0$ と置いた関数の値から生じます。

$$\phi(k) = \frac{1}{\sqrt{2\pi}} e^0 = \frac{1}{\sqrt{2\pi}} \qquad (4.37)$$

この一定値は、**図 4.18 (a)** に示すように、$\phi(k)$ が全ての波数 k にわたり一定の振幅をもっていることを意味します。前の図と同じように、$\phi(k)$ の振幅の大きさは 1 にとられています。これは、係数 $\dfrac{\Delta k}{\sqrt{2\pi}}$ によって、$\psi(x)$ の最大値に関係付けられています。$\Delta k = 2k_0$ と $k_0 = 2\pi$ なので、この係数は 5.01 です[9]。

　したがって、幅の広い位置関数と幅の狭い波数関数のフーリエ変換ペアと同じように、幅が非常に狭い位置関数は、幅が非常に広い波数関数とフーリエ変換ペアになります。このような共役変数の関数の幅に関する反比例関係は、不確定性原理の基礎になります。次節では、不確定性原理が位置と運動量という共役変数にどのように適用されるかを説明します。

---

[9]　$\dfrac{\Delta k}{\sqrt{2\pi}} = \dfrac{2k_0}{\sqrt{2\pi}} = \dfrac{2 \times 2\pi}{\sqrt{2\pi}} = 5.013.$

4.5　位置・運動量の波動関数と演算子

　前節で説明した位置領域や波数領域など，異なる空間あるいは領域での波動関数の表現は，物理や工学の多くの応用で役立ちます．量子力学で遭遇する波動関数の表現は位置と運動量を含んでいるので，この節では，位置と運動量の波動関数，固有関数，演算子について説明します．特に，これらの関数と演算子を位置空間と運動量空間の両方で表現する方法を説明します．

　波数 (k) と運動量 (p) との関係は，**ド・ブロイの関係式**

$$p = \hbar k \tag{3.4}$$

で与えられます．この式から，位置と波数の関数の間のフーリエ変換関係が，位置と運動量の関数の間でも成り立つことがわかります．具体的にいえば，運動量波動関数 $\tilde{\phi}(p)$ は，位置波動関数 $\psi(x)$ のフーリエ変換

$$\tilde{\phi}(p) = \frac{1}{\sqrt{2\pi\hbar}} \int_{-\infty}^{\infty} \psi(x) e^{-i\frac{p}{\hbar}x} dx \tag{4.38}$$

で与えられます．ここで，$\tilde{\phi}(p)$ は運動量 (p) の関数です[†10]．さらに，運動量波動関数 $\tilde{\phi}(p)$ のフーリエ逆変換により，位置波動関数 $\psi(x)$ が得られます．

$$\psi(x) = \frac{1}{\sqrt{2\pi\hbar}} \int_{-\infty}^{\infty} \tilde{\phi}(p) e^{i\frac{p}{\hbar}x} dp \tag{4.39}$$

　一方，$k = \dfrac{p}{\hbar}$ から $dk = \dfrac{dp}{\hbar}$ なので，$\phi(k)$ のフーリエ逆変換 (4.15) の k に $\dfrac{p}{\hbar}$，dk に $\dfrac{dp}{\hbar}$ を代入すると，(4.15) は

$$\psi(x) = \frac{1}{\sqrt{2\pi}} \int_{-\infty}^{\infty} \tilde{\phi}(p) e^{i\frac{p}{\hbar}x} \frac{dp}{\hbar} \tag{4.40}$$

となります．これは，(4.39) と係数 $\dfrac{1}{\sqrt{\hbar}}$ だけ異なります．一部のテキストでは（この本も含めて），この係数 $\dfrac{1}{\sqrt{\hbar}}$ を関数 $\tilde{\phi}$ に吸収させますが，$\dfrac{1}{\hbar}$ を $\tilde{\phi}$ に吸収させるテキストもあります．そのようなテキストでは，フーリエ変換とフーリエ逆変換の定義で係数 $\dfrac{1}{\sqrt{\hbar}}$ は省略されるので，(4.38) と (4.39) の積

[†10]　この記号は量子力学のテキストではかなり一般的です．チルダ(˜)記号を付けたのは，波数波動関数 $\phi(k)$ と運動量波動関数 $\tilde{\phi}(p)$ を区別するためです．

分の前の係数は $\dfrac{1}{\sqrt{2\pi}}$ になります[*10].

　定数の処理方法をどちらに選んだとしても，位置波動関数と運動量波動関数との関係は，量子力学の象徴的な法則の 1 つを理解するのに役立ちます．その法則が**ハイゼンベルクの不確定性原理**で，位置と運動量の間のフーリエ変換から直接導くことができます．

　不確定性原理は，共役な波動関数の任意なフーリエ変換ペアで見つけることができます．もちろん，前節で説明した矩形（平坦な振幅）の波数スペクトル $\phi(k)$ の運動量基底と位置波動関数 $\dfrac{\sin(ax)}{ax}$ でも見つけられます．しかし，**図4.14 (b)**のような広がった包絡構造を $\psi(x)$ が生成しないような運動量波動関数 $\tilde{\phi}$ を検討することも教育的です．なぜなら，波数あるいは運動量の範囲で，波動関数を加算する目的の 1 つは，空間的に局在した位置波動関数を作ることだからです．したがって，広がった包絡をもたずに，ゼロ振幅に滑らかに減衰するような位置空間波動関数が望ましいのです．

　それを実現する 1 つの方法は，ガウス波束を作ることです．これが，位置空間のガウス関数なのか，運動量空間のガウス関数なのかと疑問に思うかもしれませんが，答えは「両方」です．これが正しい理由を理解するために，次式のような位置 (x) のガウス関数の標準的な定義から始めましょう．

$$G(x) = Ae^{\frac{-(x-x_0)^2}{2\sigma_x^2}} \tag{4.41}$$

ここで，A は $G(x)$ の振幅（最大値）で，x_0 は中心位置（最大値での x の値），そして，σ_x は標準偏差です．標準偏差は，$G(x)$ が最大値の $\dfrac{1}{\sqrt{e}}$（約 61%）に減少するときの関数幅の半分の値です．

　ガウス関数は，波動関数として**有益な性質**をいくつかもっていて，その中には次の 2 つが含まれています．

　a）ガウス関数の 2 乗もガウス関数である．

[*10]　(4.15)を $k = \dfrac{p}{\hbar}$ で書き替えた $\psi(x) = \dfrac{1}{\sqrt{2\pi}}\displaystyle\int_{-\infty}^{\infty}\phi(\dfrac{p}{\hbar})e^{i\frac{p}{\hbar}x}\dfrac{dp}{\hbar}$ を用いて，$\psi(x) = \dfrac{1}{\sqrt{2\pi\hbar}}\displaystyle\int_{-\infty}^{\infty}\dfrac{\phi}{\sqrt{\hbar}}e^{i\frac{p}{\hbar}x}dp = \dfrac{1}{\sqrt{2\pi\hbar}}\displaystyle\int_{-\infty}^{\infty}\tilde{\phi}e^{i\frac{p}{\hbar}x}dp$ のように $\tilde{\phi}$ を定義するテキストと，$\psi(x) = \dfrac{1}{\sqrt{2\pi}}\displaystyle\int_{-\infty}^{\infty}\dfrac{\phi}{\hbar}e^{i\frac{p}{\hbar}x}dp = \dfrac{1}{\sqrt{2\pi}}\displaystyle\int_{-\infty}^{\infty}\tilde{\phi}e^{i\frac{p}{\hbar}x}dp$ のように $\tilde{\phi}$ を定義するテキストがあることを説明しています．

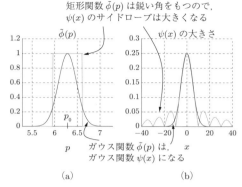

図 4.19 運動量空間で, 矩形関数よりもガウス関数を使うほうが, 位置波動関数 $\psi(x)$ の空間的局在化は改良される

b) ガウス関数のフーリエ変換もガウス関数である.

1番目の性質は, 確率密度が波動関数の 2 乗に関係するので役立ちます. そして, 2番目の性質は, 位置空間と運動量空間の波動関数がフーリエ変換で関係しているので役立ちます.

図 4.19 を見ると, ガウス分布の滑らかな形状の利点の 1 つがわかります. すなわち, 矩形型の運動量スペクトル $\tilde{\phi}(p)$ の鋭い角を滑らかにすることで, $\dfrac{\sin(ax)}{ax}$ のようなローブ構造の領域における位置波動関数の絶対値の 2 乗の値が大幅に減少することを, $\psi(x)$ と $\tilde{\phi}(p)$ のフーリエ変換関係は教えています.

位置空間では, **ガウス波束**という用語は, 正弦的に変化する関数の包絡線がガウス型であることを意味します. このような波束は, ガウス関数 $G(x)$ に, 運動量 p_0 をもつ平面波の関数 $e^{i\frac{p_0}{\hbar}x}$ を掛けて, 次式のように作れます.

$$\psi(x) = A e^{\frac{-(x-x_0)^2}{2\sigma_x^2}} e^{i\frac{p_0}{\hbar}x} \tag{4.42}$$

ここで, 平面波の振幅は定数 A に含まれています. このようなガウス波動関数を扱う場合, 量 σ_x は波動関数 $\psi(x)$ の標準偏差を表しますが, この σ_x は, この波動関数から求まる確率分布の標準偏差とは同じものでないことを認識しておく必要があります. この確率分布もガウス分布ですが, この節の後半で説明するように, その標準偏差は σ_x と異なります.

波動関数を扱う場合，波動関数が規格化できるか否かを常に確認するのがよいでしょう．$\psi(x)$ の場合は，次のようになります．

$$1 = \int_{-\infty}^{\infty} \psi^* \psi dx = \int_{-\infty}^{\infty} \left[A e^{\frac{-(x-x_0)^2}{2\sigma_x^2}} e^{i\frac{p_0}{\hbar}x} \right]^* \left[A e^{\frac{-(x-x_0)^2}{2\sigma_x^2}} e^{i\frac{p_0}{\hbar}x} \right] dx$$

$$= \int_{-\infty}^{\infty} |A|^2 \left[e^{\frac{-(x-x_0)^2}{\sigma_x^2}} \right] e^{\frac{i(-p_0+p_0)x}{\hbar}} dx = |A|^2 \int_{-\infty}^{\infty} e^{\frac{-(x^2-2x_0x+x_0^2)}{\sigma_x^2}} dx$$

これは，定積分公式

$$\int_{-\infty}^{\infty} e^{-(ax^2+bx+c)} dx = \sqrt{\frac{\pi}{a}} e^{\frac{b^2-4ac}{4a}} \tag{4.43}$$

を使って，計算できます．いまの場合，$a = \dfrac{1}{\sigma_x^2}$，$b = \dfrac{-2x_0}{\sigma_x^2}$，$c = \dfrac{x_0^2}{\sigma_x^2}$ なので

$$1 = |A|^2 \sqrt{\frac{\pi}{\frac{1}{\sigma_x^2}}} e^{\frac{\left(\frac{-2x_0}{\sigma_x^2}\right)^2 - 4\frac{1}{\sigma_x^2}\frac{x_0^2}{\sigma_x^2}}{4\frac{1}{\sigma_x^2}}} = |A|^2 \sqrt{\sigma_x^2 \pi} e^{\frac{4x_0^2-4x_0^2}{4\sigma_x^2}} = |A|^2 \sigma_x \sqrt{\pi}$$

となります．これから，A は

$$A = \frac{1}{(\sigma_x \sqrt{\pi})^{1/2}} \tag{4.44}$$

と決まるので，規格化された位置波動関数は

$$\psi(x) = \frac{1}{(\sigma_x \sqrt{\pi})^{1/2}} e^{\frac{-(x-x_0)^2}{2\sigma_x^2}} e^{i\frac{p_0}{\hbar}x} \tag{4.45}$$

で与えられます．

　この規格化された位置波動関数に対応する運動量波動関数 $\tilde{\phi}(p)$ を見つけるために，$\psi(x)$ をフーリエ変換しましょう．式を簡単にするために，座標の原点を x_0 として，$x_0 = 0$ と置きます．これにより，フーリエ変換は次のようになります．

$$\tilde{\phi}(p) = \frac{1}{\sqrt{2\pi\hbar}} \int_{-\infty}^{\infty} \psi(x) e^{-i\frac{p}{\hbar}x} dx$$

$$= \frac{1}{\sqrt{2\pi\hbar}} \int_{-\infty}^{\infty} \frac{1}{(\sigma_x \sqrt{\pi})^{1/2}} e^{\frac{-x^2}{2\sigma_x^2}} e^{-i\frac{p-p_0}{\hbar}x} dx$$

$$= \frac{1}{\sqrt{2\pi\hbar}} \frac{1}{(\sigma_x \sqrt{\pi})^{1/2}} \int_{-\infty}^{\infty} e^{\frac{-x^2}{2\sigma_x^2} - i\frac{p-p_0}{\hbar}x} dx$$

ここで，先ほどの定積分公式で $a = \dfrac{1}{2\sigma_x^2}$, $b = i\dfrac{p - p_0}{\hbar}$, $c = 0$ と置くと

$$\tilde{\phi}(p) = \frac{1}{\sqrt{2\pi\hbar}} \frac{1}{(\sigma_x\sqrt{\pi})^{1/2}} \sqrt{\frac{\pi}{a}} e^{\frac{b^2 - 4ac}{4a}} = \frac{1}{\sqrt{2\pi\hbar}} \frac{\sqrt{2\pi\sigma_x^2}}{(\sigma_x\sqrt{\pi})^{1/2}} e^{\frac{-(p-p_0)^2\sigma_x^2}{2\hbar^2}}$$

$$= \left(\frac{\sigma_x^2}{\pi\hbar^2}\right)^{\frac{1}{4}} e^{\frac{-(p-p_0)^2\sigma_x^2}{2\hbar^2}}$$

となりますが，次のように書けるので，これもガウス分布です．

$$\tilde{\phi}(p) = \left(\frac{\sigma_x^2}{\pi\hbar^2}\right)^{\frac{1}{4}} e^{\frac{-(p-p_0)^2}{2\sigma_p^2}} \tag{4.46}$$

この式の σ_p は運動量波動関数の**標準偏差**で，これは $\sigma_p = \dfrac{\hbar}{\sigma_x}$ で定義されています．

このようなガウス分布の位置波動関数と運動量波動関数の標準偏差を掛けると

$$\sigma_x\sigma_p = \sigma_x\left(\frac{\hbar}{\sigma_x}\right) = \hbar \tag{4.47}$$

が得られます．

　ハイゼンベルクの不確定性原理に到達するには，あと一歩が必要です．その一歩を進めるには，ハイゼンベルクの不確定性原理の**不確定性**が，ガウス波動関数 $\psi(x)$ の幅ではなく，それよりも狭い確率分布の幅で定義されることに注意する必要があります．

　これら2つの異なる幅の関係を決めるために，確率密度が $\psi^*\psi$ に比例することを思い出してください．これは，**確率分布の幅** Δx が次式から求められることを意味します．

$$e^{-\frac{x^2}{2(\Delta x)^2}} = \left(e^{-\frac{x^2}{2\sigma_x^2}}\right)^* \left(e^{-\frac{x^2}{2\sigma_x^2}}\right) = e^{-\frac{x^2}{\sigma_x^2}} \tag{4.48}$$

したがって，$2(\Delta x)^2 = \sigma_x^2$, つまり $\sigma_x = \sqrt{2}\,\Delta x$ です．同じ議論は，運動量空間波動関数 $\tilde{\phi}(p)$ にも適用できるので，$\sigma_p = \sqrt{2}\,\Delta p$ も成り立ちます．ここで，Δp は運動量空間での確率分布の幅を表します．

　これが，多くの教師や著者たちが位置波動関数 $\psi(x)$ の指数項を $e^{\frac{-(x-x_0)^2}{4\sigma_x^2}}$ と定義する理由です．その場合，$\psi(x)$ の指数項に彼らが書く σ_x は，波動関

数の標準偏差ではなく，確率分布の標準偏差です．

位置の確率分布の幅(Δx)と運動量の確率分布の幅(Δp)を使って，(4.47)を書き替えると

$$\sigma_x \sigma_p = (\sqrt{2}\,\Delta x)(\sqrt{2}\,\Delta p) = \hbar \qquad (4.49)$$

より

$$\Delta x \Delta p = \frac{\hbar}{2} \qquad (4.50)$$

となります．この式が，ガウス波動関数に対する不確定性関係です．他の関数の場合，標準偏差の積はこれよりも大きな値を与えるため，位置や運動量などの共役変数(つまりフーリエ変換で関係づけられる，任意の2つの変数)の間の一般的な不確定性関係は次のような不等式になります．

$$\Delta x \Delta p \geq \frac{\hbar}{2} \qquad (4.51)$$

これが**ハイゼンベルクの不確定性原理**の一般的な形で，共役ペアまたは「両立できない」オブザーバブルのペアに対して，両方を同時に測定できる精度には本質的な限界があることを教えています．したがって，位置の正確な情報(小さいΔx)は，運動量の正確な情報(小さいΔp)とは両立しません．なぜなら，これらの確率分布の不確定さの積$(\Delta x \Delta p)$はプランク定数$\hbar$の半分以上でなければならないからです．

両立できないオブザーバブルのもう1つの重要な側面は，このようなオブザーバブルに対応した演算子に関することです．具体的にいえば，両立できないオブザーバブルの演算子は交換しません．つまり，これらの演算子を作用させるときに，その順序が問題になります．位置演算子と運動量演算子に対してそうなる理由は，位置空間と運動量空間の両方で，これらの演算子の形と振る舞いを理解すればわかります．

量子力学を勉強している学生たちが混乱しがちなのは，演算子とその固有関数に関するもので，そのため，彼らは次のような質問をよくします．

— 　なぜ位置演算子$\hat{X}$に位置波動関数を作用させた結果が，その波動関数にxを掛けたものに等しいのか？

— なぜ位置の固有関数が位置空間のデルタ関数 $\delta(x-x_0)$ で与えられるのか？

— なぜ運動量演算子 $\hat{P}$ に運動量波動関数を作用させた結果が，その波動関数の空間微分に $-i\hbar$ を掛けたものに等しいのか？

— なぜ運動量の固有関数が位置空間の $\frac{1}{\sqrt{2\pi\hbar}}e^{i\frac{p}{\hbar}x}$ によって与えられるのか？

　これらの質問に答えるために，演算子とその固有関数が，演算子に対応したオブザーバブルの期待値と，どのように関係するのかをまず考えましょう．2.5 節で説明したように，位置 x などの連続的オブザーバブルの期待値は

$$\langle x \rangle = \int_{-\infty}^{\infty} xP(x)dx \tag{4.52}$$

で与えられます．この $P(x)$ は確率密度で，位置 x の関数です．

　規格化された波動関数 $\psi(x)$ の場合，確率密度は波動関数の絶対値の 2 乗 $|\psi(x)|^2 = \psi^*(x)\psi(x)$ で与えられるので，期待値は

$$\langle x \rangle = \int_{-\infty}^{\infty} x|\psi(x)|^2 dx = \int_{-\infty}^{\infty} [\psi(x)]^* x[\psi(x)]dx \tag{4.53}$$

と書くことができます．この式を，内積を使って演算子 $\hat{X}$ に対応したオブザーバブル x の期待値に対する 2.5 節の式

$$\langle x \rangle = \langle \psi|\hat{X}|\psi \rangle = \int_{-\infty}^{\infty} [\psi(x)]^* \hat{X}[\psi(x)]dx \tag{2.60}$$

と比べてみましょう．

　これらの表現が等しくなるためには，波動関数 $\psi(x)$ に作用する演算子 $\hat{X}$ の効果は，$\psi(x)$ に x を掛けることでなければなりません．そうであるなら，なぜ演算子はこのようなことをするのでしょうか？　その理由は，4.2 節で説明したように，演算子の仕事は固有関数から固有値(つまり，観測の可能な結果)を抜き出すことだからです．位置の観測の場合，測定の可能な結果は全ての位置 x です．したがって，この x が，位置演算子 $\hat{X}$ が固有関数から抜き出したものになります．

　それでは，位置演算子 $\hat{X}$ の固有関数とは何でしょうか？　この質問に答えるために，位置演算子の固有関数がどのように振る舞うかを考えてみましょ

う．1番目の固有関数（$\psi_1(x)$）に作用する位置演算子 $\hat{X}$ の固有値方程式は

$$\hat{X}\psi_1(x) = x_1\psi_1(x) \tag{4.54}$$

です．ここで，x_1 は ψ_1 に関係した固有値を表します．しかし，位置演算子の作用は，それが演算している関数に x を掛けることなので

$$\hat{X}\psi_1(x) = x\psi_1(x) \tag{4.55}$$

も成り立たなければなりません．（4.54）と（4.55）の右辺を等しいと置くと

$$x\psi_1(x) = x_1\psi_1(x) \tag{4.56}$$

を得ます．この方程式の意味するところを考えてみましょう．これは，「変数 x に1番目の固有関数 ψ_1 を掛けると，単一の固有値 x_1 に同じ固有関数を掛けたものに等しい」ことを表しています．x はすべての可能な位置で変化しますが，x_1 はただ1つの位置だけを表すので，この主張はどのように折り合いをつけることができるでしょうか？

答えは，固有関数 $\psi_1(x)$ は，単一の場所 $x=x_1$ 以外の所ではゼロでなければならないということです．そうすれば，x の値が x_1 に等しくない場合，（4.56）の両辺はゼロになり，方程式は成り立ちます．そして，$x=x_1$ の場合，この方程式は $x_1\psi_1(x)=x_1\psi_1(x)$ を表すので，これも成り立ちます．

それでは，$x=x_1$ だけを除いて，x の全ての値でゼロになる関数は何でしょうか？　それは，ディラックのデルタ関数 $\delta(x-x_1)$ です．そして，固有値 x_2 をもつ2番目の固有関数 $\psi_2(x)$ に対して，デルタ関数 $\delta(x-x_2)$ がその役割を果たし，固有関数 $\psi_3(x)$ に対しては $\delta(x-x_3)$ がその役割を果たすといった具合になります．

したがって，**位置演算子 $\hat{X}$ の固有関数**は，それぞれがそれ自身の固有値をもつディラックのデルタ関数 $\delta(x-x')$ の無限集合です．そして，それらの（x' で表される）固有値は，$-\infty$ から $+\infty$ までの位置の全範囲をカバーしています．

これと同じ分析は，運動量演算子とその固有関数にも適用できます．これらは，位置空間での位置演算子とその固有関数の振る舞いと同じように，運動量

空間で振る舞います.

つまり，可能な結果 p と確率密度との積を積分することにより，運動量の期待値は次式で求められます.

$$\langle p \rangle = \int_{-\infty}^{\infty} p|\tilde{\phi}(p)|^2 dp = \int_{-\infty}^{\infty} [\tilde{\phi}(p)]^* p[\tilde{\phi}(p)] dp \tag{4.57}$$

この運動量期待値は，内積を使って書くこともできます. それは，運動量基底の波動関数 $\tilde{\phi}(p)$ に作用する運動量演算子 $\widehat{P}_p$ の運動量空間表示を使って

$$\langle p \rangle = \left\langle \tilde{\phi} \left| \widehat{P}_p \right| \tilde{\phi} \right\rangle = \int_{-\infty}^{\infty} [\tilde{\phi}(p)]^* \widehat{P}_p [\tilde{\phi}(p)] dp \tag{4.58}$$

と書けます. この記号 $\widehat{P}_p$ において，ハットを付けた大文字 P は，これが運動量演算子であることを示し，添字の小文字 p は，これが演算子の運動量基底バージョンであることを示しています.

位置演算子の場合と同じように，運動量演算子の作用は，この演算子が作用する関数に p を掛けることです. したがって，固有値 p_1 をもつ固有関数 $\tilde{\phi}_1$ の場合は

$$\widehat{P}_p \tilde{\phi}_1(p) = p\tilde{\phi}_1(p) = p_1 \tilde{\phi}_1(p) \tag{4.59}$$

となります. この方程式が成り立つためには，固有関数 $\tilde{\phi}_1(p)$ は，1 点 $p = p_1$ を除くすべての場所でゼロでなければなりません. したがって，運動量空間での**運動量演算子 $\widehat{P}_p$ の固有関数**は，ディラックのデルタ関数 $\delta(p-p')$ から成る無限集合で，$\delta(p-p')$ の固有値が p' です. そして，それらの固有値 p' は，運動量の全範囲をカバーしています.

重要なポイントは次の通りです. 演算子自身の空間で，その演算子をその固有関数のそれぞれに作用させることは，その固有関数に対して演算子に対応するオブザーバブルを掛けることと同じです. そして，演算子自身の空間で，そのような固有関数がディラックのデルタ関数です.

これが，演算子とこれらの固有関数の形と振る舞いに対する，演算子自身の空間での説明になります. しかし，演算子を別の空間に存在する関数に適用すると，便利なことがよくあります. 例えば，運動量演算子 $\widehat{P}$ を位置波動関数 $\psi(x)$ に適用する場合です.

でも，なぜそのようなことをしようとするのでしょうか？　それは，位置基底の波動関数を使って，運動量の期待値を見つけたいからです．この期待値は，位置基底の波動関数 $\psi(x)$ に運動量演算子の位置空間表示 $\widehat{P}_x$ を作用させて

$$\langle p \rangle = \int_{-\infty}^{\infty} [\psi(x)]^* \widehat{P}_x[\psi(x)]dx \tag{4.60}$$

のように求まります．ここで，$\widehat{P}_x$ の添字の小文字 x は，これが位置基底で表した運動量演算子 $\widehat{P}$ であることを示しています．この方程式は，(4.58)に示されている p の期待値に対する「運動量空間の関係」と等価な「位置空間の関係」です．

では，運動量演算子 $\widehat{P}$ の位置空間での形はどうなるでしょうか？　それを見つける１つの方法は，運動量演算子 $\widehat{P}$ の固有関数から始めることです．運動量空間では，運動量演算子の固有関数はディラックのデルタ関数 $\delta(p-p')$ であることを知っているので，フーリエ逆変換を使えば，位置空間の運動量固有関数は次のように求めることができます．

$$\psi(x) = \frac{1}{\sqrt{2\pi\hbar}} \int_{-\infty}^{\infty} \tilde{\phi}(p)e^{i\frac{p}{\hbar}x}dp = \frac{1}{\sqrt{2\pi\hbar}} \int_{-\infty}^{\infty} \delta(p-p')e^{i\frac{p}{\hbar}x}dp$$
$$= \frac{1}{\sqrt{2\pi\hbar}} e^{i\frac{p'}{\hbar}x}$$

ここで，p' は運動量の全ての可能な値を表す連続変数です．その変数 p' に p という名前を付けると，運動量固有関数の位置表現は

$$\psi_p(x) = \frac{1}{\sqrt{2\pi\hbar}} e^{i\frac{p}{\hbar}x} \tag{4.61}$$

となります．ここで，添字 p は，これらが位置基底で表される運動量固有関数であることを示しています．この位置基底の運動量固有関数を使って，運動量演算子 $\widehat{P}$ の位置空間表示 $\widehat{P}_x$ を見つけることができます．これを行うには，「運動量演算子をその固有関数に作用させることは，それらの固有関数に p を掛けること」，つまり

$$\widehat{P}_x\psi_p(x) = p\psi_p(x) \tag{4.62}$$

が成り立つことを思い出してください．この $\psi_p(x)$ に運動量固有関数の位置空間表示(4.61)を代入すると，次のようになります．

$$\widehat{P}_x \left[\frac{1}{\sqrt{2\pi\hbar}} e^{i\frac{p}{\hbar}x} \right] = p \left[\frac{1}{\sqrt{2\pi\hbar}} e^{i\frac{p}{\hbar}x} \right] \tag{4.63}$$

この演算子が固有関数から抜き出さなければならない p は，指数関数の中にあるので，空間微分

$$\frac{\partial}{\partial x} \left[\frac{1}{\sqrt{2\pi\hbar}} e^{i\frac{p}{\hbar}x} \right] = i\frac{p}{\hbar} \left[\frac{1}{\sqrt{2\pi\hbar}} e^{i\frac{p}{\hbar}x} \right]$$

が利用できます．つまり，この空間微分の両辺に $\frac{\hbar}{i}$ を掛けると

$$\frac{\hbar}{i} \frac{\partial}{\partial x} \left[\frac{1}{\sqrt{2\pi\hbar}} e^{i\frac{p}{\hbar}x} \right] = \frac{\hbar}{i} \left(i\frac{p}{\hbar} \right) \left[\frac{1}{\sqrt{2\pi\hbar}} e^{i\frac{p}{\hbar}x} \right] = p \left[\frac{1}{\sqrt{2\pi\hbar}} e^{i\frac{p}{\hbar}x} \right]$$

となるので，まさに望んでいたものになります．したがって，運動量演算子 $\widehat{P}$ の位置空間表示 $\widehat{P}_x$ は

$$\widehat{P}_x = \frac{\hbar}{i} \frac{\partial}{\partial x} = -i\hbar \frac{\partial}{\partial x} \tag{4.64}$$

で与えられます．これが運動量演算子 $\widehat{P}$ の位置空間での形なので，この $\widehat{P}_x$ を位置基底波動関数 $\psi(x)$ に作用させることができるのです．

　同じアプローチを使って，位置演算子 $\widehat{X}$ とその固有関数の運動量空間での形が決定できます．これにより，運動量空間での位置固有関数

$$\tilde{\phi}_x(p) = \frac{1}{\sqrt{2\pi\hbar}} e^{-i\frac{p}{\hbar}x} \tag{4.65}$$

と，位置演算子 $\widehat{X}$ の運動量空間表示

$$\widehat{X}_p = i\hbar \frac{\partial}{\partial p} \tag{4.66}$$

が導かれます．これらの表現を得るのに手助けが必要ならば，演習問題(問題4.8)とその解答を見てください．

　位置演算子と運動量演算子に対する位置基底表現が与えられると，量子力学における重要な量が決定できます．その量とは，次式で定義される交換子 $[\widehat{X}, \widehat{P}]$ です．

$$[\widehat{X}, \widehat{P}] = \widehat{X}\widehat{P} - \widehat{P}\widehat{X} = x(-i\hbar)\frac{d}{dx} - (-i\hbar)\frac{d}{dx}x \tag{4.67}$$

この表現をこのままの形で分析しようとすると，多くの学生たちは戸惑います．交換子を正しく決めるには，次のように，これらの演算子に関数を常に作用させなければなりません．

$$[\widehat{X}, \widehat{P}]\psi = (\widehat{X}\widehat{P} - \widehat{P}\widehat{X})\psi = \left[x(-i\hbar)\frac{d}{dx} - (-i\hbar)\frac{d}{dx}x\right]\psi$$
$$= x(-i\hbar)\frac{d\psi}{dx} - (-i\hbar)\frac{d(x\psi)}{dx}$$

最後の項で括弧内に関数 ψ を入れたのは，空間微分 $\frac{d}{dx}$ が，x だけでなく，積 $x\psi$ に作用することを忘れないようにするためで，計算の結果は

$$[\widehat{X}, \widehat{P}]\psi = x(-i\hbar)\frac{d\psi}{dx} - (-i\hbar)\frac{d(x\psi)}{dx}$$
$$= (-i\hbar)x\frac{d\psi}{dx} - (-i\hbar)\frac{d(x)}{dx}\psi - (-i\hbar)\frac{d\psi}{dx}x$$
$$= (-i\hbar)x\frac{d\psi}{dx} - (-i\hbar)(1)\psi - (-i\hbar)\frac{d\psi}{dx}x$$
$$= i\hbar\psi$$

となります．この時点で，波動関数 ψ は必要な微分をとる手助けを全て終えたので，ψ を取り去って，位置演算子と運動量演算子の交換子を

$$[\widehat{X}, \widehat{P}] = i\hbar \tag{4.68}$$

のように表すことができます．

　演算子 $\widehat{X}$ と $\widehat{P}$ の運動量空間表示を使用しても，同じ結果が得られます．これは，演習問題(問題 4.9)とその解答で確かめることができます．

　交換子 $[\widehat{X}, \widehat{P}]$(これを**正準交換関係**といいます)のこのゼロでない値は，特定の演算子を適用するときの順序が問題になることを示しているので，非常に重要な結論に導きます．演算子 $\widehat{X}$ と $\widehat{P}$ は「非可換」です．これは，これらの演算子が同じ固有関数を共有できないことを意味します．特定の状態の粒子あるいは系に対するオブザーバブルの位置測定を行うプロセスは，その波動関数

を位置演算子の固有関数に収縮させることを思い出してください. しかし, 位置演算子と運動量演算子は非可換なので, 収縮した位置固有関数は運動量固有関数ではありません. そのため, 運動量の測定を行うと, (運動量固有関数ではない)波動関数が, ある運動量固有関数に収縮することになります. これは, 系が別の状態になったことを意味するので, この直後に, あなたが位置測定を行なっても, それはもはや適切な測定ではありません. これが, 量子的な不確定性の本質です.

　次の章では, 3 つの特定のポテンシャルに対する波動関数を調べます. その前に, この章で説明されている概念を適用するのに役立つ問題を, クイズと演習問題にして挙げておきます.

クイズ ....

1. ボルンの規則によれば, シュレーディンガー方程式の解である波動関数は次のどれを表しますか?
   (a) 特定の場所で粒子を見いだす全確率
   (b) 対象領域での確率密度
   (c) 位置の関数としての確率密度振幅
   (d) 上記のいずれでもない

2. 量子力学のコペンハーゲン解釈では, 波動関数が収縮するのは, 次のどれが起こるときだと主張していますか?
   (a) 関連する演算子が, 波動関数に適用されたとき
   (b) オブザーバブルが, 測定されたとき
   (c) 波動関数が, 時間とともに定常状態になったとき
   (d) 上記のすべて

3. 量子力学の多くのテキスト(本書を含む)では, 波動関数は, 指定された基底での量子状態の展開係数として定義されています.
   (a) 正しい
   (b) 誤り
   (c) どちらともいえない

4. 量子状態を表すケットが与えられていて，特定の基底に対応する波動関数を求めたいとき，使用すべき正しい手順は次のどれですか？

   (a) 状態を目的の基底の固有状態に射影する．

   (b) 希望する基準系の演算子を使って，その状態に作用させる．

   (c) 与えられた状態のフーリエ変換をとる．

   (d) 上記のいずれでもない．

5. 量子力学では，全エネルギーはポテンシャルエネルギーよりも小さい．

   (a) 正しい

   (b) 誤り

   (c) どちらともいえない

6. ポテンシャルエネルギーが全エネルギーよりも非常に大きい（したがって，$V - E$ の値が大きい）領域では，次のどれが起こりますか？

   (a) 波動関数は，距離とともに急速に振動する．

   (b) 波動関数は，距離とともにゆっくりと振動する．

   (c) 波動関数は，距離とともに急速に増加する．

   (d) 波動関数は，距離とともに急速に減衰する．

7. 位置領域の波動関数が与えられたとき，対応する波数スペクトルを見つける正しい手順は次のどれですか？

   (a) 波数演算子を位置領域の波動関数に作用させる．

   (b) 位置領域の波動関数のフーリエ変換をとる．

   (c) 位置領域の波動関数を波数固有関数に射影する．

   (d) 上記のいずれでもない．

8. 狭い位置領域に制限された波動関数を作るには，広い波数スペクトルが必要です．

   (a) 正しい

   (b) 誤り

   (c) どちらともいえない

9. 運動量空間での運動量固有関数は，次のどれになりますか？

   (a) 平面波の関数 $\dfrac{1}{\sqrt{2\pi}} e^{-i\frac{p}{\hbar}x}$

   (b) デルタ関数

   (c) ガウス関数

   (d) もっと情報がなければ，わからない

10. 2 つのオブザーバブルに対応する演算子が交換しない場合，それら 2 つのオブザーバブルの測定の順序は問題になります.

  （a）正しい

  （b）誤り

  （c）どちらともいえない

演習問題 ....

4.1　次の関数は波動関数の要請を満たすか否かを判断しなさい.

  a)　範囲 $x=-\infty$ から $+\infty$ での $f(x)=\dfrac{1}{(x-x_0)^2}$

  b)　範囲 $x=-\pi$ から π での $g(x)=\sin(kx)$. ただし，k は有限

  c)　範囲 $x=-1$ から 1 での $h(x)=\sin^{-1}(x)$

  d)　範囲 $x=-\infty$ から $+\infty$ での $\psi(x)=Ae^{ikx}$. ただし，A は定数

4.2　ディラックのデルタ関数の「ふるい分け機能」(4.31)を使って，以下の積分を計算しなさい.

  a)　$\displaystyle\int_{-\infty}^{\infty} Ax^2 e^{ikx}\delta(x-x_0)dx$

  b)　$\displaystyle\int_{-\infty}^{\infty} \cos(kx)\delta(k'-k)dk$

  c)　$\displaystyle\int_{-2}^{3} \sqrt{x}\,\delta(x+3)dx$

4.3　ケット $|\psi\rangle$ で記述された状態の位置空間表現と運動量空間表現との間で，フーリエ変換

$$\tilde{\phi}(p) = \langle p|\psi\rangle = \int_{-\infty}^{\infty} \langle p|x\rangle\langle x|\psi\rangle dx$$

とフーリエ逆変換

$$\psi(x) = \langle x|\psi\rangle = \int_{-\infty}^{\infty} \langle x|p\rangle\langle p|\psi\rangle dp$$

が成り立つことを示しなさい.

4.4　位置基底の波動関数 $\psi(x)=\sqrt{\dfrac{2}{a}}\sin\left(\dfrac{2\pi x}{a}\right)$ をもつ粒子の期待値 $\langle x\rangle$ を (4.53)より求めなさい. ただし，粒子は区間 $x=0$ から $x=a$ の間に存在するので，この区間以外では $\psi(x)=0$ である.

第 4 章のクイズの解：1.(c)；2.(b)；3.(a)；4.(a)；5.(c)；6.(d)；7.(b)；8.(a)；9.(b)；10.(a)

4.5 区分的に一定なポテンシャルの2つの領域で，この領域の境界の両側で波動関数((4.10)で与えられる $\psi(x)$)の振幅の比が波数の比に反比例することを示しなさい(境界の両側で $E > V$ とする).

4.6 a)　$A_1 \cos(kx) + B_1 \sin(kx)$ と $A_2 \sin(kx + \phi)$ の式は，$Ae^{ikx} + Be^{-ikx}$ の式と等価であることを示しなさい．そして，これらの式の係数の間の関係を求めなさい．

　 b)　関数 $\dfrac{\sin\left(\dfrac{\Delta k}{2}x\right)}{\dfrac{\Delta k}{2}x}$ の $x = 0$ での値を，ロピタルの定理を使って，求めなさい．

4.7 $\psi(x)$ のフーリエ変換である $\phi(k)$ ((4.14))を，$\phi(k)$ のフーリエ逆変換((4.15))に代入すると，(4.34)のデルタ関数が導けることを示しなさい.

4.8 位置固有関数の運動量空間表示 $\tilde{\phi}_x(p)$ ((4.65))と位置演算子の運動量空間表示 $\hat{X}_p$ ((4.66))を導きなさい.

4.9 位置演算子と運動量演算子の運動量空間表示を使って，交換子 $[\hat{X}, \hat{P}]$ を求めなさい.

4.10 図に示した区分的に一定なポテンシャル $V(x)$ に対して，それぞれの領域でエネルギー E をもつ粒子の波動関数 $\psi(x)$ を描きなさい.

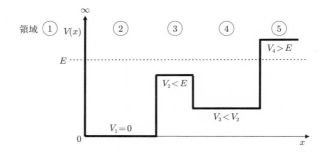

5
ポテンシャル問題を解く

　波動関数とその一般的な振る舞いに関する第4章での結論は，粒子または系の波動関数の空間的・時間的変化を，そのエネルギーに関係付けるシュレーディンガー方程式の形に基づいています．これらの結論は，量子レベルでの物質とエネルギーがどのように振る舞うかについて多くのことを教えてくれます．しかし，位置，運動量，エネルギーのようなオブザーバブルの測定結果について，具体的な予測を得たい場合には，興味のある領域でのポテンシャルエネルギーの正確な形を知る必要があります．この章では，3つの特定のポテンシャルをもつ量子系に対して，これまでの章で説明した概念と数学的表現の適用方法を説明します．3つのポテンシャルとして，無限大の深さの井戸，有限の深さの井戸，そして調和振動子を取り上げます．

　もちろん，これらの各トピックについて，包括的な量子力学のテキストやインターネットで多くの情報を得ることができます．したがって，この章の目的は，同じ話をもう一度くり返すことではありません．代わりに，これらのポテンシャルの例を用いて，関数間の内積をとる方法，演算子の固有関数と固有値を求める方法，位置空間と運動量空間とのフーリエ変換の方法などが，量子力学の問題を解く上でとても重要になる理由を説明します．前の章と同様に，シュレーディンガー方程式の解の数学とそれらの解の物理的な意味との関係に焦点をあてます．私たちは(少なくとも)3次元空間の宇宙に住んでいて，ポテンシャルエネルギー $V(\boldsymbol{r}, t)$ は空間だけでなく時間とともに変化する可能性もあります．しかしながら，量子ポテンシャル井戸の本質的な物理のほとんどは，時間に依存しない1次元のポテンシャルエネルギーの場合を調べるだけで理解できます．したがって，この章のシュレーディンガー方程式は，位置座標 x

とポテンシャルエネルギー $V(x)$ で記述されるとします.

5.1　無限大の深さの井戸型ポテンシャル

　無限大の深さの井戸とは，この井戸の壁[*1]で，量子的な粒子を無限に強い力によって空間の特定領域に閉じ込めるポテンシャル配置(これを**井戸型ポテンシャル**[*2]とよびます)のことです．井戸内では，粒子に力ははたらきません．もちろん，無限大の力は自然界に存在しないので，この配置は物理的には実現不可能です．しかし，この節でわかるように，無限大の深さの壁をもつ井戸型ポテンシャルは，極めて教育的ないくつかの特徴をもっています.

　古典力学では，力 F はポテンシャルエネルギー V と方程式 $F = -\nabla V$ で関係していることを思い出してください．ここで ∇ は，勾配演算子です(3.4節で説明したように，3次元デカルト座標では $\nabla \equiv \hat{i}\frac{\partial}{\partial x} + \hat{j}\frac{\partial}{\partial y} + \hat{k}\frac{\partial}{\partial z}$)．したがって，無限大の深さの井戸(以下では「無限大の井戸」とも呼びます)の壁では，無限大の力は距離によるポテンシャルエネルギーの変化が無限大であることを意味します．一方，井戸内部では，力がゼロであることはポテンシャルエネルギーが一定であることを意味します．ポテンシャルエネルギーの**基準点**はどの位置に選んでもよいので，井戸内部でポテンシャルエネルギーをゼロにとるのが便利です.

　$x=0$ から $x=a$ まで広がった1次元の無限大の井戸の場合，ポテンシャルエネルギーは次のように書けます.

$$V(x) = \begin{cases} \infty, & x<0 \text{ の領域と } x>a \text{ の領域} \\ 0, & 0 \leq x \leq a \text{ の領域} \end{cases} \tag{5.1}$$

　図 5.1 に，この1次元の無限大の井戸[†1]の領域におけるポテンシャルエネ

[*1]　原著では，井戸の「壁」に相当する言葉として edges (両端)，wall (壁)，rigid wall (剛体壁)，boundary (境界)などが使われています．これらには微妙なニュアンスの違いがありますが，物理的にはどれもほぼ同じ意味をもつと考えてよいでしょう.

[*2]　原語の potential well の直訳は「ポテンシャル井戸」ですが，翻訳ではこれを「井戸型ポテンシャル」にしています.

[†1]　この配置は，ときどき無限の「正方形の井戸(square well)」とよばれることもありますが，井戸は無限に深いので，正方形ではありません．おそらく「正方形」という言葉は，井戸の平

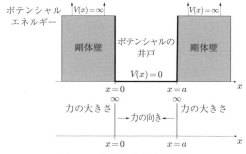

図 5.1　無限大の深さの井戸

ルギーと力を示しています.

　x 軸に沿って左から右へ移動すると,ポテンシャルエネルギーは左の壁($x=0$)において($x<0$ の領域の)無限大からゼロになることに注意してください.これは,$\dfrac{\partial V}{\partial x}$ が $x=0$ で負の無限大に等しいことを意味するので,力(1 次元の場合は $-\dfrac{\partial V}{\partial x}$)は無限大の大きさをもち,$x$ 軸の正の方向を向きます.無限大の井戸内は $\dfrac{\partial V}{\partial x}=0$ ですが,x 軸に沿って移動すると,右の壁($x=a$)でポテンシャルエネルギーはゼロから無限大になります.これは,$x=a$ でポテンシャルエネルギーの変化が正の無限大であることを意味するので,その場所で $-\dfrac{\partial V}{\partial x}$ が負の無限大になります.そのため,右の壁では,力は再び無限大の強さになりますが,負の x 方向を向きます.したがって,井戸内部の粒子は,両方の壁で無限に強い内側を向いた力によって「閉じ込め」られます.

　この非現実的な配置の 2 つの特徴は,壁の外側の無限大のポテンシャルエネルギー,および各壁でのポテンシャルエネルギーの無限大の傾きです.ポテンシャルエネルギーが無限大にジャンプする場所でシュレーディンガー方程式を解くことはできませんが,壁の内側と外側でのシュレーディンガー方程式の波動関数を見つけ,それらを壁の境界でつなげば,意味のある結果を得ることができます.

　無限大の井戸は,最初に扱う例としては良いものです.なぜなら,この井戸

　坦な「底」と垂直な井戸の「壁」,そして各壁の土台が 90° であることに由来しているのでしょう.

が，「時間に依存するシュレーディンガー方程式」と「時間に依存しないシュレーディンガー方程式」の両方を解くテクニックや，位置空間と運動量空間での波動関数の振る舞いを理解するテクニックを教えてくれるからです．さらに，これらのテクニックが，強い静電場に閉じ込められた電子など，大きな（ただし有限な）力によって空間の特定領域に閉じ込められた粒子を含む，より現実的な配置にも適用できるからです．

　無限大の井戸での粒子の振る舞いを決めるために，最初にすべきことは，それらの粒子の可能な波動関数を見つけることです．この文脈で，「可能な」波動関数とは，シュレーディンガー方程式の解であり，無限大の井戸の境界条件を満たし得るものという意味です．ポテンシャルエネルギーの無限大の傾きは，波動関数の傾きがその境界で連続ではないことを意味しますが，井戸の内部（ポテンシャルエネルギーはゼロ）でシュレーディンガー方程式を解き，壁の両側で振幅は連続であるという境界条件を適用することができます．

　3.3 節で説明したように，波動方程式の解 $\Psi(x,t)$ は変数分離を使って求めることができましたが，この場合も使うことができます．したがって，3.3 節と同じように，波動関数 $\Psi(x,t)$ を空間関数 $\psi(x)$ と時間関数 $T(t)$ の積 $\Psi(x,t) = \psi(x)T(t)$ で書くと，次のような「時間に依存しないシュレーディンガー方程式」が導けます．

$$-\frac{\hbar^2}{2m}\frac{d^2[\psi(x)]}{dx^2} + V[\psi(x)] = E[\psi(x)] \qquad (3.40)$$

右辺の E は，変数分離法によって分離された，空間に関する微分方程式と時間に関する微分方程式をつなぐ分離定数です．この方程式の解は，ハミルトニアン（全エネルギー演算子）の固有関数です．そして，これらの固有関数に関係した固有値が，無限大の井戸に閉じ込められた粒子のエネルギー測定における可能な結果を与えます．

　4.3 節の説明を思い出せば，$E > V$ の領域では，この式を

$$\frac{d^2[\psi(x)]}{dx^2} = -\frac{2m}{\hbar^2}(E-V)\psi(x) = -k^2\psi(x) \qquad (4.8)$$

と書くのが便利です．ここで，定数 k は波数を表し，次式で定義されます．

$$k \equiv \sqrt{\frac{2m}{\hbar^2}(E - V)} \tag{4.9}$$

(4.8)の一般解は，指数関数

$$\psi(x) = Ae^{ikx} + Be^{-ikx} \tag{4.10}$$

で，係数 A と B は境界条件から決まる定数です．

　無限大の井戸内部は $V = 0$ で，正値である E は常に V より大きいので，波数 k は

$$k = \sqrt{\frac{2m}{\hbar^2}E} \tag{5.2}$$

となります．そのため，波動関数 $\psi(x)$ はエネルギー E の平方根に比例する波数 k で振動します．

　4.3 節で，$V > E$ の場合も議論していますが，この場合のシュレーディンガー方程式は

$$\frac{d^2[\psi(x)]}{dx^2} = -\frac{2m}{\hbar^2}(E - V)\psi(x) = +\kappa^2\psi(x) \tag{4.11}$$

と書けて，定数 κ は次式で定義されます．

$$\kappa \equiv \sqrt{\frac{2m}{\hbar^2}(V - E)} \tag{4.12}$$

(4.11)の方程式の一般解は

$$\psi(x) = Ce^{\kappa x} + De^{-\kappa x} \tag{4.13}$$

で，係数 C と D は境界条件から決まる定数です．

　無限大の井戸の外側は $V = \infty$ で，定数 κ は無限大になるので，無限大の振幅をもつ波動関数を避けるために，定数 C と D の両方をゼロにする必要があります．その理由を理解するために，x が正の値をとるとき何が起こるかを考えてみましょう．κ は無限大なので，$C = 0$ でない限り，(4.13)の第 1 項は無限大になり，同時に，第 2 項は実質的にゼロになります．同様に，x が負の値の場合，$D = 0$ でない限り，(4.13)の第 2 項は無限大になり，第 1 項は実質的にゼロになります．そして，x の正と負の両方の値で，(4.13)の両方の項がゼ

ロの場合，井戸の外側の全ての場所で，波動関数 $\psi(x)$ はゼロでなければなりません．

　確率密度は波動関数 $\psi(x)$ の絶対値の 2 乗に等しいので，この結論は，無限大の井戸の外側で粒子の位置が測定される確率がゼロであることを意味します．ただし，この結論は，次節で説明する有限の深さの井戸には当てはまらないことに注意してください．

　無限大の井戸内でのシュレーディンガー方程式の解は，(4.10)で与えられています．波動関数 $\psi(x)$ は連続であり，しかも，井戸の外側での振幅はゼロなので，左側の壁$(x=0)$と右側の壁$(x=a)$で共に $\psi(x)=0$ と置くことができます．したがって，左側の壁では，$\psi(0)=0$ より

$$\psi(0) = Ae^{ik(0)} + Be^{-ik(0)} = 0$$
$$A + B = 0$$
$$A = -B \tag{5.3}$$

が得られ，右側の壁では，$\psi(a)=0$ より次の結果を得ます．

$$\psi(a) = Ae^{ika} - Ae^{-ika} = 0$$
$$A\left(e^{ika} - e^{-ika}\right) = 0$$
$$\left(e^{ika} - e^{-ika}\right) = 0 \tag{5.4}$$

ここで，最後の式は $A=0$ となる可能性を避けるために，成り立つ必要があります．なぜなら，$A=0$ では，井戸内部の波動関数がゼロになるからです．

　第 4 章で述べた**オイラーの逆公式**

$$\sin\theta = \frac{e^{i\theta} - e^{-i\theta}}{2i} \tag{4.23}$$

を使うと，(5.4)は

$$\left(e^{ika} - e^{-ika}\right) = 2i\sin(ka) = 0 \tag{5.5}$$

と書けます．この式は，ka がゼロか π の(ゼロではない)整数倍に等しいときにだけ成り立ちます．しかし，a はゼロではないので，$ka=0$ の場合は k がゼ

ロになります．そのため，シュレーディンガー方程式の分離定数 E もゼロに
なるので，波動関数の解はゼロの曲率をもつことになります．無限大の井戸の
壁での境界条件は $\psi(0) = \psi(a) = 0$ なので，ゼロ曲率の波動関数は，井戸の内
側（と外側）の全領域でゼロ振幅になります．つまり，粒子はどこにも存在し得
ないことを意味します．

したがって，$ka = 0$ は正しい選択ではないので，$\sin(ka) = 0$ となる別の選
択をしなければなりません．これは，ka が π の（ゼロではない）整数倍に等し
いことを意味します．いま n を整数とすると，この選択から

$$ka = n\pi$$

あるいは

$$k_n = \frac{n\pi}{a} \tag{5.6}$$

という関係式を得ます．ここで，k の添字 n は k が離散的な値をとることを
示す指標です．

この(5.6)は，重要な結果です．なぜなら，無限大の井戸内のエネルギー固
有関数に関係する波数が，**量子化**されることを意味するからです．つまり，波
数がとり得る値は離散集合になります．言い換えると，境界条件は波動関数が
井戸の両端でゼロ振幅をもたねばならないことを要求しているので，許容され
る波動関数は井戸内部のみで値をもち，井戸内部の幅が半波長の整数倍のもの
だけに限られることになります．

また，波動関数（エネルギー固有関数）に関係した波数は量子化されているの
で，井戸内部で**許容されるエネルギー**（エネルギー固有値）も量子化されるこ
とが，(4.9)からわかります．このような離散的に許容されるエネルギーは，
(5.2)から

$$E_n = \frac{k_n^2 \hbar^2}{2m} = \frac{n^2 \pi^2 \hbar^2}{2ma^2} \tag{5.7}$$

で与えられます．以上のように，波動関数 $\psi(x)$ や確率密度 $\psi^* \psi$，あるいは
$\Psi(x, t)$ の時間発展などの詳細を検討する前でも，古典力学と量子力学との根
本的な違いが明らかになりました．無限大の井戸の両端に境界条件を課すだけ

で，無限大の井戸内部の粒子は特定のエネルギーしかとることができず，最低エネルギー状態でもエネルギーはゼロにならない(この最小値を**ゼロ点エネルギー**といいます)ことがわかります.

よく認識してほしいことは，波数(k_n)が全エネルギー演算子の固有値に関係していること，そして，この波数は，**ド・ブロイの関係式**$(p = \hbar k)$を使って，井戸内の粒子の運動量を決めるのには使えないということです．その理由は，全エネルギー演算子の固有関数が，運動量演算子の固有関数と同じではないからです.

第3章で説明したように，エネルギーの測定を行うと，粒子の波動関数は，全エネルギー演算子のエネルギー固有関数に**収縮**します．そして，続けて運動量の測定を行うと，この粒子の波動関数$\psi(x)$は運動量演算子の固有関数に収縮します．そのため，運動量の測定の結果を，初めの測定で見つけたエネルギーE_nとそれに関係した波数k_nを使って，予測することはできません．そして，この節のあとでわかるように，無限大の井戸内部における粒子の運動量の確率密度は，離散的ではなく連続関数[*3]になります．ただし，nの値が大きくなると，確率密度は$p = \hbar k_n$の値の近くで最大になります.

この予告を念頭において，次式のように，シュレーディンガー方程式の解$\psi(x)$にk_nを代入すると，考察をもっと進めることができます.

$$\psi_n(x) = A(e^{ik_n x} - e^{-ik_n x}) = A' \sin\left(\frac{n\pi x}{a}\right) \tag{5.8}$$

ただし，この計算過程で現れる$2i$は，定数A'に吸収させています[*4]．そして，ψの添字nは波動関数$\psi_n(x)$に関連した波数k_nとエネルギー準位E_nを指定するための量子数を表しています.

一般に，波動関数を扱うときは，その波動関数を規格化するのがよい考えです．規格化しておけば，空間(この場合は無限大の井戸の両端に挟まれた領域)のどこかで粒子を見出す全確率は1であることがわかります．このため，(5.8)の波動関数に対する規格化は

[*3] 具体的な関数の形は(5.17)を参照してください.

[*4] $\psi_n(x) = A\dfrac{e^{ik_n x} - e^{-ik_n x}}{2i} \times 2i = 2iA\sin k_n x = A'\sin k_n x.$

$$1 = \int_{-\infty}^{\infty} [\psi_n(x)]^* [\psi_n(x)] dx = \int_0^a \left[A' \sin\left(\frac{n\pi x}{a}\right) \right]^* \left[A' \sin\left(\frac{n\pi x}{a}\right) \right] dx$$
$$= \int_0^a |A'|^2 \sin^2\left(\frac{n\pi x}{a}\right) dx$$

で与えられます．A' は定数なので積分の外に出せます．積分は，公式

$$\int \sin^2(cx) dx = \frac{x}{2} - \frac{\sin(2cx)}{4c}$$

を使うと

$$1 = |A'|^2 \int_0^a \sin^2\left(\frac{n\pi x}{a}\right) dx = |A'|^2 \left[\frac{x}{2} - \frac{\sin\left(\frac{2n\pi x}{a}\right)}{4\frac{n\pi}{a}} \right]_0^a = |A'|^2 \frac{a}{2}$$

のようになります．これから

$$|A'|^2 = \frac{2}{a}$$

を得るので，A' は次のように決まります．

$$A' = \sqrt{\frac{2}{a}}$$

もし $|A'|^2$ の負の平方根が気になるならば，$-A'$ を $A'e^{i\pi}$ と書けることに注意してください．$e^{i\theta}$ の形の因子は**グローバル（大局的）な位相因子**とよばれます．その理由は，この因子が $\psi(x)$ の振幅ではなく位相のみに影響し，$\psi(x)$ を構成する各成分の波動関数に同等に寄与するからです．グローバルな位相因子は，積 $\psi^*\psi$ をとると消えるので，測定結果の確率に影響を与えることはありません．そのため，$|A'|^2$ の正の平方根だけをとっても，情報が失われることはありません．

$\sqrt{\frac{2}{a}}$ を (5.8) の A' に代入すると，無限大の井戸内部での規格化された波動関数 $\psi_n(x)$ は

$$\psi_n(x) = \sqrt{\frac{2}{a}} \sin\left(\frac{n\pi x}{a}\right) \tag{5.9}$$

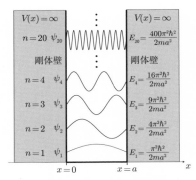

図 5.2　無限大の井戸内の波動関数 $\psi(x)$

となります.

　図 5.2 には,量子数 $n = 1, 2, 3, 4$ と $n = 20$ の波動関数 $\psi_n(x)$ を示していま
す.最低エネルギー準位 $E_1 = \dfrac{\pi^2\hbar^2}{2ma^2}$ をもつ波動関数 $\psi_1(x)$ は,**基底状態**と
よばれ,井戸の幅(a)全域で単一の半サイクルをもっていることに注意してく
ださい.基底状態の波動関数には,井戸の両端にノード(振幅がゼロの位置)
がありますが,井戸内部にはノードはありません.**励起状態**とよばれる,より
高いエネルギーをもつ波動関数の場合,エネルギー準位が上がるたびに,波
動関数に別の半サイクルが追加され,そして井戸内部に別のノードが現れま
す.そのため,$\psi_2(x)$ には井戸内部に 2 個の半サイクルと 1 個のノードがあ
り,$\psi_3(x)$ には井戸内部に 3 個の半サイクルと 2 個のノードがあります.

　また,井戸の中心に対する波動関数の対称性も,注意深く見る必要があり
ます.**偶関数**は,$x = 0$ から左右に等しい距離のところで同じ値をもつため,
$f(x) = f(-x)$ となります.しかし,**奇関数**の場合,$x = 0$ から左右に等しい距
離のところで逆の符号をもつため,$f(x) = -f(-x)$ となります.**図 5.3** でわ
かるように,井戸の中央を $x = 0$ とすると,波動関数 $\psi(x)$ は偶パリティ[*5]と
奇パリティを交互にくり返します.偶パリティでも奇パリティでもない関数が

[*5]　ポテンシャルが $V(x) = V(-x)$ を満たすとき(つまり,$V(x)$ が $x = 0$ に対して対称である
とき),束縛状態の波動関数 $\psi(x)$ は $\psi(x) = \psi(-x)$(偶関数)か $\psi(x) = -\psi(-x)$(奇関数)の
どちらかになります(訳注[*6] を参照).そして,偶(奇)関数の波動関数のことを「パリティが偶
(奇)である」といいます.原著では,これら 2 種類の波動関数を「偶パリティ」,「奇パリティ」
あるいは「偶パリティ解」,「奇パリティ解」とよんで区別しています.

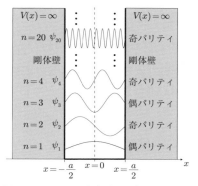

図 5.3 $x=0$ に中央がある無限大の井戸

たくさんあることを思い出してください. そのような場合, $f(x)$ は $f(-x)$ に
も $-f(-x)$ にも等しくありません. しかし, シュレーディンガー方程式の形
から導かれる 1 つの結論は, ポテンシャルエネルギー $V(x)$ がある点に関して
対称であれば, その点に対して波動関数の解は偶パリティか奇パリティを必ず
もつということです[*6]. 無限大の井戸が, この場合にあたります. いくつか
の問題に対しては, 5.2 節の有限の深さの井戸で説明するように, このパリテ
ィが解を求めるときに役立ちます.

さらに, ここで留意してほしいのは, 波動関数 $\psi_n(x)$ を**図 5.2**, **図 5.3** の
ように縦に等間隔に描きましたが, 隣り合う波動関数のエネルギー差は n と
ともに増大するということです. そのため, $\psi_2(x)$ と $\psi_1(x)$ のエネルギー準位
差は

$$E_2 - E_1 = \frac{4\pi^2\hbar^2}{2ma^2} - \frac{\pi^2\hbar^2}{2ma^2} = \frac{3\pi^2\hbar^2}{2ma^2}$$

[*6] シュレーディンガー方程式(3.40)の V を $V(x)$ と置き, x を $-x$ で置き換えて, $V(x) =$
$V(-x)$ を使うと, (3.40)は次のようになります.

$$-\frac{\hbar^2}{2m}\frac{d^2\psi(-x)}{dx^2} + V(x)\psi(-x) = E\psi(-x)$$

波動関数 $\psi(x)$ が固有値 E に属する解であれば, $\psi(-x)$ も同じ固有値に属する解です. そし
て, 離散スペクトルのエネルギー準位は縮退していないので, $\psi(-x) = c\psi(x)$ という式(c は
任意定数)が成り立ち, この式で x を $-x$ と書くと $\psi(x) = c\psi(-x)$ という式になるので, 2 つ
の式から $\psi(-x) = c\psi(x) = c \times c\psi(-x) = c^2\psi(-x)$ を得ます. これは $c^2 = 1$ を意味するので,
$c = \pm1$ より, 波動関数は $\psi(x) = \psi(-x)$ か $\psi(x) = -\psi(-x)$ のどちらかになります.

ですが, $\psi_3(x)$ と $\psi_2(x)$ の間のエネルギー準位差は

$$E_3 - E_2 = \frac{9\pi^2\hbar^2}{2ma^2} - \frac{4\pi^2\hbar^2}{2ma^2} = \frac{5\pi^2\hbar^2}{2ma^2}$$

のように, もっと大きくなります. 一般に, 隣接するエネルギー準位 E_n と E_{n+1} の間隔は次式で与えられます.

$$E_{n+1} - E_n = (2n+1)\frac{\pi^2\hbar^2}{2ma^2} \tag{5.10}$$

　ここで, 一歩下がって, シュレーディンガー方程式と無限大の井戸での境界条件が, 井戸内部の波動関数の振る舞いをどのように決めているのかを考察するのは価値があります. (4.8)の左辺の $\psi(x)$ の2階空間微分は波動関数の曲率を表し, 分離定数 E は粒子の全エネルギーを表すので, エネルギーが高いほど, 曲率の絶対値が大きくなることがわかります. したがって, 正弦的に変化する関数の場合, 曲率の絶対値が大きいほど, 特定の距離内でのサイクル数が多くなることになります(波数 k の値が大きいほど, 波長 λ が短くなります).

　ここで, 波動関数の振幅が($V = \infty$ の)ポテンシャル井戸の両端でゼロでなければならないという要請を検討してみましょう. この要請は, 井戸の幅が半波長の整数倍でなければならないことを意味します.

　これらの条件を考慮すると, **図5.4** のように, 井戸の両端で波動関数の振幅をゼロにする曲率を生じさせ得る値だけを, 波数とエネルギーはとることが理解できます.

　もし, あなたがこのような無限大の井戸の波動関数の形に見覚えがあれば, おそらく, 両端を固定した均一な弦の振動において, **固有振動(ノーマルモード)** である定在波を見たことがあるからでしょう. このような定在波の場合, 最低(基本)周波数での波動関数の形は半波長の正弦波で, 中央に1個の腹(最大変位の場所)があり, 弦の両端の固定端以外にはノードはありません. そして, 無限大の井戸の粒子の場合のように, 両端が固定された弦上での定在波の波数と許容エネルギーは量子化され, 周波数モードが1つ高くなるごとに弦上に半サイクルが追加されます.

　しかし, このアナロジーは完璧ではありません. なぜなら, シュレーディン

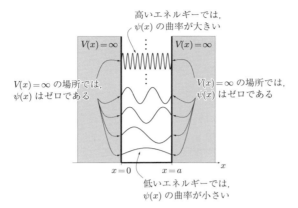

図 5.4 無限大の井戸内の波動関数 $\psi(x)$ の特徴

ガー方程式は拡散方程式の形（1 階の時間微分と 2 階の空間微分）をとり，古典的な波動方程式（2 階の時間微分と 2 階の空間微分）とは異なるからです．均一な弦上の波の場合，角振動数 ω は波数 k に正比例します．しかし，量子力学の場合，(5.7)からわかるように，$E = \hbar\omega$ は k^2 に比例します．**分散関係**のこの違いは，波動関数の時間的振る舞いが，均一な弦上の力学的な定在波の振る舞いと異なることを意味します．

　無限大の井戸内の粒子の $\Psi(x, t)$ の時間発展に関しては，この節のあとの方で説明します．しかし，波動関数 $\psi(x)$ が，エネルギー（E）や位置（x）や運動量（p）のようなオブザーバブルの測定の可能な結果について，何を教えてくれるのかを最初に考えておくべきです．

　3.3 節で述べたように，シュレーディンガー方程式はハミルトニアン（全エネルギー）演算子の固有値方程式です．これは，(5.9)の波動関数 $\psi_n(x)$ が位置空間表示でのエネルギー固有関数であり，(5.7)のエネルギー値がこの固有関数の固有値であることを意味します．

　エネルギー演算子の固有関数と固有値がわかると，無限大の井戸内の粒子のエネルギー測定の可能な結果を決めることは簡単です．粒子の状態がハミルトニアンの固有関数（(5.9)の $\psi_n(x)$）の 1 つに対応する場合，エネルギー測定により，その固有関数の固有値（(5.7)の E_n）が確実に得られます．

　では，粒子の状態 ψ がエネルギー固有関数 $\psi_n(x)$ の 1 つに対応していない

場合はどうなるでしょうか？　そのような場合は，全エネルギー演算子の固有関数が完全系を構成するので，これらの固有関数を基底関数として，任意の関数が次式のように合成できることを思い出してください.

$$\psi = \sum_{n=1}^{\infty} c_n \psi_n(x) \tag{5.11}$$

ここで，c_n は ψ に含まれる各固有関数 $\psi_n(x)$ の量を表しています.

この(5.11)は，1.6 節のディラック記号で表した式

$$|\psi\rangle = c_1|\psi_1\rangle + c_2|\psi_2\rangle + \cdots + c_N|\psi_N\rangle = \sum_{n=1}^{N} c_n|\psi_n\rangle \tag{1.35}$$

と本質的に同じもので，この式では量子状態のケット $|\psi\rangle$ が固有関数のケット $|\psi_n\rangle$ を使って展開されています.

各 c_n は，それらの対応する固有関数 $|\psi_n\rangle$ 上に状態 $|\psi\rangle$ を射影する内積を使って，次のように求められることを第 4 章で説明しました.

$$c_n = \langle \psi_n | \psi \rangle \tag{4.1}$$

したがって，無限大の井戸内の状態 ψ での粒子の場合，その状態の各固有関数 $\psi_n(x)$ の「量」は，内積

$$c_n = \int_0^a [\psi_n(x)]^* [\psi(x)] dx \tag{5.12}$$

から求めることができます.

c_n の値がわかれば，その固有関数に対応する c_n の絶対値の 2 乗をとることで，各測定結果の確率（つまり，エネルギー固有関数の 1 つに関係付けられている各固有値の生成される確率）が決定できます.　同一状態の系を多数集めて構成されているアンサンブルに対して，エネルギーの期待値は

$$\langle E \rangle = \sum_n |c_n|^2 E_n \tag{5.13}$$

から求めることができます.　このような期待値の計算に興味があれば，演習問題（問題 5.4）とその解答を見てください.

位置測定の可能な結果を決めるために，まず位置の確率密度 $P_{den}(x)$ を(5.9)の波動関数 $\psi_n(x)$ とその複素共役の積から次のように求めましょう.

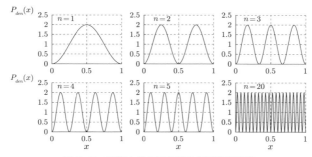

図 5.5　無限大の井戸内での位置確率密度

$$P_{den}(x) = [\psi_n(x)]^*[\psi_n(x)]$$

$$= \left[\sqrt{\frac{2}{a}}\sin\left(\frac{n\pi x}{a}\right)\right]^* \left[\sqrt{\frac{2}{a}}\sin\left(\frac{n\pi x}{a}\right)\right] = \frac{2}{a}\sin^2\left(\frac{n\pi x}{a}\right)$$

$$(5.14)$$

図 5.5 に，$n=1,2,3,4,5$ と $n=20$ での位置の確率密度を，x の関数として示しています．これらの図は興味深い内容を語ってくれます．

この図のすべての横軸は，井戸の幅 a で規格化した距離を，左端を原点にして描いているので，井戸の中央は各図で $x=0.5$ になります．この図のすべての縦軸は，単位長さ当たりの確率を表しています．ここで，長さの1単位は壁の幅で定義されています．ご覧の通り，確率密度 $P_{den}(x)$ は x の連続関数で，量子化されていないため，位置を測定するとポテンシャル井戸内部の任意の場所で値が見つかります（ただし，各励起状態（$n>1$）では，井戸内部に確率ゼロの場所が1か所以上存在します）．基底状態の粒子の場合，確率密度はポテンシャル井戸の中央で最大になり，剛体壁面でゼロになります．しかし，励起状態の場合，井戸全体に確率密度の高い場所と低い場所が交互に存在します．したがって，1番目の励起状態（$n=2$）で粒子の位置を測定すると，$x=0.5a$ の値を得ることはなく，2番目の励起状態（$n=3$）で粒子の位置を測定すると，$x=\dfrac{a}{3}$ あるいは $x=\dfrac{2a}{3}$ の値を得ることはありません．

ポテンシャル井戸全体の位置確率密度を積分すると，粒子の状態に拘わらず，全確率は必ず1になります．これは，粒子が井戸のどこかに必ず存在す

ることが保証されているためです．したがって，**図 5.5** の各曲線の下の面積
は 1 になります．しかし，井戸内の特定領域で粒子の位置が測定できる確率
を知りたければ，その特定領域内部で確率密度を積分しなければなりません．
例えば，位置 x_0 を中心に幅 Δx の領域で粒子が測定される確率は

$$\int_{x_0-\Delta x/2}^{x_0+\Delta x/2} [\psi_n(x)]^* [\psi_n(x)] dx = \int_{x_0-\Delta x/2}^{x_0+\Delta x/2} \frac{2}{a} \sin^2 \left(\frac{n\pi x}{a} \right) dx \qquad (5.15)$$

のように計算します．この計算の具体例は，演習問題（問題 5.5）とその解答に
あります．

　無限大の井戸内の量子的な粒子のエネルギーと，位置測定に関する前述の内
容の重要性を正しく理解するために，無限大の内向きの力によって，力がはた
らいていない領域に閉じ込められている古典的な粒子の振る舞いについて考え
てみましょう．この古典的な粒子は，全エネルギーがゼロで静止しているかも
しれないし，剛体壁の間を一定のエネルギー（したがって，一定の速さ）をも
って左右に運動しているかもしれません．位置の測定を行えば，古典的な粒子は
井戸の内部のどの位置でも同等に見つかる可能性があります．

　しかし，無限大の井戸内での量子的な粒子の場合，エネルギーを測定する
と，特定の許容値，具体的には，（5.7）で与えられる値 E_n だけが求まり，し
かも，いずれの値もゼロではありません．また，位置測定の結果は粒子の状態
によって異なりますが，井戸全体で確率が均一になることはありません．最も
驚くべきことは，励起状態の粒子の場合，位置測定で観測される確率がゼロに
なる場所が 1 か所以上あるということです．

　したがって，無限大の井戸内の量子的な粒子を，完全反射する壁の間で運動
している古典的な物体を非常に小さくした粒子と考えてはいけないことは明ら
かです．しかし，別のオブザーバブルの測定の可能な結果を検討することで，
粒子の振る舞いについてもっと考察を深めることができます．そのオブザーバ
ブルとは運動量のことです．

　無限大の井戸内の粒子に対して，運動量測定の可能な結果を決定するには，
運動量空間での確率密度を知る必要があります．これは，粒子の運動量空間の
波動関数 $\tilde{\phi}(p)$ を使って求めることができます．4.5 節で説明したように，（4.38）
の運動量基底の波動関数 $\tilde{\phi}(p)$ は次式のように（5.9）の $\psi_n(x)$ のフーリエ変換

$$\tilde{\phi}(p) = \frac{1}{\sqrt{2\pi\hbar}} \int_{-\infty}^{\infty} \psi_n(x) e^{-i\frac{p}{\hbar}x} dx$$

$$= \frac{1}{\sqrt{2\pi\hbar}} \int_0^a \sqrt{\frac{2}{a}} \sin\left(\frac{n\pi x}{a}\right) e^{-i\frac{p}{\hbar}x} dx$$

$$= \frac{1}{\sqrt{\pi a\hbar}} \int_0^a \sin\left(\frac{n\pi x}{a}\right) e^{-i\frac{p}{\hbar}x} dx$$

から求めることができます．この積分は，オイラーの公式を用いて指数関数をサインとコサインに変換しても，あるいは，オイラーの公式を逆に使ってサインを2つの指数関数に変換しても計算できますが，いずれも積分の結果は

$$\tilde{\phi}(p) = \frac{\sqrt{\hbar}}{2\sqrt{\pi a}} \left[\frac{2p_n}{p_n^2 - p^2} - \frac{e^{-i\frac{p_n+p}{\hbar}a}}{p_n+p} - \frac{e^{i\frac{p_n-p}{\hbar}a}}{p_n-p} \right] \tag{5.16}$$

となります．ここで，$p_n = \hbar k_n$ です．

確率密度 $P_{den}(p)$ は，$\tilde{\phi}(p)$ に $[\tilde{\phi}(p)]^*$ を掛けることで

$$P_{den}(p) = \frac{\hbar}{\pi a} \frac{2p_n^2}{(p_n^2 - p^2)^2} \left[1 - (-1)^n \cos\left(\frac{pa}{\hbar}\right) \right] \tag{5.17}$$

と求まります[†2]．この形のままでは，運動量の確率密度の振る舞いはわかりにくいので，基底状態($n=1$)と励起状態 $n=2,3,4,5$ と $n=20$ での $P_{den}(p)$ のプロットを図5.6に示します．この図の横軸は，規格化された運動量(つまり，$\frac{\hbar\pi}{a}$ で割った運動量)を表し，縦軸は運動量の確率密度(つまり，$\frac{\hbar\pi}{a}$ で運動量の1単位を定義[†3]した単位運動量当たりの確率)を表しています．

$n=1$ のプロットで示されているように，無限大の井戸の基底状態での量子的な粒子の運動量を測定した結果として最も可能性が高いのは，$p=0$ です．しかし，測定結果が $p=0$ に対してわずかに負または正の値になる可能性はゼロではありません．これは，驚くべきことではありません．なぜなら，粒子の位置はポテンシャル井戸の幅 a に制限されており，そして，ハイゼンベルクの不確定性原理は $\Delta x \Delta p$ が $\frac{\hbar}{2}$ 以上でなければならないことを語っているからです．Δx を壁の幅 a の18%にとり(この値にとった理由は演習問

[†2] $\tilde{\phi}(p)$ や $P_{den}(p)$ の導出がわからなければ，演習問題5.6とその解答を見てください．
[†3] 規格化定数をこのように選択した理由は，大きな量子数で p の最も得られそうな値を考えるときに明らかになります．

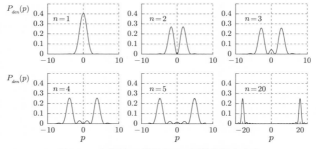

図5.6 無限大の井戸内での運動量確率密度

題(問題5.3)とその解答でわかります),運動量の確率密度関数の幅を1単位 ($\Delta p = \dfrac{\hbar\pi}{a}$)と定義すると,積 $\Delta x \Delta p = 0.57\hbar$ となるので,ハイゼンベルクの不確定性原理の要請 $\Delta x \Delta p \geq \dfrac{\hbar}{2}$ は満たされています.

　励起状態($n>1$)の場合は,運動量の確率密度には2つのピークがあり,1つは正の運動量をもち,もう1つは負の運動量をもちます.これらは反対方向に伝播する波に対応し,量子数 n が大きいほど,確率密度の最大値は $\pm\hbar k_n$ に近づきます.ここで,k_n はエネルギー固有値 E_n に関係する量子化された波数です.これが,運動量の規格化係数として $\dfrac{\hbar\pi}{a}$ を使う理由です.つまり,最低エネルギー状態(基底状態)の場合,エネルギー固有関数はポテンシャル井戸の幅全体で半サイクルをもっているので,波長は $\lambda_1 = 2a$ で,そのエネルギーに関係する波数 k_1 の値は $k_1 = \dfrac{2\pi}{\lambda_1} = \dfrac{2\pi}{2a} = \dfrac{\pi}{a}$ です.この波数に関係する運動量を見つけるために,ド・ブロイの関係 $p = \hbar k$ を使えば,$\dfrac{\hbar\pi}{a}$ が得られます.これは便利な量です.なぜなら,n が大きな値のときに観測される運動量は,$p = \dfrac{n\hbar\pi}{a}$ の周りに集まっているからです.しかし,**図5.6** でわかるように,このことは,$p_1 = \dfrac{(1)\hbar\pi}{a}$ が無限大の井戸の基底状態にある粒子の運動量測定の可能な結果に対する適切な推定値であることを意味するわけではありません[4].

---

[4]　実際,基底状態の確率密度関数が2つの成分関数から構成され,その1つは $+\hbar k_1 = +\dfrac{\hbar\pi}{a}$ にピークをもち,もう1つは $-\hbar k_1 = -\dfrac{\hbar\pi}{a}$ にピークをもちます.しかし,これら2つの関数の幅は,十分に重なり合うので,その結果,この確率密度関数は $p=0$ にピークをもちます.

　前の議論が示すように，無限大の井戸内の量子的な粒子の振る舞いの特徴の多くは，シュレーディンガー方程式を解いて，適切な境界条件を適用すれば理解できます．しかし，粒子の波動関数の時間的発展を決めるには，時間依存するシュレーディンガー方程式の解を考える必要があります．それには，変数分離した時間部分 $T_n(t) = e^{-i\frac{E_n}{\hbar}t}$ を含めた波動関数

$$\Psi_n(x,t) = \psi_n(x)T_n(t) = \sqrt{\frac{2}{a}}\sin\left(\frac{n\pi x}{a}\right)e^{-i\frac{E_n}{\hbar}t} \qquad (5.18)$$

を扱わなければなりません．

　3.3 節で説明したように，「時間依存するシュレーディンガー方程式」の分離可能な解は，期待値や確率密度関数などの量が時間的に変化しないことから**定常状態**とよばれます．この定常状態は，確かに，無限大の井戸のハミルトニアンに対する(5.18)の固有関数 $\Psi_n(x,t)$ にも保持されています．なぜなら，任意の n の値に対して，$\Psi_n(x,t)$ にその複素共役を掛けると，指数関数項 $e^{-i\frac{E_n}{\hbar}t}$ が消えるからです．つまり，無限大の井戸で，任意なエネルギー固有状態にある粒子に対して，**図5.5**の位置確率密度と**図5.6**の運動量確率密度は時間的に変化しません．

　しかし，無限大の井戸内の粒子がエネルギー固有状態ではない場合，状況は一変します．例えば，次のような第1，第2エネルギー固有関数の重ね合わせである波動関数をもつ状態の粒子を考えてみましょう．

$$\Psi(x,t) = A\Psi_1(x,t) + B\Psi_2(x,t)$$

$$= A\sqrt{\frac{2}{a}}\sin\left(\frac{\pi x}{a}\right)e^{-i\frac{E_1}{\hbar}t} + B\sqrt{\frac{2}{a}}\sin\left(\frac{2\pi x}{a}\right)e^{-i\frac{E_2}{\hbar}t}$$

$$(5.19)$$

ここで，定数 A と B は，固有関数 $\Psi_1(x,t)$ と $\Psi_2(x,t)$ の相対量を決めます．注意してほしいことは，(5.18)の先頭の係数 $\sqrt{\frac{2}{a}}$ は，それぞれの固有関数 $\Psi_n(x,t)$ を規格化するときに決めたものなので，2つ以上の固有関数が組み合わされている場合には，正しい規格化係数ではないということです．そのため，係数 A と B は，構成成分の固有関数の相対量を決めるだけでなく，合成

の波動関数 $\Psi(x,t)$ に対する正しい規格化も与えます.

　具体的に，無限大の井戸の固有関数 $\Psi_1(x,t)$ と $\Psi_2(x,t)$ を同じ量だけ重ね合わせた波動関数を合成するには，係数 A と B を等しくしなければなりません. その場合の規格化のプロセスは，次のようになります.

$$1 = \int_{-\infty}^{+\infty} \Psi^* \Psi dx = \int_{-\infty}^{+\infty} [A\Psi_1 + A\Psi_2]^* [A\Psi_1 + A\Psi_2] dx$$

$$= |A|^2 \int_{-\infty}^{+\infty} [\Psi_1^* \Psi_1 + \Psi_1^* \Psi_2 + \Psi_2^* \Psi_1 + \Psi_2^* \Psi_2] dx$$

この式に，(5.19)の $\Psi_1(x,t)$ と $\Psi_2(x,t)$ を代入すると，次のようになります.

$$
\begin{aligned}
1 = |A|^2 \Bigg\{ &\int_0^a \left[\sqrt{\frac{2}{a}} \sin\left(\frac{\pi x}{a}\right) e^{-i\frac{E_1}{\hbar}t} \right]^* \left[\sqrt{\frac{2}{a}} \sin\left(\frac{\pi x}{a}\right) e^{-i\frac{E_1}{\hbar}t} \right] dx \\
&+ \int_0^a \left[\sqrt{\frac{2}{a}} \sin\left(\frac{\pi x}{a}\right) e^{-i\frac{E_1}{\hbar}t} \right]^* \left[\sqrt{\frac{2}{a}} \sin\left(\frac{2\pi x}{a}\right) e^{-i\frac{E_2}{\hbar}t} \right] dx \\
&+ \int_0^a \left[\sqrt{\frac{2}{a}} \sin\left(\frac{2\pi x}{a}\right) e^{-i\frac{E_2}{\hbar}t} \right]^* \left[\sqrt{\frac{2}{a}} \sin\left(\frac{\pi x}{a}\right) e^{-i\frac{E_1}{\hbar}t} \right] dx \\
&+ \int_0^a \left[\sqrt{\frac{2}{a}} \sin\left(\frac{2\pi x}{a}\right) e^{-i\frac{E_2}{\hbar}t} \right]^* \left[\sqrt{\frac{2}{a}} \sin\left(\frac{2\pi x}{a}\right) e^{-i\frac{E_2}{\hbar}t} \right] dx \Bigg\}
\end{aligned}
$$

ここで，積分範囲が 0 から a までなのは，波動関数の振幅がこの範囲外でゼロだからです. 被積分関数の掛け算を実行すると，次のようになります.

$$
\begin{aligned}
1 = |A|^2 \left(\frac{2}{a}\right) \Bigg\{ &\int_0^a \left[\sin^2\left(\frac{\pi x}{a}\right) \right] dx \\
&+ \int_0^a \left[\sin\left(\frac{\pi x}{a}\right) \right] \left[\sin\left(\frac{2\pi x}{a}\right) \right] e^{-i\frac{E_2-E_1}{\hbar}t} dx \\
&+ \int_0^a \left[\sin\left(\frac{2\pi x}{a}\right) \right] \left[\sin\left(\frac{\pi x}{a}\right) \right] e^{+i\frac{E_2-E_1}{\hbar}t} dx \\
&+ \int_0^a \left[\sin^2\left(\frac{2\pi x}{a}\right) \right] dx \Bigg\}
\end{aligned}
$$

　それぞれの固有関数に対して，前に示した規格化プロセスと同様の計算をすると，これらの積分の中の1番目と4番目の項はそれぞれ $\frac{a}{2}$ の値になるの

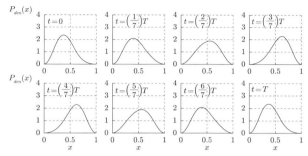

図 5.7 $(0.96)\Psi_1(x, t)$ と $(0.28)\Psi_2(x, t)$ の混合に対する，無限大の井戸内での位置確率密度の時間発展

で，この 2 項の和は a です．積分の中の交差項（2 番目と 3 番目の積分）に対しては，エネルギー固有関数の直交性より，それぞれの積分はゼロになります．したがって，固有関数 $\Psi_1(x, t)$ と $\Psi_2(x, t)$ が同じ量である場合の係数は，$1 = |A|^2 \left(\dfrac{2}{a} \right) (a)$ より，$A = \dfrac{1}{\sqrt{2}}$ となります．

任意の 2 つの係数 A と B に対する同様な分析から，$|A|^2 + |B|^2 = 1$ である限り，合成された波動関数は正しく規格化されることがわかります．そのため，$\Psi_1(x, t)$ の混合量 A が 0.96 であれば，$\Psi_2(x, t)$ の量 B は 0.28 でなければなりません（なぜなら $0.96^2 + 0.28^2 = 1$）．

このような $\Psi_1(x, t)$ と $\Psi_2(x, t)$ の偏った組み合わせを考える理由の 1 つは，少量の異なる固有関数を混ぜるだけで，合成の波動関数の振る舞いに大きな効果を与える可能性があることを示すためです．その効果は，次式の合成の波動関数に対する位置確率密度の時間発展を示す**図 5.7** で確認できます．

$$\Psi(x, t) = (0.96)\sqrt{\frac{2}{a}} \sin \left(\frac{\pi x}{a} \right) e^{-i \frac{E_1}{\hbar} t} + (0.28)\sqrt{\frac{2}{a}} \sin \left(\frac{2\pi x}{a} \right) e^{-i \frac{E_2}{\hbar} t}$$

$$(5.20)$$

ご覧の通り，位置確率密度はもはや定常ではありません．エネルギー固有関数の混合により，確率密度の最大となる位置が無限大の井戸内部で振動します．$\Psi_1(x, t)$ が大量に混合されている場合，確率密度関数の形は，単一のピー

クをもつ $\Psi_1(x,t)$ の確率密度の形に似ています．しかし，2 つのピークの確率密度をもつ $\Psi_2(x,t)$ が少量でも存在すると，2 つの固有関数が互いに同位相と逆位相で振動して，合成された波動関数の確率密度のピークが往復運動します．

では，なぜこのようなことが起こるのでしょうか？　その理由は，$\Psi_1(x,t)$ と $\Psi_2(x,t)$ のエネルギーは異なり，そして，第 3 章で説明したように，エネルギーはプランク–アインシュタインの関係 $E = hf = \hbar\omega$ (3.1)で角振動数に関係しているからです．そのため，異なるエネルギーは異なる振動数を意味し，そして，異なる振動数は $\Psi_1(x,t)$ と $\Psi_2(x,t)$ の相対的な位相が時間の経過とともに変化することを意味します．その位相の変化により，これら 2 つの波動関数の様々な部分が加算されたり減算されたりして，合成された波動関数とその確率密度関数の形が変化するのです．

この位相変化を数学的に理解するのは，難しくありません．先ほど計算した積 $[\Psi(x,t)]^*[\Psi(x,t)]$ は，2 つの波動関数の量が等しい(つまり，$A = B$ である)場合の被積分関数です．一般的には，A と B は異なる値をもつ可能性があるので，積 $[\Psi(x,t)]^*[\Psi(x,t)]$ は次式のようになります．

$$
\begin{aligned}
P_{den}(x,t) =& |A|^2 \left(\frac{2}{a}\right)\left[\sin^2\left(\frac{\pi x}{a}\right)\right] + |B|^2 \left(\frac{2}{a}\right)\left[\sin^2\left(\frac{2\pi x}{a}\right)\right] \\
&+ |A||B|\left(\frac{2}{a}\right)\left[\sin\left(\frac{\pi x}{a}\right)\right]\left[\sin\left(\frac{2\pi x}{a}\right)\right]e^{-i\frac{E_2-E_1}{\hbar}t} \\
&+ |A||B|\left(\frac{2}{a}\right)\left[\sin\left(\frac{2\pi x}{a}\right)\right]\left[\sin\left(\frac{\pi x}{a}\right)\right]e^{+i\frac{E_2-E_1}{\hbar}t}
\end{aligned}
$$

$\Psi_1(x,t)$ だけを含む第 1 項と $\Psi_2(x,t)$ だけを含む第 2 項は，いずれの場合も指数関数項 $e^{-i\frac{E_n}{\hbar}t}$ が互いに打ち消しあうので，時間依存性はありません．ところが，固有関数 $\Psi_1(x,t)$ と $\Psi_2(x,t)$ のエネルギーが異なるために，2 つの交差項 $[\Psi_1]^*[\Psi_2]$ と $[\Psi_2]^*[\Psi_1]$ には時間依存性が現れます．

これら 2 つの交差項を次のように書き換えると，その時間依存の効果を見ることができます．

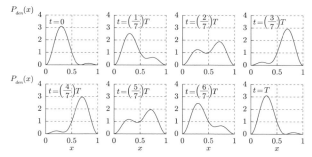

図 5.8 $\Psi_1(x,t)$ と $\Psi_2(x,t)$ の等量混合に対する，無限大の井戸内での位置確率密度の時間発展

$$|A||B|\left(\frac{2}{a}\right)\left[\sin\left(\frac{\pi x}{a}\right)\right]\left[\sin\left(\frac{2\pi x}{a}\right)\right]e^{-i\frac{E_2-E_1}{\hbar}t}$$

$$+|A||B|\left(\frac{2}{a}\right)\left[\sin\left(\frac{2\pi x}{a}\right)\right]\left[\sin\left(\frac{\pi x}{a}\right)\right]e^{+i\frac{E_2-E_1}{\hbar}t}$$

$$=|A||B|\left(\frac{2}{a}\right)\left[\sin\left(\frac{\pi x}{a}\right)\right]\left[\sin\left(\frac{2\pi x}{a}\right)\right]\left[e^{-i\frac{E_2-E_1}{\hbar}t}+e^{+i\frac{E_2-E_1}{\hbar}t}\right]$$

$$=2|A||B|\left(\frac{2}{a}\right)\left[\sin\left(\frac{\pi x}{a}\right)\right]\left[\sin\left(\frac{2\pi x}{a}\right)\right]\cos\left[\frac{(E_2-E_1)t}{\hbar}\right]$$

$P_{den}(x,t)$ の時間変動はコサイン項から生じます．そして，この項は合成された波動関数 $\Psi(x,t)$ を作っている 2 つのエネルギー固有関数のエネルギー準位間の差に依存します．エネルギー差が大きくなるほど，このコサイン項の振動は速くなります．それは，合成された波動関数の角振動数を

$$\omega_{21}=\omega_2-\omega_1=\frac{E_2-E_1}{\hbar} \tag{5.21}$$

と書くか，または無限大の井戸のエネルギー準位(5.7)を使って

$$\omega_{21}=\frac{E_2-E_1}{\hbar}=\frac{2^2\pi^2\hbar^2}{2ma^2\hbar}-\frac{1^2\pi^2\hbar^2}{2ma^2\hbar}=\frac{3\pi^2\hbar}{2ma^2} \tag{5.22}$$

と書けばわかります．

ご想像の通り，$\Psi_2(x,t)$ を大量に加えると，**図 5.8** に示すように，合成された確率密度関数の形がもっと顕著に変わります．この場合の $\Psi_2(x,t)$ の量は，$\Psi_1(x,t)$ と同じ量にしています．

　$\Psi_2(x,t)$ の割合が大きいと，時刻 $t=0$ での位置確率密度のピークをさらに左側に（図 5.2 に示した ψ_2 の正の大きな振幅の位置に向かって）シフトさせることに注意してください．$\Psi_2(x,t)$ の角振動数が高くなると，時間の経過とともに，その位相は $\Psi_1(x,t)$ の位相よりも速く変化し，確率密度のピークを右にシフトさせます．合成された波動関数の半サイクル（周期 T は $\dfrac{2\pi}{\omega_{21}}$）の後，確率密度のピークは井戸の右半分に移動します．合成された波動関数の 1 サイクルが完了すると，確率密度のピークは再び井戸の左側に戻ります．

　この分析は，無限大の井戸において，重み付けされた固有関数から構成された状態に対して，確率密度関数が時間とともに変化することを示しています．その変化量は構成成分の状態の量の相対比に依存し，そして，変化の速さはそのような状態のエネルギーで決まります．

　この節で述べた概念とテクニックの多くは，より現実的なエネルギー配置をもったポテンシャル井戸に適用できます．そのような配置の 1 つが有限の深さの井戸で，これを次節で説明します．

5.2　有限の深さの井戸型ポテンシャル

　有限の深さの井戸は，無限大の深さの井戸のように，区分的に一定のポテンシャルエネルギーをもつ構造ですが，この場合のポテンシャルエネルギーは，井戸の外側で（無限大ではなく）有限な一定値をもっています．図 5.9 に，有限の深さの井戸（以下では「有限の井戸」とも呼びます）の例を示しています．ご覧の通り，井戸の底のポテンシャルエネルギーをゼロ，井戸の外側のポテンシャルエネルギー $V(x)$ を一定値 V_0 にとっています[5]．

　もう 1 つ注意してほしいことは，この有限の井戸の幅は a ですが，井戸の中央は $x=0$，井戸の左端は $x=-\dfrac{a}{2}$，右端は $x=\dfrac{a}{2}$ の場所にあることです．$x=0$ に選ぶ場所は，有限の井戸の物理や波動関数の形に何も影響を与えませんが，少しあとでわかるように，$x=0$ を中央にとると，波動関数のパリティ

---

[5]　量子力学のテキストの中には，ゼロポテンシャルエネルギーのゼロ値を井戸の外側にとるものもあります．この場合，井戸の底のポテンシャルエネルギーは $-V_0$ になります．古典物理学と同じように，物理的に意味があるのはポテンシャルエネルギーの「差」だけなので，基準のゼロをどちらの位置に選んでも結果は変わりません．

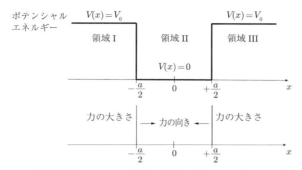

図 5.9　位置の関数としての，有限の井戸のポテンシャルエネルギーと力

の考察がより明瞭になります．

　有限の井戸の内側と外側とのシュレーディンガー方程式の解は，前節で説明した無限大の井戸の解といくつかの類似点をもっていますが，重要な違いもあります．類似点には，井戸の内側での波動関数 $\psi(x)$ の振動的な振る舞いと，波動関数の値が井戸の境界（つまり $x = -\dfrac{a}{2}$ と $x = \dfrac{a}{2}$）それぞれの両側で連続であるという要求が含まれます．しかし，有限の井戸の外側でポテンシャルエネルギーは無限大ではないので，波動関数は井戸の外側で振幅がゼロになる必要はありません．これは，波動関数の傾き $\dfrac{\partial \psi(x)}{\partial x}$ が境界を貫くときも連続であることを意味します．これらの境界条件から，許容されるエネルギー準位と波動関数を導く方程式を求めることができます．

　有限の井戸と無限大の井戸の間のもう 1 つの重要な違いは，次のようなことです．有限の井戸の場合，井戸の深さと粒子のエネルギーに依存して，粒子は束縛された状態になったり，あるいは自由な状態になったりします．具体的にいえば，**図 5.9** のように定義されたポテンシャルエネルギーに対して，$E < V_0$ の場合，粒子は束縛され，$E > V_0$ の場合は自由になります．この節では，エネルギーは $0 < E < V_0$ にとるので，波動関数とエネルギー準位は束縛粒子に対するものになります．

　うれしいことに，第 4 章の内容を理解していれば，有限の井戸の最も重要な特徴を既に知っていることになります．つまり，波動関数の解は井戸内で振動しますが，井戸の両端ではゼロになりません．代わりに，それらの解は**エバ**

ネッセント領域とよばれる特別な領域*7で指数関数的に減衰します.

　そして，無限大の井戸の場合と同じように，有限の井戸に束縛された粒子の波数とエネルギーは量子化されます（つまり，それらは特定の離散的な「許容」値だけをとります）．しかし，有限の井戸の場合，許容されるエネルギー準位の数は無限ではなく，井戸の幅と**深さ**（つまり，井戸の内側と外側でのポテンシャルエネルギーの差）に依存します.

　この節では，有限の井戸でエネルギー準位が離散的になる理由の説明と，有限の井戸の境界条件から導かれる超越方程式*8の変数の意味の解説を行います.

　すでに 4.3 節を読んでいれば，区分的に一定のポテンシャル領域での波動関数の振る舞いの基礎は学んでいることになります．そこでの話は，粒子の全エネルギー E が，その領域のポテンシャルエネルギー V よりも大きい場合と小さい場合に分かれていました．その節で説明した曲率の分析から，古典的に許容される領域（$E > V$）での波動関数は振動的な振る舞いを示し，古典的に禁止される領域（$E < V$）での波動関数は指数関数的に減衰する振る舞いを示すことを学びました．これらの概念を，井戸の内側ではポテンシャルエネルギー $V = 0$ をもち，井戸の外側では $V = V_0$ をもつ有限の井戸内の粒子に適用すると，井戸の内側でエネルギー $E > 0$ をもつ粒子の波動関数は正弦的に振動することがわかります.

　この結論を数学的に確かめるために，井戸の内側における「時間依存しないシュレーディンガー方程式」(4.7)を

$$\frac{d^2[\psi(x)]}{dx^2} = -\frac{2m}{\hbar^2} E\psi(x) = -k^2 \psi(x) \qquad (5.23)$$

と書きましょう．ここで，定数 k の定義は

$$k \equiv \sqrt{\frac{2m}{\hbar^2} E} \qquad (5.24)$$

で，無限大の井戸の場合と同じものです.

---

*7　振動せずに指数関数的に減衰する波のことを**エバネッセント波**といいます．これは，音響学や波動論でよく使われる用語で，この波が存在する領域をエバネッセント領域とよびます．量子力学では，$E < V_0$ の領域がこれに対応します.

*8　定義については，著者による脚注 6 を見てください.

（5.23）の解は，指数関数（4.3節と5.1節を参照）か正弦的関数を使って書き表されます．5.1節で説明したように，ある点に関してポテンシャルエネルギー $V(x)$ が対称である場合は，シュレーディンガー方程式の波動関数の解は（偶または奇）パリティをもちます．有限の井戸の場合，このパリティは，指数関数よりも正弦関数で考える方が簡単になります．したがって，有限の井戸でのシュレーディンガー方程式の一般解を次のように書くことにします．

$$\psi(x) = A\cos(kx) + B\sin(kx) \qquad (5.25)$$

ここで，定数 A と B は境界条件から決まります．

4.3節で説明したように，定数 k はこの領域の波数を表します．そして，$k = \dfrac{2\pi}{\lambda}$ という関係から，k は波動関数 $\psi(x)$ の波長 λ を決めます．曲率をエネルギーと波数に関係づける第4章での議論を使うと，（5.24）は粒子の全エネルギー E が大きいほど，粒子の波動関数がより速く振動することを教えてくれます．

ポテンシャル井戸の左右の領域で，ポテンシャルエネルギー $V(x) = V_0$ は全エネルギー E よりも大きいので，$E - V_0$ は負になります．そのため，これらは古典的に禁止される領域で，ここでのシュレーディンガー方程式（4.7）は

$$\frac{d^2[\psi(x)]}{dx^2} = -\frac{2m}{\hbar^2}(E - V_0)\psi(x) = +\kappa^2\psi(x) \qquad (5.26)$$

と書くことができます．ここで，定数 κ は次式で定義されています．

$$\kappa \equiv \sqrt{\frac{2m}{\hbar^2}(V_0 - E)} \qquad (5.27)$$

4.3節でも説明したように，定数 κ は**減衰定数**であり，古典的に禁止される領域で，波動関数がゼロに近づく速さを決めます．そして，（5.27）は，κ が $V_0 - E$ の平方根に比例することを表しているので，ポテンシャルエネルギー V_0 が全エネルギー E を超える量が多いほど，減衰定数 κ は大きくなり，波動関数は x とともに速く減衰します（もし，無限大の井戸のように $V_0 = \infty$ であれば，減衰定数は無限に大きくなり，波動関数の振幅は井戸の境界でゼロになります）．

（5.26）の一般解は

$$\psi(x) = Ce^{\kappa x} + De^{-\kappa x} \tag{5.28}$$

で，定数 C と D は境界条件によって決まります.

　境界条件を適用する前でも，有限の井戸の外側の領域での定数 C と D に関して，わかることがあります．井戸の左側の領域 I $\left(x < -\dfrac{a}{2}\right)$ で，これらの定数を C_L と D_L とよぶことにすると，D_L がこの領域でゼロでなければ，(5.28) の 2 番目の項 ($D_L e^{-\kappa x}$) は無限大になります．同様に，井戸の右側の領域 III $\left(x > \dfrac{a}{2}\right)$ で，これらの定数を C_R と D_R とよぶことにすると，C_R がこの領域でゼロでなければ，(5.28) の 1 番目の項 ($C_R e^{\kappa x}$) は無限大になります.

　そのため，x が負の領域 I では $\psi(x) = C_L e^{\kappa x}$ になり，x が正の領域 III では $\psi(x) = D_R e^{-\kappa x}$ になります．そして，$x = 0$ に対するポテンシャル $V(x)$ の対称性から，波動関数 $\psi(x)$ は（ポテンシャル井戸の内部だけでなく）すべての x の値で，偶パリティか奇パリティのいずれかをもたなければならないので，偶パリティ解の C_L は D_R に等しくなり，奇パリティ解の C_L は $-D_R$ に等しくなることがわかります．したがって，偶パリティ解では $C_L = D_R = C$ であり，奇パリティ解では $C_L = C$, $D_R = -C$ です.

　波動関数 $\psi(x)$ に関するこれらの結論と，3 つの領域での波動関数の空間微分 $\dfrac{\partial \psi(x)}{\partial x}$ は，次の表にまとめられています.

領域	I	II	III
振る舞い	エバネッセント	振動	エバネッセント
$\psi(x)$	$Ce^{\kappa x}$	$A\cos(kx)$ または $B\sin(kx)$ *9	$Ce^{-\kappa x}$ または $-Ce^{-\kappa x}$
$\dfrac{\partial \psi(x)}{\partial x}$	$\kappa Ce^{\kappa x}$	$-kA\sin(kx)$ または $kB\cos(kx)$	$-\kappa Ce^{-\kappa x}$ または $\kappa Ce^{-\kappa x}$

----

*9　これは (5.25) の波動関数 $\psi(x) = A\cos(kx) + B\sin(kx)$ の偶奇性から導かれる結論です．訳注*5 で説明したように，偶パリティ解は $\psi(x) = \psi(-x)$ なので，$A\cos(kx) + B\sin(kx) = A\cos(-kx) + B\sin(-kx) = A\cos(kx) - B\sin(kx)$ より $B = 0$ です．奇パリティ解の場合は，同様の議論から $A = 0$ です.

　有限の井戸の内側と外側での波動関数 $\psi(x)$ がわかったので，井戸の左端 $(x = -\frac{a}{2})$と右端$(x = \frac{a}{2})$での境界条件を適用する段階になりました．境界条件を適用すると，井戸内部の粒子のエネルギー E と波数 k は量子化されます．これは，無限大の井戸の場合と全く同じです．

　初めに，偶パリティ解を考えて，井戸の左端の壁を貫く $\psi(x)$ の振幅を一致させると

$$Ce^{\kappa(-\frac{a}{2})} = A \cos\left[k\left(-\frac{a}{2}\right)\right] \tag{5.29}$$

を得ます．そして，左壁で，関数の傾き（1 階の空間微分）を一致させると

$$\kappa Ce^{\kappa(-\frac{a}{2})} = -kA \sin\left[k\left(-\frac{a}{2}\right)\right] \tag{5.30}$$

を得ます．

　(5.30)を(5.29)で割ると（これは，対数微分という操作で $\frac{1}{\psi}\frac{\partial\psi}{\partial x}$ と表せます）

$$\frac{\kappa Ce^{\kappa(-\frac{a}{2})}}{Ce^{\kappa(-\frac{a}{2})}} = \frac{-kA \sin\left[k(-\frac{a}{2})\right]}{A \cos\left[k(-\frac{a}{2})\right]} \tag{5.31}$$

より

$$\kappa = -k \tan\left(-\frac{ka}{2}\right) = k \tan\left(\frac{ka}{2}\right) \tag{5.32}$$

を得るので，この式の両辺を波数 k で割ると，次式が求まります．

$$\frac{\kappa}{k} = \tan\left(\frac{ka}{2}\right) \tag{5.33}$$

この式が，波動関数 $\psi(x)$ が領域の境界を横切るときに，波動関数の振幅と傾きは連続でなければならない，という境界条件の数学的表現です．

　この方程式が量子化された波数とエネルギー準位に導く理由を理解するために，シュレーディンガー方程式が教えていること，すなわち，減衰定数 κ はエバネッセント領域（I と III）での $\psi(x)$ の曲率（そして，減衰率）を決め，$V_0 - E$ の平方根に比例することを思い出してください．また，$V_0 - E$ は粒子のエネルギー準位とポテンシャル井戸の深さとの差を与えることにも注意してくだ

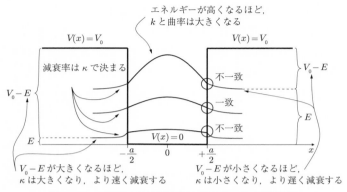

図5.10　有限の井戸の境界で，傾きを一致させる条件

さい．要するに，$x=-\dfrac{a}{2}$ と $x=\dfrac{a}{2}$ の井戸の境界で，エバネッセント領域側の $\psi(x)$ とその傾きの値は，井戸の内側での粒子のエネルギー準位の「高さ」で決まることになります．

　次に，振動領域での波数 k について考えてみましょう．シュレーディンガー方程式から，k は振動領域 II での $\psi(x)$ の曲率（したがって，振動率）を決めること，また，E の平方根に比例することもわかっています．しかし，井戸の底で $V(x)=0$ なので，エネルギー E はちょうど粒子のエネルギー準位とポテンシャル井戸の深さとの差になります．そのため，ポテンシャル井戸の境界の内側での $\psi(x)$ とその傾きの値は，井戸の内側での粒子のエネルギー準位の「高さ」で決まることになります．

　この議論から，エネルギーの特定の値（つまり，粒子のエネルギー準位の「高さ」と井戸の「深さ」との特定の比）だけが，$\psi(x)$ とその1階微分 $\dfrac{\partial \psi(x)}{\partial x}$ の両方を有限の井戸の境界で連続にさせ得ることがわかります．偶パリティ解の場合，これらの比は (5.33) で与えられます．**図5.10** に，井戸の境界で傾きが一致する場合としない場合の波動関数の例が描かれています．

　残念なことに，(5.33) は**超越方程式**[†6]なので，解析的には解けません．しかし，少し考えると（あるいは，熟慮すると），この (5.33) を数値的に解いたり，

[†6]　超越方程式とは，三角関数や指数関数のような超越関数を含む方程式のことです．

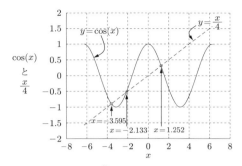

図 5.11　超越方程式 $\dfrac{x}{4} = \cos(x)$ のグラフを用いた解

グラフを用いて解いたりできることが想像できるでしょう．数値的アプローチは，本質的に試行錯誤で，うまくいけば効率的に推測を助けてくれるアルゴリズムが使えます．一方，ほとんどの量子力学のテキストでは，(5.33)を解くのに，グラフを利用したアプローチが使われます．そのため，このグラフ的アプローチがどのように機能するかを，しっかり理解する必要があります．

　その準備として，次の簡単な超越方程式を勉強するのがよいでしょう．

$$\frac{x}{4} = \cos(x) \tag{5.34}$$

　この方程式の解は，**図 5.11** のグラフから読み取ることができます．ご覧の通り，コツは解きたい方程式の両辺を同じグラフにプロットすることです．この例では，関数 $y(x) = \dfrac{x}{4}$ ((5.34)の左辺)が，関数 $y(x) = \cos x$ ((5.34)の右辺)と同じグラフにプロットされています．このグラフから，方程式の解は明らかです．要は，2 つの線が交差する x の値を探せばよいだけです．なぜなら，これらの位置で，$\dfrac{x}{4}$ と $\cos x$ は等しくなければならないからです．この例では，これらの値は $x = -3.595$，$x = -2.133$，$x = +1.252$ に近く，これらの値を(5.34)に代入すると，方程式を満たしていることが確認できます((5.34)の $\dfrac{x}{4}$ のように，三角関数の外にある x を含む項を扱うときには，常にラジアンを使う必要があるので，x の単位はラジアンであることを忘れないようにしてください)．

　(5.33)の場合は少し複雑ですが，解法のプロセスは同じです．つまり，方

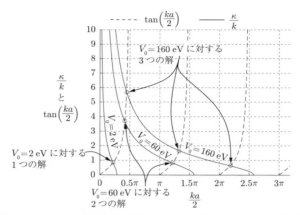

図 5.12　V_0 の 3 つの値に対する有限の井戸のグラフを用いた解(偶パリティの場合)

程式の両辺を同じグラフにプロットし，交点を探します．量子力学の多くのテキストでは，超越方程式の項を簡略化するために，いくつかの変数を組み合わせて，新たに名前をつけた変数で置き換えます．しかし，これらの置き換えは，学生たちに方程式の基礎にある物理を見失わせる恐れがあります．そのため，変数の最も一般的な置き換えや，組み合わされた変数の正確な意味を説明する前に，特定の幅と深さをもつ有限ポテンシャルの井戸のグラフを利用した解法の具体例を，いくつか見ておく方が教育的でしょう．

　図 5.12 には，3 つの有限の井戸に対しグラフ的アプローチで解を求める手順が示されています．ここで，幅 a は $a = 2.5 \times 10^{-10}$ m で，ポテンシャルエネルギー V_0 は 2 eV, 60 eV, 160 eV です(1 eV $= 1.6 \times 10^{-19}$ J)．3 つの異なる井戸に対して，(5.33)の両辺を同じ図にプロットすると難しく見えますが，1 つずつ考えていけば理解できます．

　このグラフで，実線で描いた 3 つの曲線は，V_0 の 3 つの値に対する比 $\dfrac{\kappa}{k}$ を表しています．V_0 の値が異なると曲線が異なる理由がわからなければ，(5.27)が語っていることを思い出してください．この式から，κ は V_0 に依存するので，k の特定の値に対して，ポテンシャルエネルギー V_0 が大きいほど，$\dfrac{\kappa}{k}$ の値が大きくなることが理解できます．さて，3 つの井戸はそれぞれ V_0 について一定値をもっているのですが，それぞれの曲線に沿って何が変化して

いるのでしょうか？　答えは，$\dfrac{\kappa}{k}$ の分母にあります．なぜなら，このグラフ
の横軸は $\dfrac{ka}{2}$（波数 k と井戸の幅の半分 $\dfrac{a}{2}$ の積）の値を表しているからです．
$\dfrac{ka}{2}$ がゼロの近傍[†7]から約 3π まで増えると，分母が大きくなるので，比 $\dfrac{\kappa}{k}$
は小さくなります．

　それでは，このグラフで全エネルギー E はどこに現れるのでしょうか？
忘れないでほしいことは，このグラフを利用しているのは，これら 3 つの井
戸の深さのそれぞれに許容されるエネルギー（つまり，井戸の外側での $\psi(x)$
の振幅と傾きが，井戸の内側での振幅と傾きに一致するときのエネルギー）を
求めるためです．このようなエネルギー E の許容値は，それぞれの井戸の $\dfrac{\kappa}{k}$
曲線を与えられたポテンシャルのもとで描いて，**図 5.12** のように，それぞれ
の曲線が $\tan\left(\dfrac{ka}{2}\right)$ と交差する場所を（存在すれば）見つけることでわかりま
す．これらの場所で，(5.33) が満たされていることを確認できます．

　このことは，横軸に $\dfrac{ka}{2}$ をとった理由を説明しています．波数 k は，(5.24)
よりエネルギー E の平方根に比例します．そのため，$\dfrac{ka}{2}$ の値はエネルギー
値に相当します．したがって，3 つの実線の曲線は，任意のエネルギーの値に
対応する比 $\dfrac{\kappa}{k}$ を表しており，あとで説明するように，これらのエネルギーは
$\dfrac{ka}{2}$ の値から決定できます．

　このグラフで示されているエネルギーを決定する前に，$V_0 = 160\,\mathrm{eV}$ の $\dfrac{\kappa}{k}$
を表す曲線を見てください．この曲線は，3 つの場所で $\tan\left(\dfrac{ka}{2}\right)$ の曲線と
交差しています．そのため，深さ $160\,\mathrm{eV}$ と幅 $a = 2.5 \times 10^{-10}\,\mathrm{m}$ の有限の井戸
の場合，波数 k には 3 つの離散値があり，これらの値に対して偶パリティの
波動関数 $\psi(x)$ は井戸の境界で連続な振幅と傾きをもちます（つまり，これら
は境界条件を満たします）．そして，(5.24) より波数 k の 3 つの離散値から，
エネルギー E の 3 つの離散値が決まります．

　図 5.12 の他の 2 つの実線の曲線を見ると，$2\,\mathrm{eV}$ の有限の井戸には 1 個の
許容エネルギー準位があり，$60\,\mathrm{eV}$ には 2 個の許容エネルギー準位があります．そのため，深い井戸ほどエネルギー準位が多くなるように思えますが，こ

[†7]　グラフは厳密には $\dfrac{ka}{2} = 0$ から出発できません．なぜなら，そこで，比 $\dfrac{\kappa}{k}$ は無限大になる
からです．

こには注意が必要です．この図からわかるように，超越方程式の解が増える
のは $\dfrac{\kappa}{k}$ の曲線が $\tan\left(\dfrac{ka}{2}\right)$ の曲線と再び交差するときです．井戸の深さが
増加すると，$\dfrac{\kappa}{k}$ 曲線は上側にシフトしますが，そのシフトが次の $\tan\left(\dfrac{ka}{2}\right)$
曲線（あるいは，このあとで説明する奇パリティ解の $-\cot\left(\dfrac{ka}{2}\right)$ 曲線）と交
差できるほどの大きさでなければ，許容エネルギー準位の数は変わりません．
したがって，一般的には，井戸が深くなるほど許容エネルギーは多くなります
（無限大の井戸は許容エネルギーを無限個もっていることを思い出してくださ
い）．しかし，特定の井戸でのエネルギー準位の数を知るには，シュレーディ
ンガー方程式の偶パリティ解と奇パリティ解に対する超越方程式を解くしか方
法はありません．

　(5.24)を使って，160 eV の有限の井戸の3個の許容エネルギーを決めるた
めに，井戸の幅 a の他に，粒子の質量 m の値が必要です．このグラフでは，
粒子は電子の質量（$m=9.11\times10^{-31}$ kg）をもつとしています．次の式

$$\sqrt{\frac{2m}{\hbar^2}}\,E = k \tag{5.24}$$

を，E に対して解くと，次のようになります．

$$E = \frac{\hbar^2 k^2}{2m} \tag{5.35}$$

横軸の値は $\dfrac{ka}{2}$ なので，この(5.35)は k より $\dfrac{ka}{2}$ を使って，次のように書
く方が便利です．

$$E = \frac{\hbar^2\left(\dfrac{ka}{2}\right)^2\left(\dfrac{2}{a}\right)^2}{2m} = 2\frac{\hbar^2\left(\dfrac{ka}{2}\right)^2}{ma^2} \tag{5.36}$$

したがって，$\dfrac{ka}{2}$ の範囲が**図 5.12** に示した 0 の近傍から 3π の場合，0 か
ら 3π に対応するエネルギー範囲は，$E\approx0$ から

$$E = 2\frac{\hbar^2(3\pi)^2}{ma^2} = 2\frac{(1.0546\times10^{-34}\text{ J s})^2(3\pi)^2}{(9.11\times10^{-31}\text{ kg})(2.5\times10^{-10}\text{ m})^2}$$

$$= 3.47\times10^{-17}\text{ J} = 216.6\text{ eV}$$

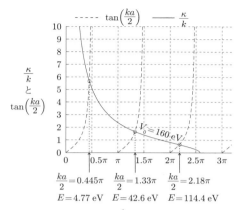

図 5.13 160 eV の有限の井戸での $\dfrac{ka}{2}$ と E の解の値(偶パリティの場合)

までになります.

$\dfrac{ka}{2}$ の値をエネルギー値に変換する方法はわかっているので,有限の井戸の許容エネルギー準位を決める最後のステップを実行できます.そのステップは,$\dfrac{\kappa}{k}$ 曲線と $\tan\left(\dfrac{ka}{2}\right)$ 曲線の各交点の $\dfrac{ka}{2}$ の値を読み取ることです.これは,160 eV の曲線に対して**図 5.13** で示しているように,垂直線を横軸($\dfrac{ka}{2}$ の軸)まで引くことで実行できます.この場合,交差は $\dfrac{ka}{2}$ が 0.445π,1.33π,2.18π の値で起こります(つまり,方程式 $\dfrac{\kappa}{k} = \tan\left(\dfrac{ka}{2}\right)$ が満たされます).これらの値を(5.36)に代入すると,許容エネルギー値は 4.77 eV,42.6 eV,114.4 eV のように決まります.

これらの値が,井戸の深さ($V_0 = 160$ eV)を超えないことは重要です.なぜなら,有限の井戸に閉じ込められた粒子のエネルギー E は,V_0 よりも小さくなければならないからです.また,これらのエネルギーを無限大の井戸の許容エネルギー,つまり前節で与えたエネルギー

$$E_n = \frac{k_n^2 \hbar^2}{2m} = \frac{n^2 \pi^2 \hbar^2}{2ma^2} \tag{5.7}$$

と比較することも教育的です.(5.7)に,質量 $m = 9.11 \times 10^{-31}$ kg と幅 $a = 2.5 \times 10^{-10}$ m を代入すると,基底状態($n=1$)と 5 個の励起状態($n=2$ から $n=$

6)のエネルギー準位は次のようになります.

$$E_1^\infty = 6.02 \text{ eV} \qquad E_3^\infty = 54.2 \text{ eV} \qquad E_5^\infty = 150.4 \text{ eV}$$

$$E_2^\infty = 24.1 \text{ eV} \qquad E_4^\infty = 96.3 \text{ eV} \qquad E_6^\infty = 216.6 \text{ eV}$$

この添字 ∞ は,これらのエネルギー準位が無限大の井戸に関係することを明示するために付けています.

　ここまでは,有限の井戸でのシュレーディンガー方程式の偶パリティ解に対するエネルギー準位を見つけるプロセスだけの説明であったことを忘れないでください.あとでわかるように,奇パリティの解を見つけるプロセスも,偶パリティの解を見つけるプロセスとほとんど同じですが,その説明に移る前に,有限の井戸のエネルギー準位を無限大の井戸の1番目,3番目,5番目のエネルギー準位と比べてみましょう.有限の井戸の最低次のエネルギー準位は1番目の偶パリティの解から生じ,そのあとのエネルギー準位は奇パリティと偶パリティの解から交互に生じるので,偶パリティ解のエネルギー準位は,無限大の井戸の奇数番($n = 1, 3, 5, \ldots$)のエネルギー準位に対応します.

　そこで,この有限の井戸の基底状態のエネルギー($E = 4.77 \text{ eV}$)を,無限大の井戸の $n = 1$ のエネルギー準位 $E_1^\infty = 6.02 \text{ eV}$ と比較すると,有限の井戸の基底状態のエネルギーが無限大の井戸の基底状態のエネルギーよりも小さいことがわかります.その比は $4.77/6.02 = 0.792$ です.同様に,有限の井戸の次の2つの偶パリティ解のエネルギー準位を無限大の井戸の E_3^∞, E_5^∞ と比較すると,それぞれの比は $42.6/54.2 = 0.785$, $114.4/150.4 = 0.760$ となります.

　有限の井戸のエネルギー準位が,対応する無限大の井戸の基底状態のエネルギー準位よりも小さい理由は,**図 5. 10** の有限の井戸の波動関数を**図 5. 2** の無限大の井戸の波動関数と比べれば理解できます(**図 5. 20** を見れば,もっと多くの有限の井戸の波動関数がわかります).5.1 節で説明したように,無限大の井戸の場合,井戸の外側のゼロ振幅の波動関数と一致させるため,波動関数は井戸の両端でゼロ振幅でなければなりません.しかし,有限の井戸の場合は,波動関数は井戸の両端でゼロでない値をもち得るので,エバネッセント領域で指数関数的に減衰する波動関数と一致する必要があります.そのため,有限の井戸の波動関数は,対応する無限大の井戸の波動関数よりも長い波長をも

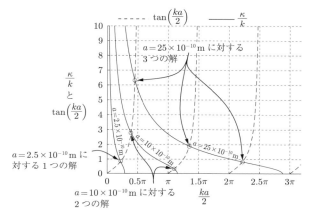

図 5.14 $V_0 = 2\,\text{eV}$ の有限の井戸の幅を変える効果

つことができ，そして，波長が長いほど波数 k とエネルギー E は小さくなります．したがって，有限の井戸の特定の粒子のエネルギー準位が，対応する無限大の井戸内の同じ粒子のエネルギー準位よりも小さくなるのは理に適っています．

　有限の井戸と，これに対応する無限大の井戸とのエネルギー準位の違いを検討するとき，別の重要な違いを見落とさないように注意すべきです．それは，有限の井戸には有限個の許容エネルギーがありますが，無限大の井戸には無限個の許容エネルギーがあることです．この節の後半で説明するように，全ての有限の井戸には少なくとも 1 個の許容エネルギーがあり，そして，許容エネルギーの総数は井戸の深さと幅の両方に依存します．

　図 5.12 で，許容エネルギーの個数に対する井戸の深さの影響を見ました．偶パリティ解の個数は，2 eV で 1 個，60 eV で 2 個，160 eV で 3 個です．これらの 3 つの井戸は，全て同じ幅 ($a = 2.5 \times 10^{-10}$ m) ですが，深さは異なります．では，深さを一定にして幅だけを変えると許容エネルギーの個数はどのような影響を受けるでしょうか．

　その影響は，3 つの有限の井戸の偶パリティの解を示した**図 5.14** を見れば明らかです．これら 3 つの井戸の深さはすべて 2 eV ですが，井戸の幅はそれぞれ $a = 2.5 \times 10^{-10}$ m, $a = 10 \times 10^{-10}$ m, $a = 25 \times 10^{-10}$ m です．

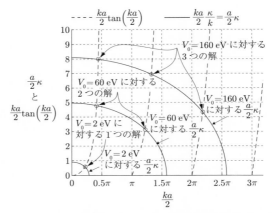

図 5.15　有限の井戸で別のグラフを用いた解（偶パリティの場合）

　この図からわかるように，同じ深さの有限の井戸の場合，井戸の幅が広いほど許容エネルギー準位の個数は増えます．しかし，井戸の深さの影響を調べたときに述べた注意は，この場合にも当てはまります．つまり，偶パリティ解 $\tan\left(\dfrac{ka}{2}\right)$ あるいは奇パリティ解 $-\cot\left(\dfrac{ka}{2}\right)$ の曲線と $\dfrac{\kappa}{k}$ 曲線との交点が追加される場合のみ，広げられた幅は許容エネルギー準位の個数を増やすことができます．

　有限の井戸での超越方程式の奇パリティ解について述べる前に，いくつかの量子力学のテキストで使われている，この超越方程式の別の形を検討する必要があります．その別の形は，(5.33) の両辺に係数 $\dfrac{ka}{2}$ を掛けた

$$\frac{ka}{2}\frac{\kappa}{k} = \frac{ka}{2}\tan\left(\frac{ka}{2}\right)$$

から，次のように作られます．

$$\frac{a}{2}\kappa = \frac{ka}{2}\tan\left(\frac{ka}{2}\right) \tag{5.37}$$

この係数を掛けた効果は，**図 5.15** でわかります．左辺の関数 $\dfrac{a}{2}\kappa$ を表す曲線は原点を中心とする円であり，右辺の $\dfrac{ka}{2}\tan\left(\dfrac{ka}{2}\right)$ を表す曲線は，元の方程式 (5.33) の $\tan\left(\dfrac{ka}{2}\right)$ の曲線を $\dfrac{ka}{2}$ 倍したものです．

横軸を $\dfrac{ka}{2}$ にとって，関数 $\dfrac{a}{2}\kappa$ をプロットすると円になる理由を理解するために，まず波数 k と全エネルギー E が

$$k \equiv \sqrt{\frac{2m}{\hbar^2}E} \tag{5.24}$$

と

$$E = 2\frac{\hbar^2\left(\dfrac{ka}{2}\right)^2}{ma^2} \tag{5.36}$$

で関係付けられていることを思い出しましょう．ここで，粒子の全エネルギーが V_0 である場合（つまり，粒子のエネルギーが有限の井戸の深さに一致する場合）の基準となる波数 k_0 を

$$k_0 \equiv \sqrt{\frac{2m}{\hbar^2}V_0} \tag{5.38}$$

で定義すると，これから

$$V_0 = \frac{\hbar^2 k_0^2}{2m} = 2\frac{\hbar^2\left(\dfrac{k_0 a}{2}\right)^2}{ma^2} \tag{5.39}$$

が得られます．そして，κ は

$$\kappa \equiv \sqrt{\frac{2m}{\hbar^2}(V_0 - E)} \tag{5.27}$$

で定義されているので，この式に(5.36)の E と(5.39)の V_0 を代入すると

$$\kappa = \sqrt{\frac{2m}{\hbar^2}\left(2\frac{\hbar^2\left(\dfrac{k_0 a}{2}\right)^2}{ma^2} - 2\frac{\hbar^2\left(\dfrac{ka}{2}\right)^2}{ma^2}\right)} = \sqrt{\frac{4}{a^2}\left[\left(\frac{k_0 a}{2}\right)^2 - \left(\frac{ka}{2}\right)^2\right]}$$

より，次式が導かれます．

$$\frac{a}{2}\kappa = \sqrt{\left(\frac{k_0 a}{2}\right)^2 - \left(\frac{ka}{2}\right)^2} \tag{5.40}$$

この式の左辺は，超越方程式(5.37)の左辺と同じものです．そして，(5.40)

は半径 R の円の方程式

$$x^2 + y^2 = R^2$$
$$y = \sqrt{R^2 - x^2}$$

と同じ形をしています. そのため, y 軸に $\frac{a}{2}\kappa$ を, x 軸に $\frac{ka}{2}$ をプロットすると, **図 5.15** のような半径 $\frac{k_0 a}{2}$ の円になるのです.

図 5.15 の曲線の交点を**図 5.12** の曲線の交点と比べると, 交点での $\frac{ka}{2}$ の値, つまり, 許容波数 k と許容エネルギー E の値が, 双方の図で一致することがわかります. この結果は元気づけられます. これはうれしいことですが, でも, なぜ超越方程式の別形式を気にかけなければならないのかという疑問が起こるでしょう.

その答えは, 有限の井戸の解を超越方程式のこの形式で扱うと, もう少し理解しやすい変数の置き換えができることを, いくつかの定評のある量子力学のテキストが示しているからです. 変数の置き換えについては, この章の後半で説明するので, どちらの形式が役立つかは自分で判断できるでしょう.

有限の井戸でのシュレーディンガー方程式の奇パリティ解に対する許容エネルギー準位を見つけるプロセスは, この節の初めの方で使った, 偶パリティ解の許容エネルギー準位を見つけるアプローチとよく似ています.

偶パリティ解の場合と同じように, まず井戸の左端 $(x = -\frac{a}{2})$ で波動関数の振幅が連続であるという条件を表す式

$$Ce^{\kappa(-\frac{a}{2})} = B \sin\left[k\left(-\frac{a}{2}\right)\right] \tag{5.41}$$

から始めます. 同様に, 波動関数の傾きの連続性から, 1 階の空間微分を等しく置きます.

$$\kappa Ce^{\kappa(-\frac{a}{2})} = kB \cos\left[k\left(-\frac{a}{2}\right)\right] \tag{5.42}$$

偶パリティ解の場合と同じように, 連続性に関する空間微分の式(5.42)を波動関数の式(5.41)で割ると

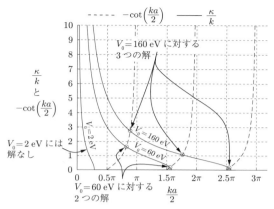

図 5.16 V_0 の 3 つの値に対する有限の井戸のグラフを用いた解(奇パリティ
の場合)

$$\frac{\kappa C e^{\kappa\left(-\frac{a}{2}\right)}}{C e^{\kappa\left(-\frac{a}{2}\right)}} = \frac{kB \cos\left[k\left(-\frac{a}{2}\right)\right]}{B \sin\left[k\left(-\frac{a}{2}\right)\right]} \tag{5.43}$$

となるので,これから次式が求まります.

$$\kappa = k \cot\left(-\frac{ka}{2}\right) = -k \cot\left(\frac{ka}{2}\right) \tag{5.44}$$

この式の両辺を k で割ると,次式になります.

$$\frac{\kappa}{k} = -\cot\left(\frac{ka}{2}\right) \tag{5.45}$$

これが,偶パリティの解である超越方程式(5.33)に対応する奇パリティの解
です.この方程式の左辺は,偶パリティ解の場合と同じですが,右辺は正のタ
ンジェントではなく負のコタンジェントであることに注意してください.

(5.45)を解く図形的なアプローチを,図 5.16 に示しました.ご覧の通り,
この場合の負のコタンジェント関数を表す破線は,偶パリティ解の場合の正の
タンジェント関数の破線と比べて,$\frac{\pi}{2}$ だけ右側にシフトしています.

超越方程式の別形式による奇パリティ解は,図 5.17 に示されています.許
容波数と許容エネルギー準位は,予想通り,元の超越方程式を使って見つけた
ものと一致します.

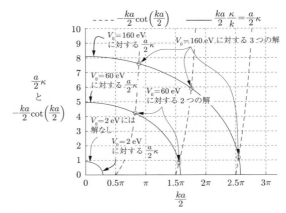

図 5.17 有限の井戸で別のグラフを用いた解（奇パリティの場合）

　奇パリティ解の**図 5.16** または**図 5.17** と，偶パリティ解の**図 5.12** または**図 5.15** との著しい違いの 1 つは，$V_0 = 2$ eV のポテンシャル井戸に奇パリティ解が存在しないことです．これは，負のコタンジェント曲線が偶パリティの場合のタンジェント曲線に対して，$\dfrac{\pi}{2}$ だけ右側にシフトしたことによる帰結です．偶パリティ解の場合は，横軸の $\dfrac{ka}{2} = 0$ から $\dfrac{\pi}{2}$ までの範囲で，$\tan\left(\dfrac{ka}{2}\right)$ 曲線は原点から右上方に向かって伸びていくので，井戸がどんなに浅く狭くても（つまりどれほど V_0 と a が小さくても）$\dfrac{\kappa}{k}$ 曲線は $\tan\left(\dfrac{ka}{2}\right)$ 曲線と必ず交差します．そのため，全ての有限の井戸で，少なくとも 1 個の偶パリティ解は保証されるのです．しかし，奇パリティの場合，$-\cot\left(\dfrac{ka}{2}\right)$ 曲線は横軸と $\dfrac{ka}{2} = 0.5\pi$ で交差するので，井戸の深さが浅くて幅も狭ければ（V_0 と a が小さければ），$\dfrac{\kappa}{k}$ 曲線は $-\cot\left(\dfrac{ka}{2}\right)$ 曲線と一度も交差せずに $\kappa = 0$（$E = V_0$ のとき）まで到達し得ることになります．

　では，十分に浅くて狭いポテンシャル井戸に対して，少なくとも 1 個の偶パリティ解の存在は保証されているのに，奇パリティ解は保証されないというのは，物理的には何が起こっているのでしょうか？　これを理解するために，最低エネルギー（したがって，最小の曲率）をもつ偶パリティの波動関数を見て

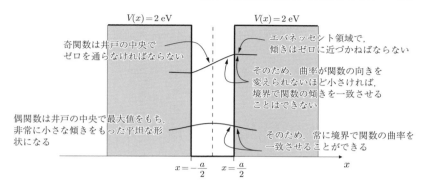

$V(x) = 2\,\text{eV}$　　　　$V(x) = 2\,\text{eV}$

奇関数は井戸の中央で
ゼロを通らなければならない

エバネッセント領域で,
傾きはゼロに近づかねばならない

そのため, 曲率が関数の向きを
変えられないほど小さければ,
境界で関数の傾きを一致させる
ことはできない

偶関数は井戸の中央で最大値をもち,
非常に小さな傾きをもった平坦な形
状になる

そのため, 常に境界で関数の曲率を
一致させることができる

$x = -\dfrac{a}{2}$　$x = \dfrac{a}{2}$　　　x

図5.18　狭くて浅い井戸は, ただ1個の偶パリティ解だけを保持できる

みましょう. この基底状態の波動関数は, **図5.18**の偶パリティの関数曲線で
示されているように, 井戸の左端から右端まで広がっているので, ほぼ平坦な
形状で, 非常に小さな傾きをもっています.

　この小さな傾きは, 井戸の両端で, エバネッセント領域の減衰する指数関数
と一致しなければなりません. つまり, 減衰定数 κ は小さな値でなければな
りません. そして, κ は $V_0 - E$ の平方根に比例するので, 井戸の内側で波動
関数の小さな傾きが(κ の値で決まる)空間的減衰率に一致するように, V_0 に
十分近い値のエネルギー E を見つけることは常に可能です.

　一方, 奇パリティ解の場合は, **図5.18**の奇関数の曲線からわかるように,
状況が非常に異なります. この井戸の深さはわずか2eV, 幅は 2.5×10^{-10} m
です. つまり, この井戸に閉じ込められた粒子のエネルギー E は2eV以下で
なければならないので, 曲率は小さくなります. しかし, E の値が小さいた
めに曲率が小さいということは, 奇パリティの波動関数には, 井戸の中央(す
べての奇波動関数はそこを交差しなければなりません)と井戸の両端の間の空
間で「向きを変える」余地がないことを意味します. そのため, 井戸内で振動
する波動関数の傾きを, エバネッセント領域で減衰する波動関数の傾きと一致
させることはできません.

　したがって, $V_0 = 2$ eV で幅 $a = 2.5 \times 10^{-10}$ m の有限の井戸には, 1個の偶
パリティ解は存在しますが, 奇パリティ解は存在できません. しかし, 井戸の
幅を大きくすれば, **図5.19**からわかるように, 浅い井戸でも奇パリティ解が

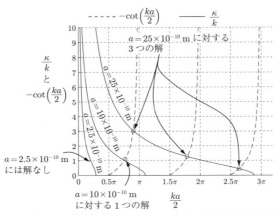

図 5.19 $V_0 = 2\,\mathrm{eV}$ に対する奇パリティ解に対して，有限の井戸の幅を変える効果

現れます.

ここまで説明してきたように，奇パリティ解が存在しない理由を，$\dfrac{\kappa}{k}$ 曲線が負のコタンジェント曲線と交差しないため，あるいは，井戸の内側の端における奇波動関数の傾きが井戸の外側の端における指数関数的に減少していく波動関数の傾きと一致させられないため，と考えることができます．いずれにしても，結論としては，「小さい」または「弱い」ポテンシャル井戸(つまり，浅いか狭い有限の井戸)には，奇パリティ解は存在しない可能性がありますが，少なくとも 1 個の偶パリティ解は常に存在するということです.

前に検討した 3 つの井戸(ポテンシャルエネルギー $V_0 = 2\,\mathrm{eV}$, $60\,\mathrm{eV}$, $160\,\mathrm{eV}$)の奇パリティ解におけるそれぞれの許容波数とエネルギーを決定するには，**図 5.16** または**図 5.17** のどちらでも使えます．$V_0 = 160\,\mathrm{eV}$ の場合，交差は $\dfrac{ka}{2}$ の値 0.888π, 1.76π, 2.55π で起こります．これらの値を(5.36)に代入すると，許容エネルギー値は $19.0\,\mathrm{eV}$, $74.5\,\mathrm{eV}$, $156.5\,\mathrm{eV}$ となります.

前述のように，同じ幅をもつ無限大の井戸内での同じ粒子の対応するエネルギー準位は，$E_2^\infty = 24.1\,\mathrm{eV}$, $E_4^\infty = 96.3\,\mathrm{eV}$, $E_6^\infty = 216.6\,\mathrm{eV}$ です．したがって，偶パリティ解の場合と同じように，$160\,\mathrm{eV}$ の有限の井戸のエネルギー準位は，対応する無限大の井戸のエネルギー準位の 70% から 80% です.

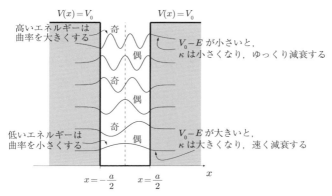

図 5.20　有限の井戸で，交互に現れる偶パリティ解と奇パリティ解

図 5.20 に，$V_0 = 160\,\mathrm{eV}$ で幅 $a = 2.5 \times 10^{-10}\,\mathrm{m}$ の有限の井戸での 6 個すべての許容エネルギー準位の波動関数を示しています．ご覧の通り，基底状態の波動関数は，曲率が小さく（E の値が小さいので，波数 k が小さくなります），エバネッセント領域で減衰が速い（$V_0 - E$ の値が大きいので，減衰定数 κ が大きくなります）偶関数です．5 個の許容される励起状態の波動関数は奇パリティと偶パリティの間で交互に変わります．そして，エネルギー E と波数 k が増加すると，曲率が大きくなり，より多くのサイクルが井戸内に収まるようになります．しかし，エネルギー E が大きいほど，$V_0 - E$ の値が小さくなるため，減衰定数 κ は減少します．そして，減衰率が小さいほど，古典的に禁止されている領域への侵入が大きくなります．

　有限の井戸に対する最後の仕事は，この節の初めの方で予告した変数の置き換えです．あなたが包括的な量子力学のテキストを読む予定であるならば，この置き換えプロセスを理解するために時間を割く価値はあります．なぜなら，この変数の置き換えや変形が一般的なものだからです．ただし，これまでの議論で，置き換えに重要な役割を果たす量がすでに含まれていたので，ここまでの内容をしっかり理解していれば，置き換えのプロセスはさほど難しくはないでしょう．

　主要な置き換えは $z \equiv \dfrac{ka}{2}$ です．つまり，波数 k とポテンシャル井戸の幅の半分 $\dfrac{a}{2}$ との積で新しい変数 z を定義します．では，この z は何を表してい

るのでしょうか？ 波数 k は，式 $k = \dfrac{2\pi}{\lambda}$ を介して，波長 λ と関係するので，積 $z = \dfrac{ka}{2}$ は $\dfrac{a}{2}$ 内での波のサイクルの数に 2π を掛けた量を表し，その単位はラジアンです[*10]．例えば，ポテンシャル井戸の幅の半分 $\dfrac{a}{2}$ が 1 波長に等しい場合，$z = \dfrac{ka}{2}$ は 2π ラジアンになり，$\dfrac{a}{2}$ が 2 波長に等しい場合，$z = \dfrac{ka}{2}$ の値は 4π ラジアンになります．したがって，ラジアン単位の z は，波長単位での井戸の幅に比例します．

また，z と全エネルギー E との関係を理解することも役立ちます．波数 k と全エネルギー E の関係 (5.24) を使うと

$$z \equiv k\frac{a}{2} = \left(\sqrt{\frac{2m}{\hbar^2} E} \right) \frac{a}{2} \tag{5.46}$$

と書けるので，エネルギー E は次式で与えられます．

$$E = \left(\frac{2}{a} \right)^2 \left(\frac{\hbar^2}{2m} \right) z^2 \tag{5.47}$$

偶パリティ解の超越方程式 $\dfrac{\kappa}{k} = \tan\left(\dfrac{ka}{2} \right)$（(5.33)）の k を z で書き替えると，次のようになります．

$$\frac{\kappa}{\dfrac{2}{a}z} = \tan(z) \tag{5.48}$$

さほど改善されたようには見えませんが，κ にも同じように変数の置き換えを行うと，z を使う利点が明らかになります．そのために，まず変数 z_0 を

$$z_0 \equiv \frac{k_0 a}{2} \tag{5.49}$$

のように，基準波数 k_0 と $\dfrac{a}{2}$ の積として定義します．

(5.38) より，基準波数 k_0 は，エネルギー E が有限のポテンシャル井戸の深さ V_0 に等しい粒子の波数と定義されているので，この z_0 は V_0 を用いて

[*10] $z = \dfrac{ka}{2} = \left(\dfrac{a}{2} \right) k = \dfrac{a}{2} \dfrac{2\pi}{\lambda} = \dfrac{a/2}{\lambda} \times 2\pi = (\dfrac{a}{2}$ 内での波のサイクルの数$) \times 2\pi$ となるので，幅の半分 $\dfrac{a}{2}$ が 1 波長ならば $\dfrac{a}{2} = \lambda$ より $z = 2\pi$，幅の半分 $\dfrac{a}{2}$ が 2 波長ならば $\dfrac{a}{2} = 2\lambda$ より $z = 4\pi$ となります．

$$z_0 = \frac{k_0 a}{2} = \sqrt{\frac{2m}{\hbar^2} V_0} \frac{a}{2} \tag{5.50}$$

と表せます.この式から,V_0 は次のように書けます.

$$V_0 = \left(\frac{2}{a}\right)^2 \left(\frac{\hbar^2}{2m}\right) z_0^2 \tag{5.51}$$

したがって,(5.47)の E と(5.51)の V_0 を κ の定義式(5.27)に代入すると,次のようになることがわかります.

$$\kappa = \sqrt{\frac{2m}{\hbar^2}(V_0 - E)} = \sqrt{\frac{2m}{\hbar^2}\left[\left(\frac{2}{a}\right)^2 \left(\frac{\hbar^2}{2m}\right) z_0^2 - \left(\frac{2}{a}\right)^2 \left(\frac{\hbar^2}{2m}\right) z^2\right]}$$

$$= \sqrt{\frac{4}{a^2}(z_0^2 - z^2)} = \frac{2}{a}\sqrt{z_0^2 - z^2}$$

この κ を(5.48)の超越方程式に代入すると

$$\frac{\kappa}{\frac{2}{a}z} = \frac{\frac{2}{a}\sqrt{z_0^2 - z^2}}{\frac{2}{a}z} = \tan(z)$$

より

$$\sqrt{\frac{z_0^2}{z^2} - 1} = \tan(z) \tag{5.52}$$

が導かれます.このように変数を置き換えた偶パリティ解の超越方程式は,k と κ で表した超越方程式(5.33)と全く同じものです.そして,この超越方程式(5.52)が,他の量子力学のテキストであなたが出合う可能性のある形式の1つです.この超越方程式を扱う場合,z は粒子の全エネルギーの目安($z \propto \sqrt{E}$)であり,z_0 は井戸の深さに関係していること($z_0 \propto \sqrt{V_0}$)を忘れないでください.そうすれば,特定の質量 m と井戸の幅 a に対して,エネルギーが高いほど z は大きくなり,そして,井戸が深いほど z_0 は大きくなることがわかります.

この方程式をグラフを用いて解く手順は,前に示した手順と全く同じです.**図 5.21** に,3つの z_0 値に対する解を図示しています.実は,この**図 5.21** は**図 5.12** と同じものです.つまり,$z = \frac{ka}{2}$ なので**図 5.21** の $\sqrt{\frac{z_0^2}{z^2} - 1}$ と

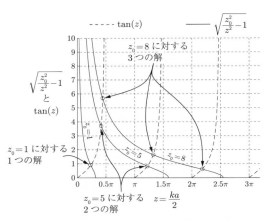

図 5.21　z の置き換えを使った有限の井戸で，グラフを用いた偶パリティ解

$\tan(z)$ の曲線は，**図 5.12** の $\dfrac{\kappa}{k}$ と $\tan\left(\dfrac{ka}{2}\right)$ の曲線と同じです．

図 5.21 に $z_0 = 1, 5, 8$ を選んだ理由がわからない場合は，質量 m と井戸の幅 a を**図 5.12** と同じにして，これらの z_0 を井戸の深さ V_0 に変換してください．$z_0 = 1$ の場合，(5.51)から V_0 は

$$V_0 = \left(\frac{2}{a}\right)^2 \left(\frac{\hbar^2}{2m}\right) z_0^2 = \left(\frac{2}{2.5 \times 10^{-10}\,\text{m}}\right)^2 \left(\frac{(1.0546 \times 10^{-34}\,\text{J s})^2}{2(9.11 \times 10^{-31}\,\text{kg})}\right)(1)^2$$

$$= 3.91 \times 10^{-19}\,\text{J} = 2.4\,\text{eV}$$

であることがわかります[*11]．

m と a の値は変えずに，$z_0 = 5$ と $z_0 = 8$ に対して同じ計算をすると，$z_0 = 5$ は $V_0 = 61.0\,\text{eV}$ に，$z_0 = 8$ は $V_0 = 156.1\,\text{eV}$ に対応することがわかります．したがって，$z_0 = 1, 5, 8$ は，**図 5.12** で用いた V_0 の値 $2\,\text{eV}$, $60\,\text{eV}$, $160\,\text{eV}$ に近い深さの井戸に対応します．ただし，これは z が整数値に制限されていることを意味するわけではありません．$z_0 = 0.906$, 4.96, 8.10 を選べば，V_0 は $2.0\,\text{eV}$, $60.0\,\text{eV}$, $160.0\,\text{eV}$ になります．

[*11]　原著の $\hbar = 1.06 \times 10^{-34}$ J s を(5.36)下の数値計算で用いた $\hbar = 1.0546 \times 10^{-34}$ J s に修正しています．

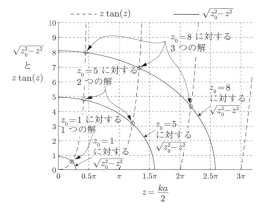

図 5.22 z の置き換えを使った有限の井戸で，別のグラフを用いた解（偶パリティの場合）

ところで，(5.37)と等価な方程式(5.52)の別の形式は，(5.52)の両辺に z を掛けた

$$z\sqrt{\frac{z_0^2}{z^2} - 1} = z\tan(z)$$

から次のように求まります.

$$\sqrt{z_0^2 - z^2} = z\tan(z) \tag{5.53}$$

これが(5.37)を z で書き換えた式であり，この結果を得る簡単さが，変数置き換えの利点の1つになります．もう1つの利点は，横軸を z にとり，縦軸に(5.53)の左辺をプロットすると，得られる曲線は円になることが，この式の形から明らかになることです.

図 5.22 に，前に使った同じパラメータ（m と a）を用いて，これらの曲線を示しています．このプロットでは，前と同じように，$z_0 = 1, 5, 8$ に対応した3つの深さの井戸の値が使われています.

図 5.21 と**図 5.22** を注意深く比較すると，偶パリティ解の超越方程式の左辺と右辺を表す曲線が交差する $z = \dfrac{ka}{2}$ の値は，同じであることがわかります．したがって，どちらの形式を使うかは自由で，単に好みの問題です.

おそらく予想しているかもしれませんが，変数の置き換え $z = \dfrac{ka}{2}$ と $z_0 =$

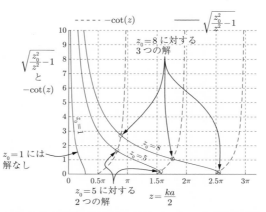

図 5.23　z の置き換えを使った有限の井戸で，グラフを用いた解（奇パリティ
の場合）

$\dfrac{k_0 a}{2}$ は，有限の井戸の奇パリティ解にも適用できます．ここで，奇パリティ
解の超越方程式(5.45)の右辺は，$\tan\left(\dfrac{ka}{2}\right)$ ではなく $-\cot\left(\dfrac{ka}{2}\right)$ であるこ
とに注意してください．(5.45)に z と z_0 を代入すると

$$\sqrt{\frac{z_0^2}{z^2} - 1} = -\cot(z) \tag{5.54}$$

となり，そのグラフを用いた解は**図 5.23** に示されています．$z_0 = 1, 5, 8$ の値
に対して，この方程式の左辺を表す 3 つの曲線は，予想通り，対応する偶パ
リティ解の曲線と同じですが，右辺の負のコタンジェント曲線は，偶パリティ
解の場合と比べて $\dfrac{\pi}{2}$ だけ横軸（z 軸）に沿ってシフトしています．

この(5.54)の両辺に z を掛けると，z を用いた別形式の式

$$\sqrt{z_0^2 - z^2} = -z\cot(z) \tag{5.55}$$

が得られます．**図 5.24** に，この解が図示されています．

　有限の井戸で，許容される波動関数とエネルギー準位を見つけるプロセス
は，無限大の井戸の場合よりも，やや複雑になるのは確かです．しかし，有限
の井戸の方が，無限大の井戸よりも，物理的に実現可能な条件を表現できる
という見返りがあります．とは言え，区分的に一定なポテンシャルを用いる

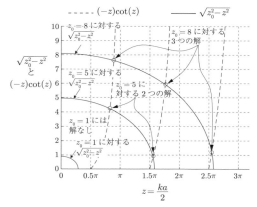

図 5.24 z の置き換えを使った有限の井戸で，別のグラフを用いた解（奇パリティの場合）

と，井戸の両端以外の全ての場所で力はゼロになるため，有限の井戸モデルの適用が制限されます．この章の最後の節で，ポテンシャルが井戸の内側で一定でない（つまり，力がゼロでない）例を扱います．その例が量子的な調和振動子[*12]です．

5.3　調和振動子

　量子的な**調和振動子**は，いくつかの理由で注目に値します．その内の1つは，これが，これまでに学んだいくつかの概念の応用に関する教育的な例になるからです．しかし，これまでに見てきた概念の応用だけでなく，調和振動子の問題を解くと，無限大や有限の井戸の問題では要求されなかったテクニックの使い方もわかります．また，調和振動子のポテンシャルエネルギー $V(x)$ は，他のポテンシャルエネルギーの最小値近傍でのよい近似を与えるため，これらのテクニックは他の問題に対しても非常に有用です．このことは，調和振動子が理想化されたモデルであるにも拘わらず，いくつかの現実的な状況と強

[*12]　原著の「量子的な調和振動子（quantum harmonic oscillator）」という用語を，これ以降，単に「調和振動子」と訳しますが，文脈や古典論との比較などで必要に応じて「量子的な調和振動子」も使います．

い関わりがあることを意味します.

　古典的な調和振動子を勉強していれば, バネの一端に取り付けられて摩擦のない水平面上を滑る質点の基礎的な振る舞いを覚えているかもしれません. 古典力学の場合, このようなバネ–質点系は, 一定のエネルギーで振動し続け, 質点が平衡点から運動の向きを反転させる**転換点**の範囲を動く間, ポテンシャルエネルギーと運動エネルギーを連続的に交換します. その物体のポテンシャルエネルギーは, 平衡位置でゼロになり, バネが最大に圧縮または伸長される転換点で最大になります. 逆に言えば, 運動エネルギーは, 物体が平衡点を通過するときに最大になり, そして, 物体の速度が転換点でゼロになるときに運動エネルギーもゼロになります. 物体は平衡点で最も速く動き, 転換点で最も遅く動きます. そのため, 物体の位置測定をランダムなタイミングで行うと, 転換点の近くで多くの測定結果を得ることになります. なぜなら, 物体は転換点の近くでより多くの時間を費やすからです.

　この節でわかるように, 古典的な調和振動子と量子的な調和振動子の振る舞いはかなり異なりますが, 古典的な調和振動子のいくつかの特徴は量子的な場合と関係しています. その特徴の 1 つは, ポテンシャルエネルギーが次の 2 次式

$$V(x) = \frac{1}{2}kx^2 \tag{5.56}$$

で与えられる点です. ここで, x は平衡点からの物体の距離を表し, k は**バネ定数**(平衡点からの単位距離当たりの物体にはたらく力[*13])を表しています. ポテンシャルエネルギーと位置 x との関係を表す 2 次式は, 距離とともに線形に(直線的に)増加する復元力, つまり, **フックの法則**に従う力

$$F = -kx \tag{5.57}$$

に関係します. ここで, 負符号は力 F が常に平衡点に向かう向き(平衡点からの変位の向きとは逆の向き)であることを示しています. フックの法則と 2 次式のポテンシャルエネルギーとの関係は, 力をポテンシャルエネルギーの負の

[*13]　これは, $F = -kx$ に単位距離 $x = 1$ を代入すると, $F = -k \cdot 1 = -k$ となることを言っています.

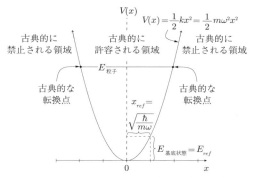

図 5.25 調和振動子のポテンシャルエネルギー

勾配として，次式のように表せばわかります．

$$F = -\frac{\partial V}{\partial x} = -\frac{\partial \left(\frac{1}{2}kx^2\right)}{\partial x} = -\frac{2kx}{2} = -kx \tag{5.58}$$

古典的な調和振動子からのもう１つの有用な結果は，物体の運動が正弦的に振る舞い，角振動数 ω が

$$\omega = \sqrt{\frac{k}{m}} \tag{5.59}$$

で与えられることです．ここで，k はバネ定数，m は物体の質量を表します．

図 5.25 に，調和振動子のポテンシャルエネルギーを平衡点からの距離 x の関数として示しています（これが放物線で，他の特徴は図の中で簡潔に説明されています）．注意してほしいことは，ポテンシャルが $x \to \pm\infty$ で無限大になることです．無限大の井戸の場合に見たように，波動関数の振幅 $\psi(x)$ はポテンシャルエネルギーが無限大になる領域でゼロでなければなりません．これが，調和振動子の波動関数に対する境界条件になります．

前節のポテンシャル井戸の場合と同じように，調和振動子のエネルギー準位と波動関数は，変数分離を使ってシュレーディンガー方程式（3.40）を解けば求まります．その結果，調和振動子の方程式は次のようになります．

$$-\frac{\hbar^2}{2m}\frac{d^2\psi(x)}{dx^2} + \frac{1}{2}kx^2\psi(x) = E\psi(x) \tag{5.60}$$

　量子力学では，調和振動子の方程式とその解は，バネ定数 k よりも角振動数 ω を用いて書くのが一般的です．（5.59）より $k = m\omega^2$ となるので，この k を「時間依存しないシュレーディンガー方程式」(5.60)に代入すると次式になります．

$$\frac{d^2\psi(x)}{dx^2} - \frac{2m}{\hbar^2}\left[\frac{1}{2}m\omega^2 x^2\psi(x)\right] = -\frac{2m}{\hbar^2}E\psi(x)$$

$$\frac{d^2\psi(x)}{dx^2} - \left[\frac{m^2\omega^2}{\hbar^2}x^2\psi(x)\right] + \frac{2m}{\hbar^2}E\psi(x) = 0$$

$$\frac{d^2\psi(x)}{dx^2} + \left[\frac{2m}{\hbar^2}E - \frac{m^2\omega^2}{\hbar^2}x^2\right]\psi(x) = 0 \qquad (5.61)$$

　この形のシュレーディンガー方程式は，5.1 節の無限大の井戸や 5.2 節の有限の井戸で用いた方程式よりも解くのがかなり面倒です．その理由は，ポテンシャル項にある x^2 のためです(井戸のポテンシャルエネルギー $V(x)$ は，各領域で一定であったことを思い出してください)．区分的に一定なポテンシャルは，井戸の内側で($\sqrt{E}$ に比例，つまり，井戸の底から上への距離に比例した)一定の波数 k に，そして，井戸の外側で($\sqrt{V_0-E}$ に比例，つまり，井戸の頂上から下への距離に比例した)一定の減衰定数 κ に導きました．しかし，今の場合は，井戸の深さが x とともに連続的に変わるため，別のアプローチが必要になります．

　すでに，あなたが包括的な量子力学のテキストで調和振動子の問題を見ていれば，量子的な調和振動子のエネルギー準位と波動関数を求めるアプローチには，**解析的アプローチ**と**代数的アプローチ**という 2 種類のアプローチがあることに気づいたかもしれません．

　「解析的」アプローチは，（5.61）をベキ級数で解く方法です．一方，「代数的」アプローチは，（5.61）を因数分解し，**ハシゴ演算子**(ladder operator)[*14] という一種の演算子を利用して，許容エネルギー準位と波動関数を求める方法です．本書の目的は，より進んだ量子力学の書籍にあなたが出合うときの準備

[*14]　「昇降演算子」あるいは「生成・消滅演算子」ともよばれます．これらの定義式(5.102)，(5.103)の後に，ハシゴ演算子の簡潔な説明があります．

をすることなので，この節では両方のアプローチの基礎を説明します．

たとえあなたが微分方程式について詳しくなかったとしても，調和振動子の
シュレーディンガー方程式を解く「解析的」アプローチのベキ級数展開法は理
解しやすいので，一度この方法を学べば，あなたはこのテクニックを自分のも
のにしたくなるはずです．

解析を始める前に，2つの変数の置き換えをしておくと，解析が楽になりま
す．これらの置き換えは，エネルギー E や位置 x などの次元をもった変数を
無次元量に置き換えるというアイデアで，これらの変数を E_{ref} や x_{ref} などの
基準量（**reference quantity**）で割ったものを考えます．この節では，エネルギ
ーを無次元化した量を $\overset{\text{エプシロン}}{\epsilon}$ と置き

$$\epsilon \equiv \frac{E}{E_{ref}} = \frac{E}{\left(\dfrac{1}{2}\hbar\omega\right)} \tag{5.62}$$

で定義します．ここで，基準エネルギーは $E_{ref} = \dfrac{\hbar\omega}{2}$ です．この E_{ref} がエネ
ルギーの次元をもつことを確認するのは簡単ですが，$\dfrac{1}{2}$ の因子はどこから来
ているのでしょうか？ また，ω は何を表しているのでしょうか？

これらの問いに対する答えは，調和振動子のエネルギー準位を見ると明らか
になります．手短に言えば，ω は基底状態（最低エネルギー）の波動関数の角振
動数であり，そして，$\dfrac{\hbar\omega}{2}$ は量子的な調和振動子の基底状態のエネルギーで
あるということです．

同様に，位置の無次元量を $\overset{\text{グザイ}}{\xi}$ と置き

$$\xi \equiv \frac{x}{x_{ref}} = \frac{x}{\sqrt{\dfrac{\hbar}{m\omega}}} \tag{5.63}$$

で定義します．ここで，基準位置は $x_{ref} = \sqrt{\dfrac{\hbar}{m\omega}}$ です．なお，この x_{ref} が位
置の次元をもつことを確認しておくと良いでしょう．

では，$\sqrt{\dfrac{\hbar}{m\omega}}$ は何を表しているのでしょうか？ E_{ref} の場合のように，調
和振動子のエネルギー準位を決めれば答えはわかりますが，前もって予告をす
れば，$\sqrt{\dfrac{\hbar}{m\omega}}$ は基底状態の粒子に対する調和振動子の古典的な転換点までの

距離を表しています．この節でわかるように，量子的な粒子は古典的な調和振動子のようには振る舞いませんが，それでも，古典的な転換点までの距離は有効な基準として使えます．**図 5.25** に，E_{ref} と x_{ref} の両方を示しています．

これらの無次元量を(5.61)に入れるには，エネルギー項を E_{ref} で割り，位置項を x_{ref} で割るだけではできません．まず(5.62)から

$$E = \epsilon E_{ref} = \epsilon \left(\frac{1}{2} \hbar \omega \right) \tag{5.64}$$

のように E を求め，(5.63)から x を次のように求めます．

$$x = \xi x_{ref} = \xi \left(\sqrt{\frac{\hbar}{m\omega}} \right) \tag{5.65}$$

次に，2 階の空間微分 $\dfrac{d^2}{dx^2}$ を扱わなければなりません．x を ξ で微分すると

$$\frac{dx}{d\xi} = \sqrt{\frac{\hbar}{m\omega}}$$

$$dx = \sqrt{\frac{\hbar}{m\omega}} d\xi \tag{5.66}$$

となるので，次の関係が求まります．

$$dx^2 = \frac{\hbar}{m\omega} d\xi^2 \tag{5.67}$$

ここで，E と x と dx^2 の式を，(5.61)に代入すると，次式のようになります．

$$\frac{d^2\psi(\xi)}{\frac{\hbar}{m\omega}d\xi^2} + \left[\frac{2m}{\hbar^2} \epsilon \left(\frac{1}{2}\hbar\omega \right) - \frac{m^2\omega^2}{\hbar^2} \left(\xi\sqrt{\frac{\hbar}{m\omega}} \right)^2 \right] \psi(\xi) = 0$$

$$\frac{m\omega}{\hbar} \frac{d^2\psi(\xi)}{d\xi^2} + \left(\frac{m\omega}{\hbar}\epsilon - \frac{m\omega}{\hbar}\xi^2 \right) \psi(\xi) = 0$$

$$\frac{d^2\psi(\xi)}{d\xi^2} + (\epsilon - \xi^2)\psi(\xi) = 0 \tag{5.68}$$

このタイプの微分方程式は**ウェーバー方程式**とよばれ，その解はガウス関数と**エルミート多項式**の積であることがわかっています．それがどのように現れるのかを確認する前に，一歩下がって，(5.68)が何を語っているのかを考える

必要があります.

第3章と第4章の曲率に関する説明を読んでいれば，2階の空間微分 $\dfrac{d^2\psi}{dx^2}$ は，距離に対する波動関数 ψ の曲率を表していることがわかるでしょう．上記の定義から，ϵ はエネルギー E に比例し，ξ^2 は位置の2乗 x^2 に比例することもわかります．したがって，(5.68)は，調和振動子の波動関数の曲率の大きさが，エネルギーの増加とともに増えることを意味しますが，特定のエネルギーに対して，波動関数の曲率はポテンシャル井戸の中心からの距離とともに減少します[*15].

この分析により，調和振動子の波動関数の大まかな振る舞いはわかりますが，その振る舞いの詳細は(5.68)を解かなければわかりません．そのためには，この方程式が解 $\psi(\xi)$ の漸近的な振る舞い(つまり，ξ の非常に大きい値あるいは非常に小さい値での振る舞い)について何を語っているかを考えるのが役立ちます．なぜなら，ある領域での解の振る舞いを別の領域の解と分離できれば，それぞれの領域だけで成り立つ微分方程式を解く方が簡単になる可能性があるからです.

このことを，(5.68)から理解するのは難しくありません．大きな ξ (つまり，大きな x)に対して，(5.68)は次のようになります．

$$\frac{d^2\psi(\xi)}{d\xi^2} - \xi^2\psi(\xi) \approx 0$$

$$\frac{d^2\psi(\xi)}{d\xi^2} \approx \xi^2\psi(\xi) \tag{5.69}$$

ここで，ξ は大きいので ϵ 項は ξ^2 項と比較して無視されています.

大きな ξ での方程式の解は

$$\psi(\xi \to \pm\infty) = Ae^{\frac{\xi^2}{2}} + Be^{-\frac{\xi^2}{2}} \tag{5.70}$$

[*15] (5.68)の3番目の式を $\dfrac{d^2\psi(\xi)}{d\xi^2} = -(\epsilon-\xi^2)\psi(\xi)$ と書くと，右辺の $\psi(\xi)$ にかかる係数 $(\epsilon-\xi^2)$ の増減により，曲率の変化量がわかります．例えば，(ξ は一定で)エネルギー ϵ だけが増加する場合，$(\epsilon-\xi^2)$ は大きくなるので，曲率の絶対値は大きくなります．一方，(ϵ は一定で)距離 ξ だけが増加する場合，$\epsilon>\xi^2$ ならば $(\epsilon-\xi^2)$ は小さくなるので，曲率の絶対値は小さくなります.

です[*16]. しかし，調和振動子の場合，ポテンシャルエネルギー $V(x)$ は x（したがって，ξ）が正または負の無限大になると際限なく増加します．前に述べたように，これは波動関数 $\psi(\xi)$ が $\xi \to \pm\infty$ でゼロになる必要があることを意味するので，正の指数関数の解は除外され，係数 A はゼロでなければなりません．

したがって，大きな正と負の ξ に対して，負の指数関数項が $\psi(\xi)$ の主要部として残るので，(5.68) の $\psi(\xi)$ は次のように表すことができます．

$$\psi(\xi) = f(\xi)e^{-\frac{\xi^2}{2}} \tag{5.71}$$

ここで，$f(\xi)$ は ξ の小さい値での $\psi(\xi)$ の振る舞いを規定する関数を表しています．定数係数 B は，この関数 $f(\xi)$ に吸収されています．

$\psi(\xi)$ の漸近的な振る舞いを分離することには，どのような利点があるのでしょうか？ これを調べるために，(5.71) の $\psi(\xi)$ を (5.68) に代入すると，何が起こるかを見てみましょう．

$$\frac{d^2\left[f(\xi)e^{-\frac{\xi^2}{2}}\right]}{d\xi^2} + (\epsilon - \xi^2)f(\xi)e^{-\frac{\xi^2}{2}} = 0 \tag{5.72}$$

まず1階の空間微分を実行すると

$$\begin{aligned}
\frac{d\left[f(\xi)e^{-\frac{\xi^2}{2}}\right]}{d\xi} &= \frac{df(\xi)}{d\xi}e^{-\frac{\xi^2}{2}} + f(\xi)\frac{d\left(e^{-\frac{\xi^2}{2}}\right)}{d\xi} \\
&= \frac{df(\xi)}{d\xi}e^{-\frac{\xi^2}{2}} + f(\xi)\left(-\xi e^{-\frac{\xi^2}{2}}\right) \\
&= e^{-\frac{\xi^2}{2}}\left[\frac{df(\xi)}{d\xi} - \xi f(\xi)\right]
\end{aligned}$$

となるので，もう一度，空間微分を行うと

[*16] $\xi \gg 1$ に対する (5.69) の微分方程式は，単に数学の問題として解けば，その解は (5.70) になります．なぜなら

$$\frac{d^2\psi(\xi)}{d\xi^2} = A(1+\xi^2)e^{\frac{\xi^2}{2}} + B(-1+\xi^2)e^{-\frac{\xi^2}{2}} \xrightarrow[\xi \gg 1]{} A\xi^2 e^{\frac{\xi^2}{2}} + B\xi^2 e^{-\frac{\xi^2}{2}} = \xi^2\psi(\xi)$$

となるからです．

$$\frac{d^2\left[f(\xi)e^{-\frac{\xi^2}{2}}\right]}{d\xi^2} = \frac{d\left\{e^{-\frac{\xi^2}{2}}\left[\frac{df(\xi)}{d\xi} - \xi f(\xi)\right]\right\}}{d\xi}$$

$$= \frac{d\left(e^{-\frac{\xi^2}{2}}\right)}{d\xi}\left[\frac{df(\xi)}{d\xi} - \xi f(\xi)\right] + e^{-\frac{\xi^2}{2}}\frac{d}{d\xi}\left[\frac{df(\xi)}{d\xi} - \xi f(\xi)\right]$$

$$= -\xi e^{-\frac{\xi^2}{2}}\frac{df(\xi)}{d\xi} - \xi e^{-\frac{\xi^2}{2}}[-\xi f(\xi)]$$

$$\quad + e^{-\frac{\xi^2}{2}}\frac{d^2 f(\xi)}{d\xi^2} + e^{-\frac{\xi^2}{2}}\left[-f(\xi) - \xi\frac{df(\xi)}{d\xi}\right]$$

$$= e^{-\frac{\xi^2}{2}}\left[-\xi\frac{df(\xi)}{d\xi} + \xi^2 f(\xi) + \frac{d^2 f(\xi)}{d\xi^2} - f(\xi) - \xi\frac{df(\xi)}{d\xi}\right]$$

$$= e^{-\frac{\xi^2}{2}}\left[\frac{d^2 f(\xi)}{d\xi^2} - 2\xi\frac{df(\xi)}{d\xi} + f(\xi)(\xi^2 - 1)\right]$$

となります．これを(5.72)に代入すると

$$e^{-\frac{\xi^2}{2}}\left[\frac{d^2 f(\xi)}{d\xi^2} - 2\xi\frac{df(\xi)}{d\xi} + f(\xi)(\xi^2 - 1)\right] + (\epsilon - \xi^2)f(\xi)e^{-\frac{\xi^2}{2}} = 0$$

となるので，次式が求まります．

$$e^{-\frac{\xi^2}{2}}\left[\frac{d^2 f(\xi)}{d\xi^2} - 2\xi\frac{df(\xi)}{d\xi} + f(\xi)(\epsilon - 1)\right] = 0 \qquad (5.73)$$

この方程式は，ξ のすべての値で成り立つ必要がありますが，先頭の指数因子はどの有限な ξ に対してもゼロにはならないので，括弧内の項がゼロでなければなりません．つまり，

$$\frac{d^2 f(\xi)}{d\xi^2} - 2\xi\frac{df(\xi)}{d\xi} + f(\xi)(\epsilon - 1) = 0 \qquad (5.74)$$

が成り立つ必要があります．ここまでの作業の結果は，単に別の 2 階微分方程式を導いただけに見えるかもしれませんが，この方程式(5.74)の解はベキ級数アプローチで求めることができるのです．そのために，関数 $f(\xi)$ を ξ のベキ級数として，次のように表します．

$$f(\xi) = a_0 + a_1\xi + a_2\xi^2 + \cdots = \sum_{n=0}^{\infty} a_n\xi^n$$

注意してほしいことは，量子的な調和振動子の場合，添字を $n = 1$ ではなく

$n = 0$ から始める慣習があることです．そのため，基底状態（最低エネルギー）の波動関数は ψ_0 に，最低エネルギー準位は E_0 になります．このベキ級数を用いて $f(\xi)$ を表すと，$f(\xi)$ の1階空間微分は

$$\frac{df(\xi)}{d\xi} = \sum_{n=0}^{\infty} n a_n \xi^{n-1}$$

となり，2階空間微分は次式のようになります．

$$\frac{d^2 f(\xi)}{d\xi^2} = \sum_{n=0}^{\infty} n(n-1) a_n \xi^{n-2}$$

これらを(5.74)に代入すると，次式が得られます．

$$\sum_{n=0}^{\infty} n(n-1) a_n \xi^{n-2} - 2\xi \sum_{n=0}^{\infty} n a_n \xi^{n-1} + \sum_{n=0}^{\infty} a_n \xi^n (\epsilon - 1) = 0 \qquad (5.75)$$

このような方程式は，ξ の同じベキをもつ項ごとにグループ分けすると，もっと見通しよくなります．なぜなら，ξ の同じベキをもつ項をすべて合計すると，ゼロにならなければならないからです．これが正しいことは，次のように考えれば理解できます．(5.75)は，全てのベキの各項を全て合計するとゼロになる必要があることを示していますが，あるベキをもつ項は別のベキをもつ項と打ち消しあうことはできません（異なるベキの項は，ξ のある特定の値で，互いにキャンセルする場合はありますが，ξ の全ての値でキャンセルすることはできません）．したがって，同じベキをもつ(5.75)の項をグループ分けすると，それらの項の係数の和はゼロでなければならないことがわかります．

　ところで，(5.75)で同じベキの項をグループ分けする作業は，面倒に思えるかもしれませんが，2番目と3番目の和はすでに ξ の同じベキをもっていて，そのベキは n です．なぜなら，2番目の和には ξ がかかっていて，$(\xi)(\xi^{n-1}) = \xi^n$ となるからです．

　では，1番目の和を注意深く見てください．$n=0$ と $n=1$ の項は，どちらも 0 になるので，この和に何の寄与もしません．これは，$n \to n+2$ と置き換えると，添字の番号を簡単に変更できることを意味するので，この和は ξ^n の項だけで表すことができます．

　したがって，(5.75)は次のように書くことができます．

$$\sum_{n=0}^{\infty} (n+2)(n+1)a_{n+2}\xi^n - \sum_{n=0}^{\infty} 2na_n\xi^n + \sum_{n=0}^{\infty} a_n\xi^n(\epsilon-1) = 0$$

$$\sum_{n=0}^{\infty} \left[(n+2)(n+1)a_{n+2} - 2na_n + a_n(\epsilon-1) \right]\xi^n = 0$$

ここで，ξ^n の係数はゼロでなければならないので

$$(n+2)(n+1)a_{n+2} - 2na_n + a_n(\epsilon-1) = 0$$

$$a_{n+2} = \frac{2n+(1-\epsilon)}{(n+2)(n+1)} a_n \tag{5.76}$$

が導けます．これは，任意の係数 a_n を，それよりも 2 ステップ多い係数 a_{n+2} に関係づける漸化式です．そのため，どれか 1 つ偶数番号の係数がわかっていれば，この式を利用して，それよりも高い偶数番号の係数を全て決定できます．また，この漸化式の添字を n から $n-2$ に書き替えると，それよりも低い偶数番号の係数を(存在する場合に)全て見つけることができます．同様に，どれか 1 つ奇数番号の係数がわかっていれば，それ以外の奇数番号の係数を全て見つけることができます．例えば，偶数番号の係数 a_0 がわかっていれば a_2, a_4 などを，また，奇数番号の a_1 がわかっていれば a_3, a_5 などを，どこまでも決めていくことができます．

しかし，大きな n での比 $\frac{a_{n+2}}{a_n}$ について，この漸化式が何を語っているのかを考えると，問題が起こります．この比は

$$\frac{a_{n+2}}{a_n} = \frac{2n+(1-\epsilon)}{(n+2)(n+1)} \tag{5.77}$$

で与えられます．n の値が大きい場合，(5.77)の n を含む項は，分母と分子の両方で他の項を圧倒するので，この比は次のように収束します．

$$\frac{a_{n+2}}{a_n} = \frac{2n+(1-\epsilon)}{(n+2)(n+1)} \xrightarrow[\text{大きな } n]{} \frac{2n}{(n)(n)} = \frac{2}{n} \tag{5.78}$$

では，なぜこの比が問題を起こすのでしょうか？ その理由は，関数 $f(\xi)$ のベキ級数の偶数番号の係数あるいは奇数番号の係数の比が e^{ξ^2} と同じ $\frac{2}{n}$ に

収束するものだからです[*17]. つまり, n の大きな値に対して比 $\dfrac{a_{n+2}}{a_n}$ が e^{ξ^2} のように振る舞うと, (5.71)から波動関数 $\psi(\xi)$ は次のようになるからです.

$$\psi(\xi) = f(\xi)e^{-\frac{\xi^2}{2}} \xrightarrow[\text{大きな } n]{} e^{\xi^2}e^{-\frac{\xi^2}{2}} = e^{+\frac{\xi^2}{2}}$$

この正の指数関数項は, $\xi \to \pm\infty$ で際限なしに増加するので, $\psi(\xi)$ は規格化できません. したがって, $\psi(\xi)$ は物理的に実現可能な波動関数にはなりません.

しかし, ここでこのアプローチをあきらめるのではなく, この結論を利用すれば, 調和振動子のエネルギー準位を見つけるための重要な一歩が踏み出せます.

その一歩を踏み出すために, ξ の大きな正と負の値で, $\psi(\xi)$ が発散するのを防ぐ方法を考えましょう. その方法とは, n の有限な値で級数 $\sum\limits_{n} \dfrac{a_{n+2}}{a_n}$ を終了させることです. そうすれば, n の大きな値で級数が e^{ξ^2} となることは絶対にありません.

では, どのような条件がこの級数を終了させ得るでしょうか? (5.77)から係数 a_{n+2} は

$$\frac{2n + (1 - \epsilon)}{(n+2)(n+1)} = 0$$

[*17] 関数 $f(\xi)$ は

$$f(\xi) = (a_0 + a_2\xi^2 + a_4\xi^4 + \cdots) + \xi(a_1 + a_3\xi^2 + a_5\xi^4 + \cdots)$$

のように, 偶数番号の係数項の和と奇数番号の係数項の和に分けることができます. 一方, e^{ξ^2} のテイラー展開

$$e^{\xi^2} = 1 + \frac{\xi^2}{1!} + \frac{\xi^4}{2!} + \frac{\xi^6}{3!} + \cdots + b_n\xi^n + b_{n+2}\xi^{n+2} + \cdots$$

は, ξ が十分大きな領域では, この級数の最初の方の項は後の方の項に比べて無視できるので, 係数 b_n と b_{n+2} の比は次のようになります.

$$\frac{b_{n+2}}{b_n} = \frac{\left(\dfrac{n}{2}\right)!}{\left(\dfrac{n}{2}+1\right)!} = \frac{1}{\dfrac{n}{2}+1} \xrightarrow[n \gg 1]{} \frac{1}{\dfrac{n}{2}} = \frac{2}{n}$$

これは(5.78)と一致するから, $f(\xi)$ の偶数項と奇数項がともに e^{ξ^2} のように振る舞うことがわかります.

を満たすエネルギーパラメータ ϵ の値でゼロになります. つまり

$$2n + (1 - \epsilon) = 0$$

であること, あるいは, 次のように書きかえた式が級数を終了させる条件を表します.

$$\epsilon = 2n + 1 \tag{5.79}$$

これは, エネルギーパラメータ ϵ（したがって, エネルギー E）が量子化されること, つまり, E が n の値に依存した離散値になることを意味します. この量子化を添字 n で表すと, E と ϵ の関係(5.64)は

$$E_n = \epsilon_n \left(\frac{1}{2} \hbar\omega \right) = (2n + 1) \left(\frac{1}{2} \hbar\omega \right)$$

より, 次のようになります.

$$E_n = \left(n + \frac{1}{2} \right) \hbar\omega \tag{5.80}$$

これが, 調和振動子のエネルギーの許容値です. 無限大の井戸と有限の井戸の場合と同じように, エネルギーの量子化とエネルギーの許容値は, 境界条件の適用から直接得られます.

許容エネルギーのこれらの値を検討するために, 少し時間を使いましょう. 基底状態($n = 0$)のエネルギーは, $E = (\frac{1}{2})\hbar\omega$ です. これは,（5.62）で無次元エネルギーパラメータ ϵ を定義する際に E_{ref} として用いたものと同じです. また, 調和振動子のエネルギー準位間の間隔が一定であることにも注意してください. 各エネルギー準位 E_n は, 隣接する低い方のエネルギー準位 E_{n-1} よりも厳密に $\hbar\omega$ だけ高くなります（この章の初めの2つの節で説明したように, 無限大および有限の井戸の場合は, エネルギー準位間の間隔が n とともに大きくなります）. したがって, 調和振動子は, 量子化されたエネルギー準位やゼロでない基底状態のエネルギーをもつことなど, 無限大および有限の井戸のいくつかの特徴を共有していますが, 平衡点からの距離によるポテンシャルの変化は大きな違いをもたらします.

許容エネルギーがわかったので, 次は, 対応する波動関数 $\psi_n(\xi)$ を見つけ

る作業です．これには漸化式と(5.71)が使えますが，ベキ級数の和の限界を
慎重に考える必要があります．

　エネルギー準位には E_n のように添字 n を付けるのが一般的なので，この
添字とベキ級数の添字を区別するために，ここから先は，ベキ級数の和の添字
を m に変えて

$$f(\xi) = \sum_{m=0,1,2,\ldots} a_m \xi^m \tag{5.81}$$

と表します．漸化式は a_{m+2} と a_m を関係付けるので，これらを 2 種類の級数
に分ける方が便利です．1 つは全て ξ の偶数ベキ，もう 1 つは全て ξ の奇数ベ
キで，次のように分けます．

$$f(\xi) = \sum_{m=0,2,4,\ldots} a_m \xi^m + \sum_{m=1,3,5,\ldots} a_m \xi^m \tag{5.82}$$

エネルギーパラメータ ϵ_n が値 $2n+1$ をとるとき，和は必ず終了する(そして，
物理的に実現可能な解を生成する)ので，この ϵ_n の値を添字 m の漸化式に代
入すると

$$a_{m+2} = \frac{2m + (1 - \epsilon_n)}{(m+2)(m+1)} a_m = \frac{2m + [1 - (2n+1)]}{(m+2)(m+1)} a_m$$
$$= \frac{2(m-n)}{(m+2)(m+1)} a_m \tag{5.83}$$

が求まります[*18]．これは，$m=n$ のときに級数が終了することを意味します．
したがって，$n=0$ をもつ最初の許容エネルギー準位の場合，エネルギーパ
ラメータは $\epsilon_0 = 2n+1 = 1$ であり，偶数ベキの級数は $m=n=0$ で終了します
(つまり，$m>n$ をもった偶数ベキの項は全てゼロになります)．奇数ベキの級
数に関しては，どうでしょうか？　$a_1 = 0$ と置くと，漸化式から，これより高
い奇数ベキの項もすべてゼロになり，奇数ベキの級数は発散しないことが保証
されます．したがって，$n=0$ の関数 $f_0(\xi)$ は a_0 の項だけが残り

$$f_0(\xi) = \sum_{m=0 \text{ のみ}} a_m \xi^m = a_0 \xi^0 = a_0 \tag{5.84}$$

[*18]　添字を m に変えた(5.76)の漸化式で，ϵ に(5.79)の $\epsilon_n = 2n+1$ を代入した結果です．

となります.

次に，1番目($n=1$)の励起状態を考えてみましょう．1番目の励起状態のエネルギーパラメータ $\epsilon_1 = 2n+1 = 3$ と(5.83)の $m-n$ 項により，奇数ベキの級数は $m=n=1$ で終了します（したがって，$m>n$ の全ての奇数ベキの項はゼロです）．また，偶数ベキの級数が発散しないようにするためには，$a_0 = 0$ と置かねばなりません．そうすると，漸化式から，これより高い偶数ベキの項が全てゼロになります．したがって，$n=1$ の級数は a_1 の項だけが残り，1番目の励起状態の関数 $f_1(\xi)$ は次のようになります．

$$f_1(\xi) = \sum_{m=1\,のみ} a_m \xi^m = a_1 \xi^1 = a_1 \xi \tag{5.85}$$

2番目($n=2$)の励起状態の場合，エネルギーパラメータは $\epsilon_2 = 5$ であり，偶数ベキの級数は $m=n=2$ で終了します．ただし，この場合，m は0と2の値をとることができ，漸化式は係数の比 $\dfrac{a_2}{a_0}$ と $\dfrac{a_4}{a_2}$ を教えてくれます．$m=0$ と $n=2$ に対して，漸化式は次の結果を与えます．

$$a_2 = \frac{2(m-n)}{(m+2)(m+1)} a_m = \frac{2(0-2)}{(0+2)(0+1)} a_0 = -2a_0$$

そして，$m=2$ と $n=2$ に対しては次の結果を与えます．

$$a_4 = \frac{2(m-n)}{(m+2)(m+1)} a_m = \frac{2(2-2)}{(2+2)(2+1)} a_2 = 0$$

これは，2番目の励起状態の関数 $f_2(\xi)$ が

$$f_2(\xi) = \sum_{m=0\,と\,2} a_m \xi^m = a_0 \xi^0 + a_2 \xi^2$$
$$= (a_0 + a_2 \xi^2) = a_0 (1 - 2\xi^2) \tag{5.86}$$

で与えられることを意味します.

3番目($n=3$)の励起状態の場合，エネルギーパラメータは $\epsilon_3 = 7$ であり，奇数ベキの級数は $m=n=3$ で終了します．この場合，m は1と3の値をとることができ，漸化式は係数の比 $\dfrac{a_3}{a_1}$ と $\dfrac{a_5}{a_3}$ を教えてくれます．$m=1$ と $n=3$ に対して，漸化式は次の結果を与えます．

$$a_3 = \frac{2(m-n)}{(m+2)(m+1)}a_m = \frac{2(1-3)}{(1+2)(1+1)}a_1 = -\frac{2}{3}a_1$$

そして，$m=3$ と $n=3$ に対しては次の結果を与えます．

$$a_5 = \frac{2(m-n)}{(m+2)(m+1)}a_m = \frac{2(3-3)}{(3+2)(3+1)}a_3 = 0$$

これにより，3番目の励起状態の関数 $f_3(\xi)$ は

$$f_3(\xi) = \sum_{m=1 \text{と} 3} a_m \xi^m = a_1\xi^1 + a_3\xi^3$$

$$= (a_1\xi + a_3\xi^3) = a_1\left(\xi - \frac{2}{3}\xi^3\right) \tag{5.87}$$

で与えられます．

4番目 $(n=4)$ の励起状態の場合，エネルギーパラメータは $\epsilon_4 = 9$ であり，偶数ベキの級数は $m = n = 4$ で終了します．この場合，m は0と2と4の値をとることができ，漸化式は係数の比 $\dfrac{a_2}{a_0}$ と $\dfrac{a_4}{a_2}$ と $\dfrac{a_6}{a_4}$ を教えてくれます．$m=0$ と $n=4$ に対して

$$a_2 = \frac{2(m-n)}{(m+2)(m+1)}a_m = \frac{2(0-4)}{(0+2)(0+1)}a_0 = -4a_0$$

$m=2$ と $n=4$ に対して

$$a_4 = \frac{2(m-n)}{(m+2)(m+1)}a_m = \frac{2(2-4)}{(2+2)(2+1)}a_2$$

$$= \frac{-4}{12}a_2 = -\frac{1}{3}a_2 = \frac{4}{3}a_0$$

そして，最後の $m=4$ と $n=4$ に対して

$$a_6 = \frac{2(m-n)}{(m+2)(m+1)}a_m = \frac{2(4-4)}{(4+2)(4+1)}a_4 = 0$$

となります．したがって，4番目の励起状態の関数 $f_4(\xi)$ は

$$f_4(\xi) = \sum_{m=0,2,4} a_m \xi^m = a_0\xi^0 + a_2\xi^2 + a_4\xi^4$$

$$= (a_0 + a_2\xi^2 + a_4\xi^4) = a_0\left(1 - 4\xi^2 + \frac{4}{3}\xi^4\right) \tag{5.88}$$

で与えられます.

　5 番目($n=5$)の励起状態の場合, エネルギーパラメータは $\epsilon_5 = 11$ であり, 奇数ベキの級数は $m=n=5$ で終了します. この場合, m は 1 と 3 と 5 の値をとることができ, 漸化式は係数の比 $\dfrac{a_3}{a_1}$ と $\dfrac{a_5}{a_3}$ と $\dfrac{a_7}{a_5}$ を教えてくれます. $m=1$ と $n=5$ に対して

$$a_3 = \frac{2(m-n)}{(m+2)(m+1)} a_m = \frac{2(1-5)}{(1+2)(1+1)} a_1 = -\frac{4}{3} a_1$$

$m=3$ と $n=5$ に対して

$$a_5 = \frac{2(m-n)}{(m+2)(m+1)} a_m = \frac{2(3-5)}{(3+2)(3+1)} a_3$$
$$= \frac{-4}{20} a_3 = -\frac{1}{5} a_3 = \frac{4}{15} a_1$$

そして, 最後の $m=5$ と $n=5$ に対して

$$a_7 = \frac{2(m-n)}{(m+2)(m+1)} a_m = \frac{2(5-5)}{(5+2)(5+1)} a_5 = 0$$

となります. したがって, 5 番目の励起状態の関数 $f_5(\xi)$ は

$$f_5(\xi) = \sum_{m=1,3,5} a_m \xi^m = a_1 \xi^1 + a_3 \xi^3 + a_5 \xi^5$$
$$= \left(a_1 \xi + a_3 \xi^3 + a_5 \xi^5 \right) = a_1 \left(\xi - \frac{4}{3} \xi^3 + \frac{4}{15} \xi^5 \right) \tag{5.89}$$

で与えられます.

　これらは $f_n(\xi)$ の最初の 6 つで, これらに (5.71) のようにガウス型指数関数を掛けることで, $\psi_n(\xi)$ が生成されます.

　では, これらの関数は, この節の初めに述べた**エルミート多項式**とどのように関係しているのでしょうか? その関係は, $f_n(x)$ を集め, 各引数に対して簡単な代数計算を行うとわかります. 具体的に言えば, n の各値ごとに ξ の最高ベキにかかる数値係数が 2^n になるように必要な定数を抜き出して, 次のように整理するのです.

$$f_0(\xi) = a_0 = a_0(1)$$

$$f_1(\xi) = a_1\xi = \frac{a_1}{2}(2\xi)$$

$$f_2(\xi) = a_0(1 - 2\xi^2) = -\frac{a_0}{2}(4\xi^2 - 2)$$

$$f_3(\xi) = a_1\left(\xi - \frac{2}{3}\xi^3\right) = -\frac{a_1}{12}(8\xi^3 - 12\xi)$$

$$f_4(\xi) = a_0\left(1 - 4\xi^2 + \frac{4}{3}\xi^4\right) = \frac{a_0}{12}(16\xi^4 - 48\xi^2 + 12)$$

$$f_5(\xi) = a_1\left(\xi - \frac{4}{3}\xi^3 + \frac{4}{15}\xi^5\right) = \frac{a_1}{120}(32\xi^5 - 160\xi^3 + 120\xi)$$

このように整理をする理由は，関数 $f_n(\xi)$ とエルミート多項式との比較が簡単にできるようになるからです．物理学のテキストやインターネットなどで，エルミート多項式を調べると，おそらく次のような表現に出合うでしょう[8]．

$$H_0(\xi) = 1 \qquad\qquad H_1(\xi) = 2\xi$$
$$H_2(\xi) = 4\xi^2 - 2 \qquad\qquad H_3(\xi) = 8\xi^3 - 12\xi$$
$$H_4(\xi) = 16\xi^4 - 48\xi^2 + 12 \qquad\qquad H_5(\xi) = 32\xi^5 - 160\xi^3 + 120\xi$$

関数 $f_n(\xi)$ をエルミート多項式 $H_n(\xi)$ と比べると，両者は $f_n(\xi)$ の a_0 あるいは a_1 を含む定数係数以外は同じであることがわかります．これらの定数を A_n とよぶことにすると，波動関数 $\psi_n(\xi)$ は次のように書けます．

$$\psi_n(\xi) = f_n(\xi)e^{-\frac{\xi^2}{2}} = A_n H_n(\xi)e^{-\frac{\xi^2}{2}} \qquad (5.90)$$

この定数 A_n は，このあとに示すように，波動関数 $\psi_n(\xi)$ の規格化で決定されます．

　その前に，(5.90)の各項を見てください．約束通り，調和振動子の波動関数は，エルミート多項式 (H_n) とガウス型指数関数 $(e^{-\frac{\xi^2}{2}})$ の積で表現されています．ξ が $\pm\infty$ に近づくにつれ，波動関数 $\psi(\xi)$ をゼロに減少させるのがガウ

---

[8]　さまざまな係数をもつエルミート多項式（ξ の最高次のベキの前にある係数が 2^n ではなく 1 のものなど）に遭遇したら，「物理学者のエルミート多項式」ではなく「確率論学者のエルミート多項式」である可能性があります．両者の違いは倍率（係数）だけです．

ス関数の項です．そして，この項が波動関数の規格化に必要な空間的な局在を
与えてくれます．

　波動関数を規格化するために，全空間で積分した確率密度を1に置きます．
$\psi_n(x)$ の場合，積分は x の全領域で行うので

$$\int_{-\infty}^{\infty} \psi_n^*(x)\psi_n(x)dx = 1 \tag{5.91}$$

となります．dx と $d\xi$ の関係(5.66)を用いると，この積分は

$$\int_{-\infty}^{\infty} \psi_n^*(x)\psi_n(x)dx = \sqrt{\frac{\hbar}{m\omega}} \int_{-\infty}^{\infty} \psi_n^*(\xi)\psi_n(\xi)d\xi = 1 \tag{5.92}$$

のようになります．この $\psi_n(\xi)$ に(5.90)を代入すると

$$\sqrt{\frac{\hbar}{m\omega}} \int_{-\infty}^{\infty} \left[A_n H_n(\xi)e^{-\frac{\xi^2}{2}}\right]^* \left[A_n H_n(\xi)e^{-\frac{\xi^2}{2}}\right] d\xi = 1 \tag{5.93}$$

となるので，次式が導けます．

$$\sqrt{\frac{\hbar}{m\omega}} |A_n|^2 \int_{-\infty}^{\infty} |H_n(\xi)|^2 e^{-\xi^2} d\xi = 1 \tag{5.94}$$

この積分は厄介に見えますが，ウェーバー方程式やエルミート多項式を研究し
てきた数学者たちによって，非常に便利な次の積分公式が知られています．

$$\int_{-\infty}^{\infty} |H_n(\xi)|^2 e^{-\xi^2} d\xi = 2^n n! \left(\pi^{\frac{1}{2}}\right) \tag{5.95}$$

これは，今まさに必要としているものです．この公式を(5.94)に使うと

$$\sqrt{\frac{\hbar}{m\omega}} |A_n|^2 \left[2^n n! \left(\pi^{\frac{1}{2}}\right)\right] = 1$$

$$|A_n|^2 = \sqrt{\frac{m\omega}{\hbar}} \frac{1}{2^n n! \left(\pi^{\frac{1}{2}}\right)}$$

となるので，この平方根から規格化定数 A_n が次のように決まります．

$$A_n = \left(\frac{m\omega}{\hbar}\right)^{\frac{1}{4}} \frac{1}{\sqrt{2^n n! \left(\pi^{\frac{1}{2}}\right)}} = \left(\frac{m\omega}{\pi\hbar}\right)^{\frac{1}{4}} \frac{1}{\sqrt{2^n n!}} \tag{5.96}$$

この A_n より，(5.90)の波動関数 $\psi_n(\xi)$ は

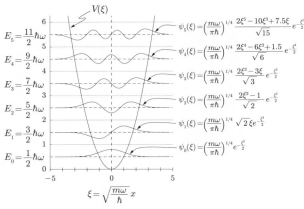

図 5.26　調和振動子の波動関数 $\psi_n(\xi)$

$$\psi_n(\xi) = \left(\frac{m\omega}{\pi\hbar}\right)^{\frac{1}{4}} \left(\frac{1}{\sqrt{2^n n!}}\right) H_n(\xi) e^{-\frac{\xi^2}{2}} \tag{5.97}$$

で与えられます.

　図 5.26 に，調和振動子のエネルギーの小さいほうから 6 個のエネルギー準位と，それらに対応する波動関数 $\psi_n(\xi)$ を示しています．井戸型ポテンシャルの場合と同じように，最低エネルギー（基底状態）の波動関数はポテンシャル $V(\xi)$ の中央（$x=0$）に対して偶関数であり，これより高いエネルギーの波動関数は奇パリティと偶パリティを交互にくり返します．有限の井戸の解のように，調和振動子の波動関数も，古典的に許容される領域では振動し，古典的に禁止される領域では指数関数的に減衰します．古典的に許容される領域では，波動関数の曲率はエネルギーの増加とともに増えていくので，エネルギーの高い波動関数ほど，古典的な転換点の間で，より多くのサイクルをもちます．具体的に言えば，ψ_{n-1} よりも ψ_n の方が（不完全な[*19]）半サイクルを 1 つ，そして，ノードを 1 つ多くもっています．

　図 5.27 に，調和振動子の小さいほうから 6 個のエネルギー波動関数の確率密度（probability **den**sity）$P_{den,n}(\xi) = \psi_n^*(\xi)\psi_n(\xi)$ を示しています．これらの

[*19]　転換点で関数の値が厳密にゼロにならず，有限の値をもつため，周期が一定の完全なサイクルではないことを意味します.

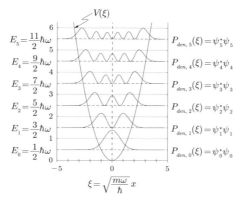

図 5.27 調和振動子の確率密度

プロットから，低いエネルギー（n の小さい値）の量子的な調和振動子の振る舞いは，古典的な調和振動子と大きく異なることがわかります．例えば，基底状態の粒子の場合，エネルギーは $\dfrac{\hbar\omega}{2}$ であり，位置を測定すると $x = 0$ に近い値を得る可能性が最も高くなります．さらに，各励起状態 $\psi_n(\xi)$ には，古典的に許容される領域で確率ゼロになる n 個の場所があります．しかし，よく見ると，n の増加とともに，古典的な転換点付近で，位置が測定される確率が高くなっています．したがって，量子的な調和振動子の振る舞いは，4.1 節で説明した**対応原理**で要求されるように，n が大きくなるにつれて古典的な調和振動子の振る舞いに似てくることがわかります．

　また，これらの波動関数は変数分離法で得たハミルトニアンの固有関数であるため，位置，運動量，エネルギーなどのオブザーバブルの期待値が時間的に変化しない定常状態をこれらの波動関数が表すことにも留意してください．

　定常でない状態（この状態は重み付けされた固有関数の重ね合わせで，すべて合成できます）での粒子の振る舞いを決めるには，時間関数 $T(t)$ を含めなければならないので，波動関数は

$$\Psi_n(x,t) = \left(\frac{m\omega}{\pi\hbar}\right)^{\frac{1}{4}} \left(\frac{1}{\sqrt{2^n n!}}\right) H_n\left(\sqrt{\frac{m\omega}{\hbar}}x\right) e^{-\frac{m\omega}{2\hbar}x^2} e^{-i\left(n+\frac{1}{2}\right)\omega t}$$

$$(5.98)$$

となります．

　許容エネルギー準位 E_n と波動関数 $\Psi_n(x, t)$ がわかれば，空間と時間に関する調和振動子の振る舞いを決めることができます．その振る舞いには，位置 x や運動量 p などオブザーバブルの期待値，および，それらの量の絶対値の 2 乗や結果として生じる不確定さが含まれています（これらの例は，演習問題（問題 5.7 と 5.8）とその解答を参照してください）．

　以上のように，解析的アプローチは，この重要な調和振動子を分析するために必要なツールを提供します．しかし，この調和振動子のエネルギー準位と波動関数を見つけるための代数的アプローチを理解することも役立つので，その解説を本章の締めとして行います．

　代数的アプローチには，無次元バージョンの位置演算子 $\widehat{X}$ と運動量演算子 $\widehat{P}$ で書き換えた，「時間依存しない無次元バージョンのシュレーディンガー方程式」を使います．まず基準運動量 p_{ref} を

$$\frac{p_{ref}^2}{2m} = E_{ref} = \frac{1}{2}\hbar\omega$$

$$p_{ref} = \sqrt{\frac{2m\hbar\omega}{2}} = \sqrt{m\hbar\omega}$$

で定義し，これを使って，無次元運動量 $\mathcal{P}$ を次式のように決めます．

$$\mathcal{P} = \frac{p}{p_{ref}} = \frac{p}{\sqrt{m\hbar\omega}} \tag{5.99}$$

この式から，運動量 p は $\mathcal{P}$ を用いて，次のように表すことができます．

$$p = \mathcal{P} \cdot p_{ref} \tag{5.100}$$

　無次元のシュレーディンガー方程式を作るために，エネルギー E を無次元エネルギー ϵ で，位置 x を無次元位置 ξ で，運動量 p を無次元運動量 $\mathcal{P}$ で表します．まず第 3 章のシュレーディンガー方程式

$$-\frac{\hbar^2}{2m}\frac{d^2[\psi(x)]}{dx^2} + V[\psi(x)] = E[\psi(x)] \tag{3.40}$$

から始めます．この式は，調和振動子の運動量演算子 $\widehat{P}$ と位置演算子 $\widehat{X}$ を使って

$$\left[\frac{\widehat{P}^2}{2m} + \frac{1}{2}m\omega^2\widehat{X}^2\right][\psi(x)] = E[\psi(x)]$$

と書くことができます. 無次元運動量演算子 $\widehat{\mathcal{P}} = \dfrac{\widehat{P}}{p_{ref}}$ と無次元位置演算子 $\widehat{\xi} = \dfrac{\widehat{X}}{x_{ref}}$ を使うと, この方程式は

$$\left[\frac{[\widehat{\mathcal{P}}\cdot p_{ref}]^2}{2m} + \frac{1}{2}m\omega^2[\widehat{\xi}\cdot x_{ref}]^2\right][\psi(\xi)] = \epsilon\cdot E_{ref}[\psi(\xi)]$$

あるいは

$$\left[\frac{(\widehat{\mathcal{P}}\sqrt{m\hbar\omega})^2}{2m} + \frac{1}{2}m\omega^2\left(\widehat{\xi}\sqrt{\frac{\hbar}{m\omega}}\right)^2\right][\psi(\xi)] = \epsilon\left(\frac{1}{2}\hbar\omega\right)[\psi(\xi)]$$

$$\left[\widehat{\mathcal{P}}^2\frac{\hbar\omega}{2} + \widehat{\xi}^2\frac{\hbar\omega}{2}\right][\psi(\xi)] = \epsilon\left(\frac{\hbar\omega}{2}\right)[\psi(\xi)]$$

となります. この式から $\dfrac{\hbar\omega}{2}$ の共通因子を取り去ると, 次の無次元シュレーディンガー方程式が得られます.

$$\left[\widehat{\mathcal{P}}^2 + \widehat{\xi}^2\right][\psi(\xi)] = \epsilon[\psi(\xi)] \tag{5.101}$$

代数的アプローチでこの方程式を解くために, 無次元位置演算子と無次元運動量演算子を組み合わせた 2 つの新しい演算子の定義から始めましょう. 1 つ目の演算子は

$$\widehat{a}^\dagger = \frac{1}{\sqrt{2}}\left(\widehat{\xi} - i\widehat{\mathcal{P}}\right) \tag{5.102}$$

で, 2 つ目は次式で与えられます.

$$\widehat{a} = \frac{1}{\sqrt{2}}\left(\widehat{\xi} + i\widehat{\mathcal{P}}\right) \tag{5.103}$$

テキストによっては, これらの演算子は $\widehat{a}^+$ と $\widehat{a}^-$ と表現されています. この記号を使う理由と, 係数が $\dfrac{1}{\sqrt{2}}$ である演算子のこの組み合わせを使う理由は, これらの演算子が調和振動子の波動関数にどのように作用するかを見ると明らかになります.

それぞれの演算子は，いったん波動関数の解 $\psi_n(\xi)$ がわかったときに役立ちますが，このような波動関数を見つける手助けになるのは，これら2つの演算子の積です．その積は次のようになります．

$$\widehat{a}^\dagger \widehat{a} = \frac{1}{\sqrt{2}}\left(\widehat{\xi} - i\widehat{\mathcal{P}}\right)\frac{1}{\sqrt{2}}\left(\widehat{\xi} + i\widehat{\mathcal{P}}\right) = \frac{1}{2}\left(\widehat{\xi}^2 + i\widehat{\xi}\widehat{\mathcal{P}} - i\widehat{\mathcal{P}}\widehat{\xi} + \widehat{\mathcal{P}}^2\right)$$

ご覧の通り，この式の右辺にはシュレーディンガー方程式(5.101)の左辺の項 $\widehat{\mathcal{P}}^2 + \widehat{\xi}^2$，および，$\widehat{\xi}$ と $\widehat{P}$ の交差項が存在します．これらの交差項は虚数単位 i を分離すると

$$i\widehat{\xi}\widehat{\mathcal{P}} - i\widehat{\mathcal{P}}\widehat{\xi} = i(\widehat{\xi}\widehat{\mathcal{P}} - \widehat{\mathcal{P}}\widehat{\xi}) = i[\widehat{\xi}, \widehat{\mathcal{P}}] \tag{5.104}$$

と書くことができます．ここで，$[\widehat{\xi}, \widehat{P}]$ は演算子 $\widehat{\xi}$ と $\widehat{P}$ の交換子を表しています．これを用いると，積 $\widehat{a}^\dagger \widehat{a}$ は次のように表現できます．

$$\widehat{a}^\dagger \widehat{a} = \frac{1}{2}\left(\widehat{\xi}^2 + \widehat{\mathcal{P}}^2 + i[\widehat{\xi}, \widehat{\mathcal{P}}]\right) \tag{5.105}$$

ここで，この交換子を $\widehat{X}$ と $\widehat{P}$ で

$$i[\widehat{\xi}, \widehat{\mathcal{P}}] = i\left[\frac{\widehat{X}}{x_{ref}}, \frac{\widehat{P}}{p_{ref}}\right] = \frac{i}{x_{ref}\,p_{ref}}[\widehat{X}, \widehat{P}]$$

あるいは

$$i[\widehat{\xi}, \widehat{\mathcal{P}}] = \frac{i}{\sqrt{\dfrac{\hbar}{m\omega}}\sqrt{m\hbar\omega}}[\widehat{X}, \widehat{P}] = \frac{i}{\hbar}[\widehat{X}, \widehat{P}]$$

のように書き替えます．そうすると，第4章で説明した正準交換関係(4.68)の $[\widehat{X}, \widehat{P}] = i\hbar$ から，この交換子は次のようになります．

$$i[\widehat{\xi}, \widehat{\mathcal{P}}] = \frac{i}{\hbar}[i\hbar] = -1 \tag{5.106}$$

これを使って，(5.105)の右辺を

$$\widehat{a}^\dagger \widehat{a} = \frac{1}{2}\left(\widehat{\xi}^2 + \widehat{\mathcal{P}}^2 - 1\right)$$

と書き替えると

$$\hat{\xi}^2 + \hat{\mathcal{P}}^2 = 2\hat{a}^\dagger\hat{a} + 1 \tag{5.107}$$

が得られます．これを用いると，シュレーディンガー方程式(5.101)は

$$\left[\hat{\mathcal{P}}^2 + \hat{\xi}^2\right][\psi(\xi)] = (2\hat{a}^\dagger\hat{a} + 1)[\psi(\xi)] = \epsilon[\psi(\xi)]$$

と表せるので，次式が導けます．

$$2\hat{a}^\dagger\hat{a}[\psi(\xi)] = (\epsilon - 1)[\psi(\xi)]$$

この方程式に，$\hat{a}^\dagger$ と $\hat{a}$ の定義式(5.102), (5.103)を代入すると

$$2\left[\frac{1}{\sqrt{2}}(\hat{\xi} - i\hat{\mathcal{P}})\frac{1}{\sqrt{2}}(\hat{\xi} + i\hat{\mathcal{P}})\right][\psi(\xi)] = (\epsilon - 1)[\psi(\xi)]$$

より

$$(\hat{\xi} - i\hat{\mathcal{P}})(\hat{\xi} + i\hat{\mathcal{P}})[\psi(\xi)] = (\epsilon - 1)[\psi(\xi)] \tag{5.108}$$

が得られます．

この方程式が成立する1つのケースは，無次元エネルギーパラメータ ϵ が1に等しく，$(\hat{\xi} + i\hat{\mathcal{P}})\psi(\xi)$ がゼロに等しい場合です．

$\epsilon = 1$ の場合，全エネルギーは

$$E = \epsilon E_{ref} = (1)\left(\frac{\hbar\omega}{2}\right) = \frac{1}{2}\hbar\omega$$

であり，ベキ級数によるアプローチで求めた基底状態エネルギー E_0 に一致します．

このエネルギー準位に対応した波動関数 $\psi_0(x)$ は，(5.108)の左辺で項 $(\hat{\xi} + i\hat{\mathcal{P}})\psi(\xi)$ をゼロと置いて求めることができます．これを示すために，(5.66)を使って運動量演算子 $\hat{P}$ を

$$\hat{P} = -i\hbar\frac{d}{dx} = -i\hbar\frac{d}{\sqrt{\dfrac{\hbar}{m\omega}}d\xi} = -i\sqrt{m\hbar\omega}\frac{d}{d\xi}$$

と書きかえて，$\hat{\mathcal{P}}$ を次のように表します．

$$\widehat{\mathcal{P}} = \frac{\widehat{P}}{p_{ref}} = \frac{-i\sqrt{m\hbar\omega}}{\sqrt{m\hbar\omega}} \frac{d}{d\xi} = -i\frac{d}{d\xi}$$

これは，$(\widehat{\xi} + i\widehat{\mathcal{P}})\psi(\xi) = 0$ の場合

$$(\widehat{\xi} + i\widehat{\mathcal{P}})\psi(\xi) = \left[\xi + i\left(-i\frac{d}{d\xi}\right)\right]\psi(\xi) = 0$$

$$\left[\xi + \frac{d}{d\xi}\right]\psi(\xi) = 0$$

$$\frac{d\psi(\xi)}{d\xi} = -\xi\psi(\xi) \qquad (5.109)$$

を意味します．この方程式の解は $\psi(\xi) = Ae^{-\frac{\xi^2}{2}}$ で，係数 A は規格化条件より $A = \left(\frac{m\omega}{\pi\hbar}\right)^{\frac{1}{4}}$ となります（この結果を導くのに手助けが必要な場合は，演習問題（問題 5.9）とその解答を参照してください）．

したがって，代数的アプローチより最低エネルギー固有関数は

$$\psi(\xi) = \left(\frac{m\omega}{\pi\hbar}\right)^{\frac{1}{4}} e^{-\frac{\xi^2}{2}}$$

となりましたが，これは解析的アプローチを使って求めた $\psi_0(\xi)$ と完全に一致しています．

このように，演算子の積 $\widehat{a}^\dagger\widehat{a}$ は，調和振動子のシュレーディンガー方程式の最低エネルギー解を見つけるのに役立つことが示せました．さらに，前に述べたように，演算子 $\widehat{a}^\dagger$ と $\widehat{a}$ はそれぞれ単独でも役立ちます．

このことは，次のように，$\widehat{a}^\dagger$ 演算子を基底状態の波動関数に作用させてみれば確認できます．

$$\begin{aligned}
\widehat{a}^\dagger\psi_0(\xi) &= \frac{1}{\sqrt{2}}(\widehat{\xi} - i\widehat{\mathcal{P}})\left[\left(\frac{m\omega}{\pi\hbar}\right)^{\frac{1}{4}} e^{-\frac{\xi^2}{2}}\right] \\
&= \frac{\xi}{\sqrt{2}}\left[\left(\frac{m\omega}{\pi\hbar}\right)^{\frac{1}{4}} e^{-\frac{\xi^2}{2}}\right] + \frac{-i}{\sqrt{2}}\left\{-i\frac{d}{d\xi}\left[\left(\frac{m\omega}{\pi\hbar}\right)^{\frac{1}{4}} e^{-\frac{\xi^2}{2}}\right]\right\} \\
&= \frac{1}{\sqrt{2}}\left(\frac{m\omega}{\pi\hbar}\right)^{\frac{1}{4}}\left[\xi e^{-\frac{\xi^2}{2}} - \frac{d}{d\xi}\left(e^{-\frac{\xi^2}{2}}\right)\right] \\
&= \frac{1}{\sqrt{2}}\left(\frac{m\omega}{\pi\hbar}\right)^{\frac{1}{4}}\left[\xi e^{-\frac{\xi^2}{2}} - \frac{-2\xi}{2} e^{-\frac{\xi^2}{2}}\right]
\end{aligned}$$

$$= \frac{1}{\sqrt{2}} \left(\frac{m\omega}{\pi\hbar} \right)^{\frac{1}{4}} \left[\xi e^{-\frac{\xi^2}{2}} + \xi e^{-\frac{\xi^2}{2}} \right]$$

$$= \frac{1}{\sqrt{2}} \left(\frac{m\omega}{\pi\hbar} \right)^{\frac{1}{4}} \left[2\xi e^{-\frac{\xi^2}{2}} \right] = \left(\frac{m\omega}{\pi\hbar} \right)^{\frac{1}{4}} \left[\sqrt{2}\,\xi e^{-\frac{\xi^2}{2}} \right]$$

$$= \psi_1(\xi)$$

したがって，$\hat{a}^\dagger$ 演算子を基底状態の波動関数 $\psi_0(\xi)$ に作用させると，1番目の励起状態の波動関数 $\psi_1(\xi)$ が生成されます．このため，$\hat{a}^\dagger$ は**上昇演算子**とよばれます．これを調和振動子の波動関数 $\psi_n(x)$ に作用させるたびに，次に高い量子数の波動関数 $\psi_{n+1}(x)$ に比例する波動関数が生成されます．上昇演算子の比例定数は $\sqrt{n+1}$ なので

$$\hat{a}^\dagger \psi_n(\xi) = \sqrt{n+1}\,\psi_{n+1}(\xi) \tag{5.110}$$

が成り立ちます．上昇演算子が基底状態に適用される場合には，$\hat{a}^\dagger \psi_0(\xi) = \sqrt{0+1}\,\psi_{0+1}(x) = \psi_1(\xi)$ となります．

推測できたかもしれませんが，演算子 $\hat{a}$ は相補的な機能をもち，生成する波動関数は量子数が1だけ減少した波動関数に比例します．そのため，$\hat{a}$ は**下降演算子**とよばれます．下降演算子の比例定数は $\sqrt{n}$ なので，次式が成り立ちます．

$$\hat{a} \psi_n(\xi) = \sqrt{n}\,\psi_{n-1}(\xi) \tag{5.111}$$

これらの演算子 $\hat{a}^\dagger$ と $\hat{a}$ は，調和振動子の波動関数を上下に「進ませる」ので**ハシゴ演算子**ともよばれます．これらの波動関数は異なるエネルギー準位をもっているため，ハシゴ演算子を**生成演算子**および**消滅演算子**とよぶテキストもあります．ハシゴを1段上がるごとに，エネルギーの1量子（$\frac{1}{2}\hbar\omega$）を生成させ，ハシゴを1段下がるごとに，エネルギーの1量子（$\frac{1}{2}\hbar\omega$）を消滅させるからです．

ハシゴ演算子の使用法や，この章で説明した他の数学的概念とテクニックに興味があれば，演習問題を参照してください．

クイズ   ....

1. 無限大の井戸の場合，次の境界条件のなかで必要ではないものはどれですか？
   (a) 波動関数は，井戸の壁の両側で連続でなければならない.
   (b) 波動関数の勾配は，井戸の境界を貫いて連続でなければならない.
   (c) 波動関数の振幅は，井戸の外側でゼロでなければならない.
   (d) 上記のすべてが必要な境界条件である.

2. 無限大の井戸内で，粒子のもつエネルギー(E)が大きくなるほど，波動関数の振る舞いは次のどれになりますか？
   (a) 波動関数は，井戸の外側で距離とともに，より速く減衰する.
   (b) 波動関数は，井戸内で距離とともに，より速く振動する.
   (c) 波動関数は，井戸内で距離とともに，より遅く振動する.
   (d) 上記のいずれも正しくない.

3. 無限大の井戸で，エネルギーの異なる2つの固有状態の混合で作られた量子状態の粒子の位置確率密度は，次の中のどの振る舞いをしますか？
   (a) 時間が経っても，静止したままである.
   (b) 2つの固有状態のそれぞれの量に依存した速さで，時間とともに変動する.
   (c) 2つの固有状態間のエネルギー差に依存した速さで，時間とともに変動する.
   (d) 上記のいずれでもない.

4. 有限の井戸に閉じ込められた粒子の場合，次の中で必要なものはどれですか？
   (a) 波動関数は，井戸の境界で連続でなければならない.
   (b) 波動関数の勾配は，井戸の境界を貫いて連続でなければならない.
   (c) 波動関数は，井戸の外側で指数関数的に減衰しなければならない.
   (d) 上記のすべてが必要である.

5. 無限大の井戸内の粒子とは異なり，有限の井戸内に閉じ込められた粒子は，量子化されたエネルギー準位ではなく連続的なエネルギー準位をもちます.
   (a) 正しい
   (b) 誤り
   (c) どちらともいえない

6. 有限の井戸のエネルギー準位を，同じ幅の無限大の井戸のエネルギー準位と比

較した次の説明のうち，正しいものはどれですか？

(a) 井戸の幅が同じなので，エネルギー準位は等しくなければならない.

(b) 有限の井戸のエネルギー準位は，無限大の井戸のエネルギー準位よりも大きくなる.

(c) 有限の井戸のエネルギー準位は，無限大の井戸のエネルギー準位よりも小さくなる.

(d) 上記のいずれも正しくない.

7. 非常に浅く，非常に狭い有限の井戸に閉じ込められた粒子の場合，偶パリティの解が 1 つだけあり，奇パリティの解は存在しない可能性があります.

(a) 正しい

(b) 誤り

(c) どちらともいえない

8. 量子的な調和振動子のシュレーディンガー方程式の解法がかなり複雑になるのは，主に次のどの理由からですか？

(a) 位置に関して大きな正と負の値で，ポテンシャルエネルギーが無限大に増加するため.

(b) ポテンシャルエネルギーが，粒子が振動するにつれて時間とともに変化するため.

(c) ポテンシャルエネルギーが，距離によって変化するため.

(d) 上記のすべてである.

9. 解析的なベキ級数アプローチを使用して，量子的な調和振動子のシュレーディンガー方程式の解を求める場合，エネルギーの量子化は次のどの条件から生じますか？

(a) 位置波動関数 $\psi(\xi)$ が，遠距離で有限であるという条件.

(b) 波動関数が，ポテンシャルエネルギーの境界を貫いて連続的であるという条件.

(c) 波動関数の勾配が，ポテンシャルエネルギーの境界を貫いて連続であるという条件.

(d) 上記のいずれでもない.

10. 量子的な調和振動子の波動関数をより高いエネルギー準位の波動関数へ，あるいは，より低いエネルギー準位の波動関数へ「昇降」させる演算子のことを，「ハシゴ」演算子とよびます.

(a) 正しい

(b) 誤り

(c) どちらともいえない

演習問題 ....

5.1　波動関数 $\psi(x) = \psi_1(x) + \psi_2(x)$ を構成する波動関数 ψ_1 と ψ_2 に，同じ位相因子 $e^{i\theta}$ を掛けても，このグローバルな位相因子は確率密度に影響を与えないことを示しなさい．しかし，波動関数ごとに位相因子を変えた場合，このような相対的な位相は確率密度に影響を与えることを示しなさい．

5.2　無限大の井戸の基底状態における粒子に対して，位置演算子 $\hat{X}$ と運動量演算子 $\hat{P}$ を使って，期待値 $\langle x \rangle$ と $\langle p \rangle$ を求めなさい．そして，位置演算子と運動量演算子の 2 乗を使って，$\langle x^2 \rangle$ と $\langle p^2 \rangle$ を求めなさい．

5.3　問 5.2 の結果を使って，不確定さ Δx と Δp を求め，ハイゼンベルクの不確定性原理が成り立つことを示しなさい．

5.4　無限大の井戸内での粒子の波動関数を $\psi(x) = \dfrac{1}{2}\psi_1(x) + \dfrac{3i}{4}\psi_2(x) + \dfrac{\sqrt{3}}{4}\psi_3(x)$ として，次の量を求めなさい．ただし，波動関数 ψ_n は (5.9) で与えられているとします．

　　a)　この粒子のエネルギーを測定したとき，成分の波動関数から得られるエネルギー E_i と，それらが出現する確率 $|c_i|^2$．ただし，$i = 1, 2, 3$.

　　b)　この粒子のエネルギーの期待値 $\langle E \rangle$.

5.5　無限大の井戸内の $x = 0.25a$ と $x = 0.75a$ の間の区間で，第 1 励起状態の粒子，および，第 2 励起状態の粒子をそれぞれ見出す確率を求めなさい．ただし，井戸の幅は a で，井戸の中央は $x = \dfrac{a}{2}$ とする（$x_0 = 0.5a$, $\dfrac{\Delta x}{2} = 0.25a$）．

5.6　(5.16)の $\tilde{\phi}(p)$ の表式を導きなさい．次に，この結果を使って(5.17)の確率密度 $P_{den}(p)$ の式を導きなさい．

5.7　調和振動子の基底状態の粒子に対する期待値 $\langle x \rangle, \langle p \rangle, \langle x^2 \rangle, \langle p^2 \rangle$ を求めなさい．

5.8　問 5.7 の結果を使って，不確定さ Δx と Δp を求めて，ハイゼンベルクの

第 5 章のクイズの解：1.(b)；2.(b)；3.(c)；4.(d)；5.(b)；6.(c)；7.(a)；8.(c)；9.(a)；10.(a)

不確定性原理が成り立つことを示しなさい.

5.9　調和振動子の基底状態の方程式(5.109)において, その解の規格化定数 A が $A = \left(\dfrac{m\omega}{\pi\hbar} \right)^{\frac{1}{4}}$ であることを示しなさい.

5.10　a)　調和振動子の $\psi_2(x)$ にハシゴ演算子の $\hat{a}$ (下降演算子)を作用させて, $\psi_1(x)$ を求めなさい.

　　　b)　位置演算子 $\hat{X}$ と運動量演算子 $\hat{P}$ は, ハシゴ演算子 $\hat{a}^\dagger, \hat{a}$ を用いて, それぞれ次のように表せることを示しなさい.

$$\hat{X} = \sqrt{\frac{\hbar}{2m\omega}}(\hat{a}^\dagger + \hat{a}), \quad \hat{P} = i\sqrt{\frac{\hbar m\omega}{2}}(\hat{a}^\dagger - \hat{a})$$

演習問題の解答

原著のウェブサイト(www.cambridge.org/fleisch-SGSE)の Resources にある Worked Problems も参照.

[第 1 章]

1.1 $\boldsymbol{C} = \boldsymbol{A} + \boldsymbol{B} = (3\hat{\boldsymbol{i}} - 2\hat{\boldsymbol{j}}) + (\hat{\boldsymbol{i}} + \hat{\boldsymbol{j}}) = (3+1)\hat{\boldsymbol{i}} + (-2+1)\hat{\boldsymbol{j}} = 4\hat{\boldsymbol{i}} - \hat{\boldsymbol{j}}$. 図形による解法は略(原著のウェブサイトを参照).

1.2 $\boldsymbol{A}, \boldsymbol{B}, \boldsymbol{C}$ の長さは,(1.3)を使って,次のように求まる. $|\boldsymbol{A}| = \sqrt{A_x^2 + A_y^2}$ $= \sqrt{3^2 + (-2)^2} = \sqrt{13} = 3.6$, $|\boldsymbol{B}| = \sqrt{B_x^2 + B_y^2} = \sqrt{1^2 + 1^2} = \sqrt{2} = 1.4$, $|\boldsymbol{C}| = \sqrt{C_x^2 + C_y^2} = \sqrt{4^2 + (-1)^2} = \sqrt{17} = 4.1$. 図形による解法は略(原著のウェブサイトを参照).

1.3 スカラー積 $\boldsymbol{A} \cdot \boldsymbol{B}$ は(1.6)より $\boldsymbol{A} \cdot \boldsymbol{B} = A_x B_x + A_y B_y = (3)(1) + (-2)(1)$ $= 1$ である. $\boldsymbol{A}$ と $\boldsymbol{B}$ の間の角度 θ は,(1.10)より $\cos\theta = \dfrac{\boldsymbol{A} \cdot \boldsymbol{B}}{|\boldsymbol{A}||\boldsymbol{B}|} = \dfrac{1}{\sqrt{13}\sqrt{2}}$ $= \dfrac{1}{\sqrt{26}}$ となるので, $\theta = \sin^{-1}\left(\dfrac{1}{\sqrt{26}}\right) = 78.7°$ である. 図形による検証は略(原著のウェブサイトを参照).

1.4 2 つのベクトル $\boldsymbol{A}$ と $\boldsymbol{B}$ のスカラー積がゼロになるとき,それらのベクトルは直交している. 問 1.1 の場合, $\boldsymbol{A} \cdot \boldsymbol{B} = 1$ なので $\boldsymbol{A}$ と $\boldsymbol{B}$ は直交していないことがわかる. 3 次元ベクトルのスカラー積は $\boldsymbol{A} \cdot \boldsymbol{B} = A_x B_x + A_y B_y + A_z B_z$ $= (3)(1) + (-2)(1) + (1)(-1) = 0$ となるので,直交している.

1.5 ケット $|\psi\rangle = 4|\epsilon_1\rangle - 2i|\epsilon_2\rangle + i|\epsilon_3\rangle = \begin{pmatrix} 4 \\ -2i \\ i \end{pmatrix}$ に対応するブラは $\langle\psi| = (4^* \quad -2i^* \quad i^*) = (4 \quad 2i \quad -i)$ であるから,内積 $\langle\psi|\psi\rangle$ は

$$\langle\psi|\psi\rangle = \begin{pmatrix} 4 & 2i & -i \end{pmatrix}\begin{pmatrix} 4 \\ -2i \\ i \end{pmatrix} = (4)(4)+(2i)(-2i)+(-i)(i) = 16+4+1 = 21$$

である. $|\psi|^2 = \langle\psi|\psi\rangle = 21$ よりノルムは $|\psi| = \sqrt{21}$ となる. 規格化されたケットは

$$|\psi\rangle = \frac{1}{\sqrt{21}}\left(4|\epsilon_1\rangle - 2i|\epsilon_2\rangle + i|\epsilon_3\rangle\right) = \frac{1}{\sqrt{21}}\begin{pmatrix} 4 \\ -2i \\ i \end{pmatrix}$$

である.

1.6 ブラ $\langle\phi| = \begin{pmatrix} 3i^* & 1^* & -5i^* \end{pmatrix} = \begin{pmatrix} -3i & 1 & 5i \end{pmatrix}$ とケット $|\psi\rangle$ の内積は

$$\langle\phi|\psi\rangle = \begin{pmatrix} -3i & 1 & 5i \end{pmatrix}\begin{pmatrix} 4 \\ -2i \\ i \end{pmatrix} = -14i-5$$

である. 一方, 内積 $\langle\psi|\phi\rangle$ は同様の計算から

$$\langle\psi|\phi\rangle = \begin{pmatrix} 4 & 2i & -i \end{pmatrix}\begin{pmatrix} 3i \\ 1 \\ -5i \end{pmatrix} = 14i-5$$

となる. $\langle\psi|\phi\rangle = 14i-5$ と $\langle\phi|\psi\rangle = -14i-5$ を比べると $\langle\phi|\psi\rangle = \langle\psi|\phi\rangle^*$ であることがわかる.

1.7 2つの関数 $\sin mx$ と $\sin nx$ の内積は, $m \neq n$ の場合, 区間 $[0, 2\pi]$ では

$$\begin{aligned}
\int_0^{2\pi} (\sin mx)^*(\sin nx)dx &= \int_0^{2\pi} (\sin mx)(\sin nx)dx \\
&= \left[\frac{\sin(m-n)x}{2(m-n)} - \frac{\sin(m+n)x}{2(m+n)}\right]\Bigg|_0^{2\pi} \\
&= \left[\frac{\sin(m-n)2\pi}{2(m-n)} - \frac{\sin(m+n)2\pi}{2(m+n)}\right] = 0
\end{aligned}$$

となるので, 2つの関数は直交する. 一方, 区間 $[0, \frac{3\pi}{2}]$ での内積は

$$\int_0^{\frac{3\pi}{2}} (\sin mx)^* (\sin nx) dx = \int_0^{\frac{3\pi}{2}} (\sin mx)(\sin nx) dx$$

$$= \left[\frac{\sin(m-n)x}{2(m-n)} - \frac{\sin(m+n)x}{2(m+n)} \right] \Big|_0^{\frac{3\pi}{2}}$$

$$= \left[\frac{\sin(m-n)\dfrac{3\pi}{2}}{2(m-n)} - \frac{\sin(m+n)\dfrac{3\pi}{2}}{2(m+n)} \right]$$

で，$m-n$ が奇数であればゼロにならないから，2 つの関数は直交しない.

1.8

$$\int_0^T (e^{i\omega t})^* (e^{2i\omega t}) dt = \int_0^T (e^{-i\omega t})(e^{2i\omega t}) dt$$

$$= \int_0^T (e^{i\omega t}) dt = \frac{1}{i\omega} e^{i\omega t} \Big|_0^T = 0$$

より，2 つの関数は直交する（$\omega T = 2\pi$ を用いた）. 関数のノルムは (1.27) より

$$|e^{i\omega t}| = \sqrt{\int_0^T e^{-i\omega t} e^{i\omega t} dt} = \sqrt{\int_0^T e^0 dt} = \sqrt{T}$$

同様に，$|e^{2i\omega t}| = \sqrt{T}$ なので，2 つの関数は単位ノルムではない. よって，$e^{i\omega t}, e^{2i\omega t}$ は正規直交基底ではない. しかし，それぞれを $\sqrt{T}$ で割ると規格化されて，正規直交基底になる.

1.9　ベクトル成分 A_1 は (1.32) より次のようになる.

$$A_1 = \frac{\boldsymbol{\epsilon}_1 \cdot \boldsymbol{A}}{|\boldsymbol{\epsilon}_1|^2} = \frac{3\hat{\boldsymbol{i}} \cdot (6\hat{\boldsymbol{i}} + 6\hat{\boldsymbol{j}} + 6\hat{\boldsymbol{k}})}{|3\hat{\boldsymbol{i}}|^2} = \frac{18}{9} = 2$$

ここで，$\hat{\boldsymbol{i}} \cdot \hat{\boldsymbol{i}} = 1$ と $\hat{\boldsymbol{i}} \cdot \hat{\boldsymbol{j}} = \hat{\boldsymbol{i}} \cdot \hat{\boldsymbol{k}} = 0$ を使った. 残りの 2 つの成分も同様の計算で，$A_2 = \dfrac{\boldsymbol{\epsilon}_2 \cdot \boldsymbol{A}}{|\boldsymbol{\epsilon}_2|^2} = \dfrac{48}{32} = 1.5$ と $A_3 = \dfrac{\boldsymbol{\epsilon}_3 \cdot \boldsymbol{A}}{|\boldsymbol{\epsilon}_3|^2} = \dfrac{-12+12}{8} = 0$ を得る.

1.10　成分 c_1 は (1.36) より次のようになる.

$$c_1 = \frac{\displaystyle\int_{-\infty}^{\infty} \psi_1^*(x) f(x) dx}{\displaystyle\int_{-\infty}^{\infty} \psi_1^*(x) \psi_1(x) dx} = \frac{\displaystyle\int_0^L \left(\sin(\frac{\pi x}{L})\right)^* (1) dx}{\displaystyle\int_0^L \left(\sin(\frac{\pi x}{L})\right)^* \left(\sin(\frac{\pi x}{L})\right) dx} = \frac{\dfrac{2L}{\pi}}{\dfrac{L}{2}} = \frac{4}{\pi}$$

同様に成分 c_2, c_3, c_4 を計算すると，(1.36)の積分はすべて $\dfrac{0}{\frac{L}{2}}=0$ になるので，$c_2=0$, $c_3=0$, $c_4=0$ である．

[第2章]

2.1 この場合の $\bar{\bar{R}}\boldsymbol{A}$ は(2.3)より

$$\bar{\bar{R}}\boldsymbol{A} = \begin{pmatrix} \cos\theta & \sin\theta \\ -\sin\theta & \cos\theta \end{pmatrix}\begin{pmatrix} A_x \\ A_y \end{pmatrix} = \begin{pmatrix} A_x\cos\theta + A_y\sin\theta \\ -A_x\sin\theta + A_y\cos\theta \end{pmatrix} \cdots \text{①}$$

である．$\theta = 90°$ のとき，

$$\bar{\bar{R}}\boldsymbol{A} = \begin{pmatrix} A_x\cos 90° + A_y\sin 90° \\ -A_x\sin 90° + A_y\cos 90° \end{pmatrix} = \begin{pmatrix} A_y \\ -A_x \end{pmatrix}$$

のように，新しいベクトルが作られ，その x 成分は元の $\boldsymbol{A}$ の y 成分，y 成分は元の $\boldsymbol{A}$ の x 成分を負にしたものである．これは，$\boldsymbol{A}$ が $\theta = 90°$ だけ時計回りに回転したことを意味する．同様に，$\theta = 180°$ のとき，

$$\bar{\bar{R}}\boldsymbol{A} = \begin{pmatrix} A_x\cos 180° + A_y\sin 180° \\ -A_x\sin 180° + A_y\cos 180° \end{pmatrix} = \begin{pmatrix} -A_x \\ -A_y \end{pmatrix} = -\boldsymbol{A}$$

のように，新しいベクトルは元のベクトル $\boldsymbol{A}$ を時計回りに $\theta = 180°$ だけ回転させたものになる．したがって，一般の θ の場合，$\bar{\bar{R}}\boldsymbol{A}$ はベクトル $\boldsymbol{A}$ を時計回りに θ だけ回転させて新しいベクトルを作ることになる．

2.2 固有値方程式(2.6)の $\bar{\bar{R}}\boldsymbol{A} = \lambda\boldsymbol{A}$ において，問 2.1 の①の $\bar{\bar{R}}$ と $\boldsymbol{A} = \begin{pmatrix} 1 \\ i \end{pmatrix}$ を使うと，

$$\begin{pmatrix} \cos\theta & \sin\theta \\ -\sin\theta & \cos\theta \end{pmatrix}\begin{pmatrix} 1 \\ i \end{pmatrix} = \lambda\begin{pmatrix} 1 \\ i \end{pmatrix} \cdots \text{①}$$

より

$$\begin{pmatrix} (1)\cos\theta + (i)\sin\theta \\ -(1)\sin\theta + (i)\cos\theta \end{pmatrix} = \begin{pmatrix} e^{i\theta} \\ ie^{i\theta} \end{pmatrix} = e^{i\theta}\begin{pmatrix} 1 \\ i \end{pmatrix} = \lambda\begin{pmatrix} 1 \\ i \end{pmatrix}$$

を得る(途中の式変形にはオイラーの公式 $e^{\pm i\theta} = \cos\theta \pm i\sin\theta$ を使った)．した

がって，$\lambda = e^{i\theta}$ であれば，①は固有ベクトル $\boldsymbol{A}$ と固有値 $e^{i\theta}$ の固有値方程式になる．同様の計算を $\boldsymbol{A} = \begin{pmatrix} 1 \\ -i \end{pmatrix}$ の場合に行うと，①は固有値 $\lambda = e^{-i\theta}$ の固有値方程式であることがわかる．

2.3　(2.8)をまねて，次式を考える．

$$\frac{d(\cos kx)}{dx} = -k\sin kx \overset{?}{=} \lambda(\cos kx)$$

この式を満たす λ は存在しないから，$\cos(kx)$ は微分演算子 $\widehat{D} = \dfrac{d}{dx}$ の固有関数ではない．一方，

$$\frac{d(\cos(kx) \pm i\sin(kx))}{dx} = -k\sin kx \pm ik\cos(kx) \overset{?}{=} \lambda(\cos(kx) \pm i\sin(kx))$$

は，$\lambda = \pm ik$ で成り立つから，2 つの関数 $\cos(kx) \pm i\sin(kx)$ は微分演算子 $\dfrac{d}{dx}$ の固有関数で，固有値は $\lambda = \pm ik$ である．

2.4　a) 固有値方程式(2.6)の $\bar{\bar{R}}\boldsymbol{A} = \lambda\boldsymbol{A}$ に，演算子 $\widehat{M}$ の行列表現 $\bar{\bar{M}}$ を代入し $\boldsymbol{A} = \begin{pmatrix} 1+i \\ -1 \end{pmatrix}$ として計算すると，

$$\bar{\bar{M}}\boldsymbol{A} = \begin{pmatrix} 2 & 1+i \\ 1-i & 3 \end{pmatrix}\begin{pmatrix} 1+i \\ -1 \end{pmatrix} = \lambda\begin{pmatrix} 1+i \\ -1 \end{pmatrix} \cdots ①$$

の左辺は $\bar{\bar{M}}\boldsymbol{A} = \begin{pmatrix} 1+i \\ -1 \end{pmatrix}$ で，右辺は $\boldsymbol{A} = \begin{pmatrix} 1+i \\ -1 \end{pmatrix}$，$\lambda = 1$ となるので，$\boldsymbol{A}$ は演算子 $\widehat{M}$ の固有ベクトルである．同様の計算を $\boldsymbol{A} = \begin{pmatrix} \frac{1+i}{2} \\ 1 \end{pmatrix}$ に対して行うと，

$$\bar{\bar{M}}\boldsymbol{A} = \begin{pmatrix} 2 & 1+i \\ 1-i & 3 \end{pmatrix}\begin{pmatrix} \frac{1+i}{2} \\ 1 \end{pmatrix} = \lambda\begin{pmatrix} \frac{1+i}{2} \\ 1 \end{pmatrix} \cdots ②$$

の左辺は $\begin{pmatrix} 2(1+i) \\ 4 \end{pmatrix} = 4\begin{pmatrix} \frac{1+i}{2} \\ 1 \end{pmatrix}$ で，右辺は $\boldsymbol{A} = \begin{pmatrix} \frac{1+i}{2} \\ 1 \end{pmatrix}$，$\lambda = 4$ となるので，この場合も $\boldsymbol{A}$ は演算子 $\widehat{M}$ の固有ベクトルであることがわかる．

b) 2 つの固有ベクトル $\boldsymbol{\epsilon}_1$ と $\boldsymbol{\epsilon}_2$ の内積は

$$\boldsymbol{\epsilon}_1 \cdot \boldsymbol{\epsilon}_2 = \langle \epsilon_1 | \epsilon_2 \rangle = (1-i \quad -1) \begin{pmatrix} \dfrac{1+i}{2} \\ 1 \end{pmatrix} = (1-i)\dfrac{(1+i)}{2} + (-1)(1) = 0$$

のようにゼロになるので，2 つの固有ベクトルは直交している．$\boldsymbol{\epsilon}_1$ のノルム $|\boldsymbol{\epsilon}_1| = \sqrt{\langle \epsilon_1 | \epsilon_1 \rangle}$ を計算すると

$$|\boldsymbol{\epsilon}_1| = \sqrt{(1-i \quad -1) \begin{pmatrix} 1+i \\ -1 \end{pmatrix}} = \sqrt{(1-i)(1+i) + (-1)(-1)} = \sqrt{3}$$

となる．同様の計算で，$\boldsymbol{\epsilon}_2$ のノルムは $|\boldsymbol{\epsilon}_2| = \sqrt{\dfrac{3}{2}}$ となる．これらのノルムで固有ベクトル $\boldsymbol{\epsilon}_1$ と $\boldsymbol{\epsilon}_2$ をそれぞれ割ると，規格化された固有ベクトルが次のように求まる．

$$\hat{\boldsymbol{\epsilon}}_1 = \frac{1}{\sqrt{3}} \begin{pmatrix} 1+i \\ -1 \end{pmatrix}, \quad \hat{\boldsymbol{\epsilon}}_2 = \sqrt{\frac{2}{3}} \begin{pmatrix} \dfrac{1+i}{2} \\ 1 \end{pmatrix} \cdots ③$$

c) 2 つの固有ベクトル $\hat{\boldsymbol{\epsilon}}_1$ と $\hat{\boldsymbol{\epsilon}}_2$ の固有値方程式は，それぞれの固有値を λ_1, λ_2 と書けば，a)の解の①と②より

$$\begin{pmatrix} 1+i \\ -1 \end{pmatrix} = \lambda_1 \begin{pmatrix} 1+i \\ -1 \end{pmatrix}, \quad \begin{pmatrix} 2(1+i) \\ 4 \end{pmatrix} = 4 \begin{pmatrix} \dfrac{1+i}{2} \\ 1 \end{pmatrix} = \lambda_2 \begin{pmatrix} \dfrac{1+i}{2} \\ 1 \end{pmatrix} \cdots ④$$

となるから，固有値は $\lambda_1 = 1$ と $\lambda_2 = 4$ である．

d) (2.16) の $A_{ij} = \langle \epsilon_i | \hat{A} | \epsilon_j \rangle$ に③の固有ベクトル $\hat{\boldsymbol{\epsilon}}_1$ と $\hat{\boldsymbol{\epsilon}}_2$ を代入する（ただし，$\hat{A}$ を $\widehat{M}$ に置き換える）と，M_{11} は

$$M_{11} = \langle \epsilon_1 | \widehat{M} | \epsilon_1 \rangle = \frac{1}{\sqrt{3}} (1-i \quad -1) \begin{pmatrix} 2 & 1+i \\ 1-i & 3 \end{pmatrix} \frac{1}{\sqrt{3}} \begin{pmatrix} 1+i \\ -1 \end{pmatrix} = 1$$

で，M_{12} は

$$M_{12} = \langle \epsilon_1 | \widehat{M} | \epsilon_2 \rangle = \frac{1}{\sqrt{3}} (1-i \quad -1) \begin{pmatrix} 2 & 1+i \\ 1-i & 3 \end{pmatrix} \sqrt{\frac{2}{3}} \begin{pmatrix} \dfrac{1+i}{2} \\ 1 \end{pmatrix} = 0$$

である（途中計算は (2.16) の後に続く計算式を参照）．同様の計算で，$M_{21} = 0$ と $M_{22} = 4$ を得る．したがって，規格化された固有ベクトルの基底で表し

た演算子 $\widehat{M}$ の行列表現は次のようになる.

$$\bar{\bar{M}} = \begin{pmatrix} 1 & 0 \\ 0 & 4 \end{pmatrix}$$

2.5　a) (2.18)の $[\widehat{A}, \widehat{B}] = \widehat{A}\widehat{B} - \widehat{B}\widehat{A}$ に行列 $\bar{\bar{A}}, \bar{\bar{B}}$ を代入すると

$$\begin{pmatrix} 5 & 0 \\ 0 & i \end{pmatrix} \begin{pmatrix} 3+i & 0 \\ 0 & 2 \end{pmatrix} - \begin{pmatrix} 3+i & 0 \\ 0 & 2 \end{pmatrix} \begin{pmatrix} 5 & 0 \\ 0 & i \end{pmatrix}$$

$$= \begin{pmatrix} 15+5i & 0 \\ 0 & 2i \end{pmatrix} - \begin{pmatrix} 15+5i & 0 \\ 0 & 2i \end{pmatrix} = 0$$

のようにゼロになるので, これらの行列は可換である.

b) a)と同様の計算で, (2.18)の $[\widehat{C}, \widehat{D}] = \widehat{C}\widehat{D} - \widehat{D}\widehat{C}$ を求めると

$$\begin{pmatrix} a & 0 \\ 0 & b \end{pmatrix} \begin{pmatrix} c & 0 \\ 0 & d \end{pmatrix} - \begin{pmatrix} c & 0 \\ 0 & d \end{pmatrix} \begin{pmatrix} a & 0 \\ 0 & b \end{pmatrix} = \begin{pmatrix} ac & 0 \\ 0 & bd \end{pmatrix} - \begin{pmatrix} ca & 0 \\ 0 & db \end{pmatrix} = 0$$

のようにゼロになるので, これらの行列は可換である. a)と b)の結果から, 2 つの対角行列(非対角要素がすべてゼロの行列)は常に可換であることがわかる.

c) 2 つの行列 $\bar{\bar{E}}$ と $\bar{\bar{F}}$ が可換であるためには $\bar{\bar{E}}\bar{\bar{F}} = \bar{\bar{F}}\bar{\bar{E}}$ を満たせばよいから,

$$\bar{\bar{E}}\bar{\bar{F}} = \begin{pmatrix} 2 & i \\ 3 & 5i \end{pmatrix} \begin{pmatrix} a & b \\ c & d \end{pmatrix} = \begin{pmatrix} 2a+ic & 2b+id \\ 3a+5ic & 3b+5id \end{pmatrix} \cdots ①$$

と

$$\bar{\bar{F}}\bar{\bar{E}} = \begin{pmatrix} a & b \\ c & d \end{pmatrix} \begin{pmatrix} 2 & i \\ 3 & 5i \end{pmatrix} = \begin{pmatrix} 2a+3b & ia+5ib \\ 2c+3d & ic+5id \end{pmatrix} \cdots ②$$

が等しければよい. そのためには, 次の 4 つの式が成り立てばよい.

$$2a+ic = 2a+3b, \quad 2b+id = ia+5ib \cdots ③$$

$$3a+5ic = 2c+3d, \quad 3b+5id = ic+5id \cdots ④$$

そこで, ③, ④ の c, d を a, b で表すと $c = -3ib$, $d = a+(5+2i)b$ となる. つ

まり，4つの行列要素 a, b, c, d がすべて a と b だけで表されたことになる．この関係が成り立つとき，行列 $\bar{\bar{E}}$ と $\bar{\bar{F}}$ は可換になる．

2.6 行列がエルミートであるか否かを判定するには，次の2つの条件を満たしているかを調べればよい．(1)対角要素はすべて実数である，そして，(2)すべての非対角要素は，対角要素の反対側にある対応する非対角要素の複素共役に等しい(2×2 行列の場合，$O_{12} = O_{21}^*$，$O_{21} = O_{12}^*$)．この条件を満たせば，エルミートである．

a) $\bar{\bar{A}}$ は全て実数かつ(2)の条件を満たしているのでエルミートである．

b) $\bar{\bar{B}}$ は対角要素に虚数があるので，エルミートではない．

c) $\bar{\bar{C}}$ は $1-i$ が $1+i$ の共役複素数だから，エルミートである．

d) $\bar{\bar{D}}$ の欠落要素は $-\dfrac{i}{2}$ である．

e) $\bar{\bar{E}}$ は対角要素に虚数があるので，エルミートになり得ない．

f) $\bar{\bar{F}}$ の欠落要素は $-5i$ である．

2.7 (2.41)の $\hat{P}_i = |\epsilon_i\rangle\langle\epsilon_i|$ を規格化されたベクトル $\hat{\epsilon}_i$ で表すために，まず ϵ_i のノルム $|\epsilon_i| = \sqrt{\langle\epsilon_i|\epsilon_i\rangle}$ を計算すると次のようになる(問題 2.4 b)の解を参照)．

$$|\epsilon_1| = \sqrt{4^2 + (-2)^2 + (0)^2} = \sqrt{20} = 2\sqrt{5}, \quad |\epsilon_2| = 3\sqrt{5}, \quad |\epsilon_3| = 1$$

これらを(2.41)に代入すると，$\hat{P}_1$ は

$$\hat{P}_1 = \frac{1}{\langle\epsilon_1|\epsilon_1\rangle}|\epsilon_1\rangle\langle\epsilon_1| = \frac{1}{20}\begin{pmatrix} 4 \\ -2 \\ 0 \end{pmatrix}(4 \quad -2 \quad 0)$$

$$= \frac{1}{20}\begin{pmatrix} 16 & -8 & 0 \\ -8 & 4 & 0 \\ 0 & 0 & 0 \end{pmatrix}$$

となる．同様の計算で，次の結果を得る．

$$\hat{P}_2 = \frac{1}{\langle\epsilon_2|\epsilon_2\rangle}|\epsilon_2\rangle\langle\epsilon_2| = \frac{1}{45}\begin{pmatrix} 3 \\ 6 \\ 0 \end{pmatrix}(3 \quad 6 \quad 0) = \frac{1}{45}\begin{pmatrix} 9 & 18 & 0 \\ 18 & 36 & 0 \\ 0 & 0 & 0 \end{pmatrix}$$

$$\hat{P}_3 = \frac{1}{\langle\epsilon_3|\epsilon_3\rangle}|\epsilon_3\rangle\langle\epsilon_3| = \frac{1}{1}\begin{pmatrix} 0 \\ 0 \\ 1 \end{pmatrix}(0 \quad 0 \quad 1) = \begin{pmatrix} 0 & 0 & 0 \\ 0 & 0 & 0 \\ 0 & 0 & 1 \end{pmatrix}$$

2.8 (2.42)の $\widehat{P}_1|A\rangle = |\epsilon_1\rangle\langle\epsilon_1|A\rangle = A_1|\epsilon_1\rangle$ より，ベクトル $\boldsymbol{A}$ の ϵ_1 方向への射影は

$$\widehat{P}_1|A\rangle = |\epsilon_1\rangle\langle\epsilon_1|A\rangle = \frac{1}{20}\begin{pmatrix} 16 & -8 & 0 \\ -8 & 4 & 0 \\ 0 & 0 & 0 \end{pmatrix}\begin{pmatrix} 7 \\ -3 \\ 2 \end{pmatrix} = \frac{1}{20}\begin{pmatrix} 136 \\ -68 \\ 0 \end{pmatrix}$$

となり，この大きさは次のようになる．

$$|\widehat{P}_1|A\rangle| = \sqrt{\left(\frac{136}{20}\right)^2 + \left(\frac{-68}{20}\right)^2 + \left(\frac{0}{20}\right)^2} = 7.6$$

同様の計算で，$\boldsymbol{A}$ の ϵ_2 と ϵ_3 方向への射影に対して，次の結果を得る．

$$\widehat{P}_2|A\rangle = \frac{1}{45}\begin{pmatrix} 9 \\ 18 \\ 0 \end{pmatrix}, \quad |\widehat{P}_2|A\rangle| = 0.45, \quad \widehat{P}_3|A\rangle = \begin{pmatrix} 0 \\ 0 \\ 2 \end{pmatrix}, \quad |\widehat{P}_3|A\rangle| = 2$$

2.9 a) (2.56)より，期待値 $\langle x\rangle$ は

$$\langle x\rangle = \sum_{n=1}^{6} \lambda_n P_n = (1)\left(\frac{1}{6}\right) + (2)\left(\frac{1}{6}\right) + (3)\left(\frac{1}{6}\right) + (4)\left(\frac{1}{6}\right) + (5)\left(\frac{1}{6}\right)$$
$$+ (6)\left(\frac{1}{6}\right) = 21\left(\frac{1}{6}\right) = 3.5$$

である．(2.63)より標準偏差 $s = \sqrt{(\Delta x)^2} = \sqrt{\langle(x - \langle x\rangle)^2\rangle}$ は

$$s = \sqrt{\sum_n P_n(x_n - 3.5)^2} = \sqrt{\frac{1}{6}\left[(1 - 3.5)^2 + \cdots + (6 - 3.5)^2\right]}$$
$$= \sqrt{2.92} = 1.71$$

である．

b) (2.56)より，期待値 $\langle x\rangle$ は

$$\langle x\rangle = \sum_{n=1}^{6} \lambda_n P_n = (1)(0.1) + (2)(0.7) + \cdots + (5)(0.01) + (6)(0.01)$$
$$= 2.18$$

である. 標準偏差 s は次のようになる.

$$s = \sqrt{\sum_n P_n (x_n - 2.18)^2} = \sqrt{0.1(1 - 2.18)^2 + \cdots + 0.01(6 - 2.18)^2}$$

$$= \sqrt{0.59} = 0.77$$

2.10 演算子 $\hat{O}$ の行列表現 $\bar{\bar{O}}$ は

$$\bar{\bar{O}} = \begin{pmatrix} \langle \epsilon_1 | \hat{O} | \epsilon_1 \rangle & \langle \epsilon_1 | \hat{O} | \epsilon_2 \rangle & \langle \epsilon_1 | \hat{O} | \epsilon_3 \rangle \\ \langle \epsilon_2 | \hat{O} | \epsilon_1 \rangle & \langle \epsilon_2 | \hat{O} | \epsilon_2 \rangle & \langle \epsilon_2 | \hat{O} | \epsilon_3 \rangle \\ \langle \epsilon_3 | \hat{O} | \epsilon_1 \rangle & \langle \epsilon_3 | \hat{O} | \epsilon_2 \rangle & \langle \epsilon_3 | \hat{O} | \epsilon_3 \rangle \end{pmatrix} \cdots ①$$

で与えられるから, 行列 $\bar{\bar{O}}$ の 1 行目の要素は次のように求めることができる. $\langle \epsilon_1 | \hat{O} | \epsilon_1 \rangle = \langle \epsilon_1 | 2 | \epsilon_1 \rangle = 2 \langle \epsilon_1 | \epsilon_1 \rangle = 2$, $\langle \epsilon_1 | \hat{O} | \epsilon_2 \rangle = \langle \epsilon_1 | (-i | \epsilon_1 \rangle + | \epsilon_2 \rangle) = -i \langle \epsilon_1 | \epsilon_1 \rangle + \langle \epsilon_1 | \epsilon_2 \rangle = -i$, $\langle \epsilon_1 | \hat{O} | \epsilon_3 \rangle = \langle \epsilon_1 | 1 | \epsilon_3 \rangle = 1 \langle \epsilon_1 | \epsilon_3 \rangle = 0$. したがって, 行列 $\bar{\bar{O}}$ の 1 行目の要素は $(2 \quad -i \quad 0)$ である. 同様に, 行列 $\bar{\bar{O}}$ の 2 行目の要素は $\langle \epsilon_2 | \hat{O} | \epsilon_1 \rangle = \langle \epsilon_2 | 2 | \epsilon_1 \rangle = 2 \langle \epsilon_2 | \epsilon_1 \rangle = 0$, $\langle \epsilon_2 | \hat{O} | \epsilon_2 \rangle = \langle \epsilon_2 | (-i | \epsilon_1 \rangle + | \epsilon_2 \rangle) = -i \langle \epsilon_2 | \epsilon_1 \rangle + \langle \epsilon_2 | \epsilon_2 \rangle = 1$, $\langle \epsilon_2 | \hat{O} | \epsilon_3 \rangle = \langle \epsilon_2 | 1 | \epsilon_3 \rangle = 1 \langle \epsilon_2 | \epsilon_3 \rangle = 0$ より $(0 \quad 1 \quad 0)$ であり, 行列 $\bar{\bar{O}}$ の 3 行目の要素は $\langle \epsilon_3 | \hat{O} | \epsilon_1 \rangle = \langle \epsilon_3 | 2 | \epsilon_1 \rangle = 2 \langle \epsilon_3 | \epsilon_1 \rangle = 0$, $\langle \epsilon_3 | \hat{O} | \epsilon_2 \rangle = \langle \epsilon_3 | (-i | \epsilon_1 \rangle + | \epsilon_2 \rangle) = -i \langle \epsilon_3 | \epsilon_1 \rangle + \langle \epsilon_3 | \epsilon_2 \rangle = 0$, $\langle \epsilon_3 | \hat{O} | \epsilon_3 \rangle = \langle \epsilon_3 | 1 | \epsilon_3 \rangle = 1 \langle \epsilon_3 | \epsilon_3 \rangle = 1$ より $(0 \quad 0 \quad 1)$ である. 期待値 $\langle o \rangle$ の式に①を代入すると

$$\langle o \rangle = \langle \psi | \hat{O} | \psi \rangle$$

$$= (4 \quad 2 \quad 3) \begin{pmatrix} 2 & -i & 0 \\ 0 & 1 & 0 \\ 0 & 0 & 1 \end{pmatrix} \begin{pmatrix} 4 \\ 2 \\ 3 \end{pmatrix} = 45 - 8i$$

を得る. ここで, 期待値 $\langle o \rangle$ は複素数であることに注意してほしい. これは演算子 $\hat{O}$ がエルミートでないことを意味する. もし $\hat{O}$ がエルミートであれば(例えば, $\hat{O} | \epsilon_1 \rangle = 2 | \epsilon_1 \rangle + i | \epsilon_2 \rangle$), 期待値は実数になる.

[第 3 章]

3.1 a)

$$\lambda = \frac{h}{p} = \frac{6.63 \times 10^{-34} \text{ m}^2 \text{ kg/s}}{(9.11 \times 10^{-31} \text{ kg})(5 \times 10^6 \text{ m/s})}$$

$$= \frac{6.63 \times 10^{-34}}{4.56 \times 10^{-24}} \text{ m} = 1.45 \times 10^{-10} \text{ m}$$

b) $\lambda = \dfrac{h}{p} = \dfrac{6.63 \times 10^{-34} \text{ m}^2 \text{ kg/s}}{(0.16 \text{ kg})(44.7 \text{ m/s})} = \dfrac{6.63 \times 10^{-34}}{7.15} \text{ m} = 9.27 \times 10^{-35} \text{ m}$

3.2 (3.24)で $\phi(k) = A$ と置いて計算すれば

$$\psi(x) = \frac{A}{\sqrt{2\pi}} \int_{-\frac{\Delta k}{2}}^{\frac{\Delta k}{2}} e^{ikx} dk = \left(\frac{A}{\sqrt{2\pi}} \frac{1}{ix} \right) e^{ikx} \Big|_{-\frac{\Delta k}{2}}^{\frac{\Delta k}{2}}$$

$$= \left(\frac{A}{\sqrt{2\pi}} \frac{2}{x} \right) \sin \frac{\Delta k}{2} x$$

となる．途中の式変形には $e^{ikx} = \cos kx + i \sin kx$ を使った．最右辺に $\dfrac{\Delta k}{\Delta k}$ を掛けて整理すると

$$\psi(x) = \left(\frac{A \Delta k}{\sqrt{2\pi}} \right) \left(\frac{\sin \dfrac{\Delta k}{2} x}{\dfrac{\Delta k}{2} x} \right)$$

と書けるので，$\dfrac{\sin ax}{ax}$ の起源がわかる．

3.3 (3.29)の $\hat{p} = -i\hbar \dfrac{\partial}{\partial x}$ を $|\epsilon_1\rangle = \sin kx$ に作用させると

$$\hat{p}|\epsilon_1\rangle = -i\hbar \frac{\partial \sin kx}{\partial x} = -i\hbar(k \cos kx) = -i\hbar k|\epsilon_2\rangle = 0|\epsilon_1\rangle - i\hbar k|\epsilon_2\rangle$$

を得る．同様の計算で，$\hat{p}|\epsilon_2\rangle = i\hbar k|\epsilon_1\rangle = i\hbar k|\epsilon_1\rangle + 0|\epsilon_2\rangle$ を得る．したがって，ハミルトニアン $\hat{p}$ の行列表現 $\bar{\bar{p}}$ は

$$\bar{\bar{p}} = \begin{pmatrix} \langle \epsilon_1|\hat{p}|\epsilon_1\rangle & \langle \epsilon_1|\hat{p}|\epsilon_2\rangle \\ \langle \epsilon_2|\hat{p}|\epsilon_1\rangle & \langle \epsilon_2|\hat{p}|\epsilon_2\rangle \end{pmatrix} = \begin{pmatrix} 0 & i\hbar k \\ -i\hbar k & 0 \end{pmatrix} = \hbar k \begin{pmatrix} 0 & i \\ -i & 0 \end{pmatrix}$$

のようになる．これは，予想通りエルミートである．

3.4 (3.30)で $V = 0$ と置いた $\hat{H} = \dfrac{(\hat{p})^2}{2m} = \dfrac{\left(-i\hbar \dfrac{\partial}{\partial x} \right)^2}{2m}$ をケット $|\epsilon_1\rangle = \sin kx$

に作用させると

$$\widehat{H}|\epsilon_1\rangle = \frac{(-i\hbar)^2 \dfrac{\partial^2 \sin kx}{\partial x^2}}{2m} = \frac{-\hbar^2(-k^2 \sin kx)}{2m} = \frac{\hbar^2 k^2}{2m}|\epsilon_1\rangle$$
$$= \frac{\hbar^2 k^2}{2m}|\epsilon_1\rangle + 0|\epsilon_2\rangle$$

を得る. 同様の計算で, $\widehat{H}|\epsilon_2\rangle = \dfrac{\hbar^2 k^2}{2m}|\epsilon_2\rangle = 0|\epsilon_1\rangle + \dfrac{\hbar^2 k^2}{2m}|\epsilon_2\rangle$ を得る. したが
って, ハミルトニアン $\widehat{H}$ の行列表現 $\bar{\bar{H}}$ は

$$\bar{\bar{H}} = \begin{pmatrix} \dfrac{\hbar^2 k^2}{2m} & 0 \\ 0 & \dfrac{\hbar^2 k^2}{2m} \end{pmatrix} = \frac{\hbar^2 k^2}{2m}\begin{pmatrix} 1 & 0 \\ 0 & 1 \end{pmatrix}$$

のようになる. これは, 運動量演算子と同様にエルミートである.

3.5 (2.18)の $[\widehat{A}, \widehat{B}] = \widehat{A}\widehat{B} - \widehat{B}\widehat{A}$ で, $\widehat{A} = \widehat{p}$ と $\widehat{B} = \widehat{H}$ を代入すると

$$[\widehat{p}, \widehat{H}] = \hbar k \begin{pmatrix} 0 & i \\ -i & 0 \end{pmatrix}\frac{\hbar^2 k^2}{2m}\begin{pmatrix} 1 & 0 \\ 0 & 1 \end{pmatrix} - \frac{\hbar^2 k^2}{2m}\begin{pmatrix} 1 & 0 \\ 0 & 1 \end{pmatrix}\hbar k \begin{pmatrix} 0 & i \\ -i & 0 \end{pmatrix} \cdots \text{①}$$

となる. 右辺にある行列の積は可換, つまり

$$\begin{pmatrix} 0 & i \\ -i & 0 \end{pmatrix}\begin{pmatrix} 1 & 0 \\ 0 & 1 \end{pmatrix} = \begin{pmatrix} 1 & 0 \\ 0 & 1 \end{pmatrix}\begin{pmatrix} 0 & i \\ -i & 0 \end{pmatrix} = \begin{pmatrix} 0 & i \\ -i & 0 \end{pmatrix}$$

なので, ①の右辺は 0 になる. したがって, 運動量演算子とハミルトニアンは
交換することがわかる.

3.6 a) 略(図 3.4 を参照).

b) (3.45)より, 波長 λ は

$$\lambda = \frac{2\pi}{|\boldsymbol{k}|} = \frac{2\pi}{\sqrt{k_x^2 + k_y^2 + k_z^2}} = \frac{2\pi}{\sqrt{1^2 + 1^2 + 5^2}} = \frac{2\pi}{\sqrt{27}} = 1.21$$

c) 原点 $(x_1 = 0, \ y_1 = 0, \ z_1 = 0)$ から点 $(x = x_2 = 4, \ y = y_2 = 2, \ z = z_2 = 5)$ ま
での位置ベクトル $\boldsymbol{r}$ は, $\boldsymbol{r} = (x_2 - x_1)\hat{\boldsymbol{i}} + (y_2 - y_1)\hat{\boldsymbol{j}} + (z_2 - z_1)\hat{\boldsymbol{k}} = (4 - 0)\hat{\boldsymbol{i}} + (2 - 0)\hat{\boldsymbol{j}} + (5 - 0)\hat{\boldsymbol{k}} = 4\hat{\boldsymbol{i}} + 2\hat{\boldsymbol{j}} + 5\hat{\boldsymbol{k}}$ である. 原点から平面までの最短距離はス
カラー積 $\boldsymbol{k} \cdot \boldsymbol{r} = |\boldsymbol{k}||\boldsymbol{r}|\cos 0° = |\boldsymbol{k}||\boldsymbol{r}|$ の $|\boldsymbol{r}|$ で与えられるから, 次のように
求まる.

$$|\boldsymbol{r}| = \frac{\boldsymbol{k}\cdot\boldsymbol{r}}{|\boldsymbol{k}|} = \frac{(\hat{\boldsymbol{i}}+\hat{\boldsymbol{j}}+5\hat{\boldsymbol{k}})\cdot(4\hat{\boldsymbol{i}}+2\hat{\boldsymbol{j}}+5\hat{\boldsymbol{k}})}{|\boldsymbol{k}|} = \frac{31}{\sqrt{27}} = 5.97$$

3.7 a) 2次元デカルト xy 座標での(3.53)は $\boldsymbol{\nabla} = \hat{\boldsymbol{i}}\dfrac{\partial}{\partial x} + \hat{\boldsymbol{j}}\dfrac{\partial}{\partial y}$ であるから，$\boldsymbol{\nabla} f(x,y)$ を計算すると

$$\boldsymbol{\nabla} f(x,y) = \left(\hat{\boldsymbol{i}}\frac{\partial}{\partial x} + \hat{\boldsymbol{j}}\frac{\partial}{\partial y}\right) A e^{-\left[\frac{(x-x_0)^2}{2\sigma_x^2} + \frac{(y-y_0)^2}{2\sigma_y^2}\right]}$$

$$= -\left(\hat{\boldsymbol{i}}\frac{x-x_0}{\sigma_x^2} + \hat{\boldsymbol{j}}\frac{y-y_0}{\sigma_y^2}\right) A e^{-\left[\frac{(x-x_0)^2}{2\sigma_x^2} + \frac{(y-y_0)^2}{2\sigma_y^2}\right]}$$

となる．これに $x=x_0,\ y=y_0$ を代入すると，勾配 $\boldsymbol{\nabla} f$ はゼロになる．

b) 2次元デカルト xy 座標での(3.49)は $\nabla^2 = \dfrac{\partial^2}{\partial x^2} + \dfrac{\partial^2}{\partial y^2}$ であるから，ラプラシアン $\nabla^2 f(x,y)$ を計算すると

$$\nabla^2 f(x,y)$$
$$= \left(\frac{\partial^2}{\partial x^2} + \frac{\partial^2}{\partial y^2}\right) A e^{-\left[\frac{(x-x_0)^2}{2\sigma_x^2} + \frac{(y-y_0)^2}{2\sigma_y^2}\right]}$$
$$= \left(\frac{-1}{\sigma_x^2} + \frac{(x-x_0)^2}{\sigma_x^4} + \frac{-1}{\sigma_y^2} + \frac{(y-y_0)^2}{\sigma_y^4}\right) A e^{-\left[\frac{(x-x_0)^2}{2\sigma_x^2} + \frac{(y-y_0)^2}{2\sigma_y^2}\right]}$$

となる．これに $x=x_0,\ y=y_0$ を代入すると，$\nabla^2 f$ は負になる．

c) ピーク$(x=x_0,\ y=y_0)$でのラプラシアンは

$$\nabla^2 f(x_0,y_0) = A\left(\frac{-1}{\sigma_x^2} + \frac{-1}{\sigma_y^2}\right)$$

であるから，σ_x と σ_y が小さくなるほど，ラプラシアンの絶対値は大きな値をとり急峻な形になっていく．

3.8 (3.50)のシュレーディンガー方程式 $i\hbar\dfrac{\partial\Psi}{\partial t} = -\dfrac{\hbar^2}{2m}\nabla^2\Psi$ の左辺の $\dfrac{\partial\Psi}{\partial t}$ は

$$\frac{\partial\Psi_n}{\partial t} = \frac{\partial}{\partial t}\sqrt{\frac{8}{a_x a_y a_z}}\sin(k_{n,x}x)\sin(k_{n,y}y)\sin(k_{n,z}z)e^{-i\frac{E_n}{\hbar}t} = \frac{-iE_n}{\hbar}\Psi_n$$

で，右辺の $\nabla^2\Psi$ の x 成分は

$$\frac{\partial^2 \Psi_n}{\partial x^2} = \frac{\partial^2}{\partial x^2}\sqrt{\frac{8}{a_x a_y a_z}}\sin(k_{n,x}x)\sin(k_{n,y}y)\sin(k_{n,z}z)e^{-i\frac{E_n}{\hbar}t}$$

$$= -(k_{n,x})^2 \Psi_n$$

である．同様の計算で

$$\frac{\partial^2 \Psi_n}{\partial y^2} = -(k_{n,y})^2 \Psi_n, \quad \frac{\partial^2 \Psi_n}{\partial z^2} = -(k_{n,z})^2 \Psi_n$$

であるから，シュレーディンガー方程式は

$$i\hbar \frac{-iE_n}{\hbar}\Psi_n = -\frac{\hbar^2}{2m}\left[-(k_{n,x})^2 - (k_{n,y})^2 - (k_{n,z})^2\right]\Psi_n = \frac{\hbar^2}{2m}k_n^2 \Psi_n$$

となる．この式は $E_n = \dfrac{\hbar^2 k_n^2}{2m}$ であれば成り立つから，Ψ_n はシュレーディンガー方程式の解である．

3.9 (3.57)のシュレーディンガー方程式 $-\dfrac{\hbar^2}{2m}\nabla^2[\psi(\boldsymbol{r})]+V[\psi(\boldsymbol{r})]=E[\psi(\boldsymbol{r})]$ のラプラシアン ∇^2 が(3.59)で与えられることに注意して，$\psi(\boldsymbol{r})$ を動径成分 $R(r)$ と角度成分 $Y(\theta,\phi)$ に分けて $\psi(\boldsymbol{r})=\psi(r,\theta,\phi)=R(r)Y(\theta,\phi)$ と置く．これをシュレーディンガー方程式に代入すると，ラプラシアン $\nabla^2[\psi(\boldsymbol{r})]$ 部分の計算は次のようになる．

$$\nabla^2(RY) = \frac{1}{r^2}\frac{\partial}{\partial r}\left(r^2\frac{\partial(RY)}{\partial r}\right) + \frac{1}{r^2\sin\theta}\frac{\partial}{\partial\theta}\left(\sin\theta\frac{\partial(RY)}{\partial\theta}\right)$$

$$+ \frac{1}{r^2\sin^2\theta}\frac{\partial^2(RY)}{\partial\phi^2}$$

$$= \frac{Y}{r^2}\frac{d}{dr}\left(r^2\frac{dR}{dr}\right) + \frac{R}{r^2\sin\theta}\frac{\partial}{\partial\theta}\left(\sin\theta\frac{\partial Y}{\partial\theta}\right) + \frac{R}{r^2\sin^2\theta}\frac{\partial^2 Y}{\partial\phi^2}$$

したがって，シュレーディンガー方程式は

$$-\frac{\hbar^2}{2m}\left[\frac{Y}{r^2}\frac{d}{dr}\left(r^2\frac{dR}{dr}\right) + \frac{R}{r^2\sin\theta}\frac{\partial}{\partial\theta}\left(\sin\theta\frac{\partial Y}{\partial\theta}\right)\right.$$

$$\left. + \frac{R}{r^2\sin^2\theta}\frac{\partial^2 Y}{\partial\phi^2}\right] + V(RY) = E(RY) \quad \cdots\text{①}$$

となるので，①の両辺を RY で割り，r^2 を掛けて整理すると

$$\frac{\hbar^2}{2m}\frac{1}{R}\frac{d}{dr}\left(r^2\frac{dR}{dr}\right) - (V - E)r^2 = -\frac{1}{Y\sin\theta}\frac{\partial}{\partial\theta}\left(\sin\theta\frac{\partial Y}{\partial\theta}\right)$$
$$-\frac{1}{Y\sin^2\theta}\frac{\partial^2 Y}{\partial\phi^2} \quad\cdots\text{②}$$

②の左辺は r だけの式で，右辺は角度 θ, ϕ だけの式だから，この等式が成り立つには，両辺は変数 r, θ, ϕ に無関係な定数でなければならない．したがって，シュレーディンガー方程式は次のような 2 つの分離した方程式に変わる．

$$\frac{\hbar^2}{2m}\frac{1}{R}\frac{d}{dr}\left(r^2\frac{dR}{dr}\right) - (V - E)r^2 = \text{定数}$$

$$-\frac{1}{Y\sin\theta}\frac{\partial}{\partial\theta}\left(\sin\theta\frac{\partial Y}{\partial\theta}\right) - \frac{1}{Y\sin^2\theta}\frac{\partial^2 Y}{\partial\phi^2} = \text{定数}$$

3.10 $V = 0$ なので，動径部分のシュレーディンガー方程式は次式になる．

$$\frac{\hbar^2}{2m}\frac{1}{R}\frac{d}{dr}\left(r^2\frac{dR}{dr}\right) + E_n r^2 = \text{定数} \quad\cdots\text{①}$$

$R(r)$ が解であることを証明するには，①の左辺を実際に計算して，定数になることを示せばよい．そこで，①の $\dfrac{dR(r)}{dr}$ を計算すると，次のようになる．

$$\frac{dR(r)}{dr} = \frac{d\left[\dfrac{1}{r\sqrt{2\pi a}}\sin\left(\dfrac{n\pi r}{a}\right)\right]}{dr}$$
$$= \frac{1}{\sqrt{2\pi a}}\left[-\frac{1}{r^2}\sin\left(\frac{n\pi r}{a}\right) + \frac{1}{r}\left(\frac{n\pi}{a}\right)\cos\left(\frac{n\pi r}{a}\right)\right] \cdots\text{②}$$

②の両辺に r^2 を掛けてから，もう一度 r で微分する．その結果に $\dfrac{\hbar^2}{2m}\dfrac{1}{R}$ を掛けると

$$\frac{\hbar^2}{2m}\frac{1}{R}\frac{d}{dr}\left(r^2\frac{dR}{dr}\right) = -\frac{\hbar^2}{2m}\left(\frac{n\pi r}{a}\right)^2$$

となるので，①は次式のようになる．

$$-\frac{\hbar^2}{2m}\left(\frac{n\pi r}{a}\right)^2 + E_n r^2 = \text{定数} \quad\cdots\text{③}$$

③に $E_n = \dfrac{n^2\pi^2\hbar^2}{2ma^2}$ を代入すると

$$-\frac{\hbar^2}{2m}\left(\frac{n\pi r}{a}\right)^2 + \frac{n^2\pi^2\hbar^2}{2ma^2}r^2 = 0\,(= \text{定数})$$

となるので，$R(r)$ は動径方程式の解である．

[第 4 章]

4.1 シュレーディンガー方程式の解として波動関数に要求される 3 つの条件は，(1) 1 価であること，(2) 滑らかな関数であること，(3) 2 乗可積分性をもつことである．a)は $x = x_0$ で発散し，(3)を破るから条件を満たさない．b)は 3 つの条件を満たす．c)は多価関数で，(1)を破るから条件を満たさない．d)は(3)を破るから条件を満たさない．

4.2 (4.31)の $\int_{-\infty}^{\infty} f(x')\delta(x'-x)dx' = f(x)$ を使って計算を行う．

a) $\int_{-\infty}^{\infty} Ax^2 e^{ikx}\delta(x-x_0)dx = Ax_0^2 e^{ikx_0}$

b) $\int_{-\infty}^{\infty} \cos(kx)\delta(k'-k)dk = \cos(k'x)$

c) $\delta(x+3)$ の引数は $x = -3$ でゼロになるが，-3 は積分区間に含まれていないので，積分はゼロ，つまり，$\int_{-2}^{3} \sqrt{x}\,\delta(x+3)dx = 0$ となる．

4.3 (4.38)のフーリエ変換を，次式の最右辺のように少し書き替える．

$$\tilde{\phi}(p) = \frac{1}{\sqrt{2\pi\hbar}} \int_{-\infty}^{\infty} \psi(x)e^{-i\frac{p}{\hbar}x}dx = \int_{-\infty}^{\infty} \frac{1}{\sqrt{2\pi\hbar}} e^{-i\frac{p}{\hbar}x}\psi(x)dx \quad \cdots ①$$

ここで，(4.65)より $\frac{1}{\sqrt{2\pi\hbar}} e^{-i\frac{p}{\hbar}x} = \langle p|x \rangle$ であることと $\psi(x) = \langle x|\psi \rangle$ に注意すれば，①のフーリエ変換は

$$\tilde{\phi}(p) = \int_{-\infty}^{\infty} \langle p|x \rangle \langle x|\psi \rangle dx = \langle p|I|\psi \rangle = \langle p|\psi \rangle$$

と書ける．同様に，(4.39)のフーリエ逆変換を，次式の最右辺のように少し書き替える．

$$\psi(x) = \frac{1}{\sqrt{2\pi\hbar}} \int_{-\infty}^{\infty} \tilde{\phi}(p)e^{i\frac{p}{\hbar}x}dp = \int_{-\infty}^{\infty} \frac{1}{\sqrt{2\pi\hbar}} e^{i\frac{p}{\hbar}x}\tilde{\phi}(p)dp \quad \cdots ②$$

ここで，$\frac{1}{\sqrt{2\pi\hbar}} e^{i\frac{p}{\hbar}x} = \langle x|p \rangle$ であることと $\tilde{\phi}(p) = \langle p|\psi \rangle$ に注意すれば，②のフーリエ逆変換は

$$\psi(x) = \int_{-\infty}^{\infty} \langle x|p \rangle \langle p|\psi \rangle dp = \langle x|I|\psi \rangle = \langle x|\psi \rangle$$

と書ける．

4.4 (4.53)より，期待値 $\langle x \rangle$ は次のように決まる．

$$\langle x \rangle = \int_{-\infty}^{\infty} x|\psi(x)|^2 dx = \int_{0}^{a} x \left[\sqrt{\frac{2}{a}} \sin\left(\frac{2\pi x}{a}\right) \right]^2 dx = \frac{2}{a}\left(\frac{a^2}{4}\right) = \frac{a}{2}$$

4.5　(4.10)より

$$|\psi(x)|^2 = |Ae^{ikx} + Be^{-ikx}|^2 = A^2 + B^2 + 2AB\cos(2kx) \quad \cdots ①$$

$$\left|\frac{d\psi(x)}{dx}\right|^2 = k^2(A^2 + B^2 - 2AB\cos(2kx)) \quad \cdots ②$$

となるので，①と②との和から次式を得る.

$$2(A^2 + B^2) = |\psi(x)|^2 + \frac{1}{k^2}\left|\frac{d\psi(x)}{dx}\right|^2 \quad \cdots ③$$

したがって，③から振幅の比は次式のようになる.

$$\frac{A_1^2 + B_1^2}{A_2^2 + B_2^2} = \frac{|\psi_1(x)|^2 + \dfrac{1}{k_1^2}\left|\dfrac{d\psi_1(x)}{dx}\right|^2}{|\psi_2(x)|^2 + \dfrac{1}{k_2^2}\left|\dfrac{d\psi_2(x)}{dx}\right|^2}$$

ここで，領域1と2の境界で，ψ と $\dfrac{\partial\psi}{\partial x}$ はそれぞれ同じ値であることに注意すると，振幅の比は結局波数の比だけに依存することがわかる.

そのため，$\dfrac{1}{k_1^2}$ が $\dfrac{1}{k_2^2}$ より大きければ，$\psi_1(x)$ の振幅の方が $\psi_2(x)$ の振幅より大きくなることがわかる. 言い換えれば，波数 k が小さい波動関数の方が，境界のもう一方の側にある波動関数よりも振幅が大きくなることを意味する.

4.6　a) $e^{\pm ikx} = \cos kx \pm i\sin kx$ を使うと，次式の関係が成り立つ.

$$Ae^{ikx} + Be^{-ikx} = (A+B)\cos(kx) + i(A-B)\sin(kx)$$
$$= A_1\cos(kx) + B_1\sin(kx) \quad \cdots ①$$

ただし，$A_1 = A+B$, $B_1 = i(A-B)$ と置く. また

$$A_2\sin(kx+\phi) = A_2\sin(kx)\cos\phi + A_2\cos(kx)\sin\phi \quad \cdots ②$$

は，①で $A_1 = A_2\sin\phi$ と $B_1 = A_2\cos\phi$ に置き換えたものであるから，$A_2\sin(kx+\phi)$ も表式 $Ae^{ikx} + Be^{-ikx}$ に等価であることがわかる.

b) ロピタルの公式（$\displaystyle\lim_{x\to 0}\frac{f(x)}{g(x)} = \lim_{x\to 0}\frac{f'(x)}{g'(x)}$）から，$x=0$ での値は次のように 1 である.

$$\lim_{x \to 0} \frac{\sin\left(\dfrac{\Delta k}{2}x\right)}{\dfrac{\Delta k}{2}x} = \lim_{x \to 0} \frac{\dfrac{d\left[\sin\left(\dfrac{\Delta k}{2}x\right)\right]}{dx}}{\dfrac{d\left[\dfrac{\Delta k}{2}x\right]}{dx}} = \lim_{x \to 0} \frac{\dfrac{\Delta k}{2}\cos\left(\dfrac{\Delta k}{2}x\right)}{\dfrac{\Delta k}{2}}$$

$$= \frac{\dfrac{\Delta k}{2}\cos(0)}{\dfrac{\Delta k}{2}} = 1$$

4.7　(4.14)の $\phi(k)$ を(4.15)のフーリエ逆変換に代入すると

$$\psi(x) = \frac{1}{\sqrt{2\pi}} \int_{-\infty}^{\infty} \phi(k) e^{ikx} dk$$

$$= \frac{1}{\sqrt{2\pi}} \int_{-\infty}^{\infty} \left[\frac{1}{\sqrt{2\pi}} \int_{-\infty}^{\infty} \psi(x') e^{-ikx'} dx' \right] e^{ikx} dk$$

$$= \frac{1}{2\pi} \int_{-\infty}^{\infty} \psi(x') \left[\int_{-\infty}^{\infty} e^{ik(x-x')} dk \right] dx'$$

と書ける．この最後の式を(4.31)のディラックのデルタ関数

$$\int_{-\infty}^{\infty} f(x') \delta(x'-x) dx' = f(x)$$

と比べると，(4.34)が成り立つことがわかる．

4.8　運動量の波動関数 $\tilde{\phi}(p)$ は位置の波動関数 $\psi(x)$ のフーリエ変換

$$\tilde{\phi}(p) = \frac{1}{\sqrt{2\pi\hbar}} \int_{-\infty}^{\infty} \psi(x') e^{-i\frac{p}{\hbar}x'} dx' \tag{4.38}$$

で与えられるから，この右辺にデルタ関数 $\delta(x'-x)$ で表される位置の波動関数 $\psi(x') = \delta(x'-x)$ を代入すると

$$\tilde{\phi}(p) = \frac{1}{\sqrt{2\pi\hbar}} \int_{-\infty}^{\infty} \delta(x'-x) e^{-i\frac{p}{\hbar}x'} dx' = \frac{1}{\sqrt{2\pi\hbar}} e^{-i\frac{p}{\hbar}x}$$

となる．したがって，$\tilde{\phi}(p) = \tilde{\phi}_x(p)$ と置くと，(4.65)が導かれる．位置演算子 $\hat{X}$ の運動量空間表示 $\hat{X}_p$ を得るには，位置の固有関数 $\tilde{\phi}_x(p)$ に作用する位置演算子 $\hat{X}_p$ の固有値方程式

$$\hat{X}_p \tilde{\phi}_x(p) = x \tilde{\phi}_x(p) \quad \cdots ①$$

を解けばよい．ここで，

$$\frac{\partial \tilde{\phi}_x(p)}{\partial p} = \frac{\partial \left(\frac{1}{\sqrt{2\pi\hbar}} e^{-i\frac{p}{\hbar}x} \right)}{\partial p} = \left(-i\frac{x}{\hbar} \right) \left(\frac{1}{\sqrt{2\pi\hbar}} e^{-i\frac{p}{\hbar}x} \right)$$

$$= \left(-i\frac{x}{\hbar} \right) \tilde{\phi}_x(p) \quad \cdots ②$$

の両辺に $i\hbar$ を掛けると，②の最右辺は $x\tilde{\phi}_x(p)$ で①の右辺と同じものになるから，②の最左辺と①の左辺も等しくなる．したがって，(4.66)の $\hat{X}_p = i\hbar\frac{\partial}{\partial p}$ が導かれる．

4.9　位置演算子と運動量演算子の運動量空間表示 $\hat{X}_p = i\hbar\frac{\partial}{\partial p}$ と $\hat{P} = p$ を(4.67) の交換子 $[\hat{X}, \hat{P}]$ に代入すると

$$[\hat{X}_p, \hat{P}] = \hat{X}_p\hat{P} - \hat{P}\hat{X}_p = \left(i\hbar\frac{d}{dp} \right)(p) - (p)\left(i\hbar\frac{d}{dp} \right) \quad \cdots ①$$

となる．これから

$$[\hat{X}_p, \hat{P}]\phi = i\hbar\frac{d(p\phi)}{dp} - i\hbar p\frac{d\phi}{dp} = i\hbar\phi$$

となるので，$[\hat{X}_p, \hat{P}] = i\hbar$ を得る．

4.10　領域 1 $(V = \infty)$ は，ポテンシャルが無限大なので，波動関数はゼロである．領域 2 $(V_1 = 0)$ は，波動関数は振動する．波長 λ は短く，振幅は小さい．領域 3 $(V_2 < E)$ は，波動関数は振動する．波長 λ は長く，振幅は大きい．領域 4 $(V_3 < V_2)$ は，波動関数は振動する．波長 λ は中程度，振幅も中程度．領域 5 $(V_4 > E)$ は，波動関数は有限の割合で指数関数的に減少する．なお，波動関数の図は略(原著のウェブサイトを参照)．

[第5章]

5.1　波動関数 $\psi(x)$ の構成成分は 2 成分 $\psi_1(x), \psi_2(x)$ で，それぞれに掛かる位相因子は $e^{i\theta_1}, e^{i\theta_2}$ として，波動関数 $\psi(x)$ を

$$\psi(x) = \psi_1(x)e^{i\theta_1} + \psi_2(x)e^{i\theta_2} \quad \cdots ①$$

と置くと，(5.14)の確率密度 $P_{den}(x)$ は次のようになる．

$$P_{den}(x) = [\psi(x)]^*[\psi(x)] = \psi_1^*\psi_1 + \psi_2^*\psi_2 + \psi_1^*\psi_2 e^{-i(\theta_1-\theta_2)} + \psi_2^*\psi_1 e^{i(\theta_1-\theta_2)}$$

$$\cdots ②$$

$\theta_1 = \theta_2$ の場合，②の位相差は 0 になるので，確率密度は変化しない．つまり，グローバルな位相因子は確率密度に影響を与えない．一方，$\theta_1 \neq \theta_2$ の場合には，②の位相差は 0 でない値をもつので，相対的な位相が確率密度に影響を与えることになる．

5.2　(5.9)より，基底状態($n=1$)の波動関数は次式で与えられる．

$$\psi_1(x) = \sqrt{\frac{2}{a}} \sin\left(\frac{\pi x}{a}\right)$$

(2.60)より，期待値 $\langle x \rangle$ は次のようになる．

$$\langle x \rangle = \int_{-\infty}^{\infty} \psi_1^* \widehat{X} \psi_1 \, dx = \int_0^a \left[\sqrt{\frac{2}{a}} \sin\left(\frac{\pi x}{a}\right) \right]^* \widehat{X} \left[\sqrt{\frac{2}{a}} \sin\left(\frac{\pi x}{a}\right) \right] dx$$

$$= \frac{2}{a} \int_0^a x \sin^2\left(\frac{\pi x}{a}\right) dx = \frac{2}{a}\left(\frac{a^2}{4}\right) = \frac{a}{2} \ \cdots①$$

(4.60)より，期待値 $\langle p \rangle$ は次のようになる．

$$\langle p \rangle = \int_{-\infty}^{\infty} \psi_1^* \widehat{P}_x \psi_1 \, dx = \int_0^a \left[\sqrt{\frac{2}{a}} \sin\left(\frac{\pi x}{a}\right) \right]^* \left(-i\hbar \frac{\partial}{\partial x}\right) \left[\sqrt{\frac{2}{a}} \sin\left(\frac{\pi x}{a}\right) \right] dx$$

$$= \frac{-2\pi i\hbar}{a^2} \int_0^a \left[\sin\left(\frac{\pi x}{a}\right) \cos\left(\frac{\pi x}{a}\right) \right] dx = 0 \ \cdots② \quad (\text{直交性より 0 になる})$$

期待値 $\langle x^2 \rangle$ は次のようになる．

$$\langle x^2 \rangle = \int_{-\infty}^{\infty} \psi_1^* \widehat{X^2} \psi_1 \, dx = \int_0^a \left[\sqrt{\frac{2}{a}} \sin\left(\frac{\pi x}{a}\right) \right]^* \widehat{X^2} \left[\sqrt{\frac{2}{a}} \sin\left(\frac{\pi x}{a}\right) \right] dx$$

$$= \frac{2}{a} \int_0^a x^2 \sin^2\left(\frac{\pi x}{a}\right) dx = \frac{2}{a}\left(\frac{a^3}{6} - \frac{a^3}{4\pi^2}\right) = a^2\left(\frac{1}{3} - \frac{1}{2\pi^2}\right) \cdots③$$

期待値 $\langle p^2 \rangle$ は次のようになる．

$$\langle p^2 \rangle = \int_{-\infty}^{\infty} \psi_1^* \widehat{P_x^2} \psi_1 \, dx$$

$$= \int_0^a \left[\sqrt{\frac{2}{a}} \sin\left(\frac{\pi x}{a}\right) \right]^* \left(-\hbar^2 \frac{\partial^2}{\partial x^2}\right) \left[\sqrt{\frac{2}{a}} \sin\left(\frac{\pi x}{a}\right) \right] dx$$

$$= \frac{2\pi^2 \hbar^2}{a^3} \int_0^a \sin^2\left(\frac{\pi x}{a}\right) dx = \frac{2\pi^2 \hbar^2}{a^3} \frac{a}{2} = \frac{\pi^2 \hbar^2}{a^2} \ \cdots④$$

5.3　位置 x の不確定さは(2.62)より $\Delta x = \sqrt{\langle x^2 \rangle - \langle x \rangle^2}$ なので，問 5.2 の①と③を代入すると，位置 x の不確定さは次のようになる．

$$\Delta x = \sqrt{a^2\left(\frac{1}{3}-\frac{1}{2\pi^2}\right)-\left(\frac{a}{2}\right)^2} = \sqrt{0.0327a^2} = 0.181a$$

一方，運動量 p の不確定さ Δp は (2.64) より $\Delta p = \sqrt{\langle p^2\rangle - \langle p\rangle^2}$ なので，問 5.2 の②と④を代入すると，運動量 p の不確定さは次のようになる．

$$\Delta p = \sqrt{\frac{\pi^2\hbar^2}{a^2}-0^2} = \frac{\pi\hbar}{a}$$

この場合の積 $\Delta x\Delta p$ は

$$\Delta x\Delta p = (0.181a)\times\left(\frac{\pi\hbar}{a}\right) = 0.181\times\pi\hbar = 0.57\hbar > \frac{\hbar}{2}$$

となり，$\dfrac{\hbar}{2}$ より大きくなるから，不確定性原理が成り立つことがわかる．

5.4 a) 確率 $|c_i|^2$ は (5.9) の波動関数 $\psi_i(x)$ の係数 c_i の絶対値の 2 乗だから，3 つの成分に対する確率は次のようになる．

$$|c_1|^2 = \left(\frac{1}{2}\right)\left(\frac{1}{2}\right) = \frac{1}{4}, \quad |c_2|^2 = \left(\frac{-3i}{4}\right)\left(\frac{3i}{4}\right) = \frac{9}{16},$$

$$|c_3|^2 = \left(\frac{\sqrt{3}}{4}\right)\left(\frac{\sqrt{3}}{4}\right) = \frac{3}{16}$$

確率の総和（全確率）は $1\left(=\dfrac{1}{4}+\dfrac{9}{16}+\dfrac{3}{16}\right)$ である．

b) エネルギー固有値は (5.7) から $E_n = \dfrac{k_n^2\hbar^2}{2m} = \dfrac{n^2\pi^2\hbar^2}{2ma^2} = n^2E_1$ と書けるので，E_2, E_3 は E_1 を用いて $E_2 = 4E_1$, $E_3 = 9E_1$ で与えられる．これらを，(5.13) のエネルギーの期待値 $\langle E\rangle = \sum_n |c_n|^2 E_n$ に代入すると，エネルギーの期待値は次のようになる．

$$\langle E\rangle = |c_1|^2 E_1 + |c_2|^2 E_2 + |c_3|^2 E_3 = \frac{1}{4}E_1 + \frac{36}{16}E_1 + \frac{27}{16}E_1 = 4.19E_1$$

5.5 区間 $[0.25a, 0.75a]$ に粒子を見出す確率は，第 1 励起状態 $(n=2)$ の場合，(5.15) より，次のように求まる $(x_0+\Delta x/2 = 0.75a,\ x_0-\Delta x/2 = 0.25a)$．

$$\int_{x_0-\Delta x/2}^{x_0+\Delta x/2}[\psi(x)]^*[\psi(x)]dx = \frac{2}{a}\int_{0.25a}^{0.75a}\sin^2\left(\frac{2\pi x}{a}\right)dx = \frac{2}{a}\left(\frac{0.5a}{2}\right)$$

$$= 0.5 \ \cdots①$$

ただし，途中の計算には次の積分公式で $c = \dfrac{2\pi}{a}$ と置いた結果を用いた．

$$\int \sin^2(cx)dx = \frac{x}{2} - \frac{\sin(2cx)}{4c} \quad \cdots ②$$

同様に，第2励起状態（$n=3$）での確率は，（5.15）より次のように求まる．

$$\frac{2}{a}\int_{0.25a}^{0.75a}\sin^2\left(\frac{3\pi x}{a}\right)dx = \frac{2}{a}\left(\frac{0.5a}{2} - \frac{a}{6\pi}\right) = 0.5 - 0.106 = 0.394$$

ただし，途中の計算には②の積分公式で $c = \dfrac{3\pi}{a}$ と置いた結果を用いた．

5.6 （5.16）の $\tilde{\phi}(p)$ は，次式を計算すれば求まる．

$$\tilde{\phi}(p) = \frac{1}{\sqrt{\pi a\hbar}}\int_0^a \sin\left(\frac{n\pi x}{a}\right)e^{-i\frac{p}{\hbar}x}dx$$
$$= \frac{1}{\sqrt{\pi a\hbar}}\int_0^a \sin\left(\frac{p_n x}{\hbar}\right)\left[\cos\left(\frac{px}{\hbar}\right) - i\sin\left(\frac{px}{\hbar}\right)\right]dx \quad \cdots ①$$

①の定積分をオイラーの公式 $e^{\pm ikx} = \cos kx \pm i\sin kx$ などを利用して計算すると，（5.16）に到達する．（5.17）の確率密度 $P_{den}(p)$ は，（5.16）の $\tilde{\phi}(p)$ とその複素共役

$$\tilde{\phi}^*(p) = \frac{\sqrt{\hbar}}{2\sqrt{\pi a}}\left[\frac{2p_n}{p_n^2 - p^2} - \frac{e^{i\frac{p_n+p}{\hbar}a}}{p_n+p} - \frac{e^{-i\frac{p_n-p}{\hbar}a}}{p_n-p}\right]$$

の積 $\tilde{\phi}^*\tilde{\phi}$ を次のように計算すれば求まる．

$$P_{den}(p) = \tilde{\phi}^*\tilde{\phi}$$
$$= \left(\frac{\sqrt{\hbar}}{2\sqrt{\pi a}}\right)^2\left[\frac{2p_n}{p_n^2 - p^2} - \frac{e^{i\frac{p_n+p}{\hbar}a}}{p_n+p} - \frac{e^{-i\frac{p_n-p}{\hbar}a}}{p_n-p}\right]$$
$$\times\left[\frac{2p_n}{p_n^2 - p^2} - \frac{e^{-i\frac{p_n+p}{\hbar}a}}{p_n+p} - \frac{e^{i\frac{p_n-p}{\hbar}a}}{p_n-p}\right] \quad \cdots ②$$

②の右辺の計算を丁寧に実行すると（5.17）に到達する．なお，途中の計算の詳細は略（原著のウェブページを参照）．

5.7 調和振動子の基底状態（$n=0$）の波動関数は（5.97）より次のようになる．

$$\psi_0(\xi) = \left(\frac{m\omega}{\pi\hbar}\right)^{\frac{1}{4}}\left(\frac{1}{\sqrt{2^0 0!}}\right)H_0(\xi)e^{-\frac{\xi^2}{2}} = \left(\frac{m\omega}{\pi\hbar}\right)^{\frac{1}{4}}e^{-\frac{m\omega}{2\hbar}x^2}$$

期待値 $\langle x\rangle$ は（2.60）より次のようになる．

$$\langle x \rangle = \int_{-\infty}^{\infty} \psi_0^* \widehat{X} \psi_0 dx = \int_{-\infty}^{\infty} \left[\left(\frac{m\omega}{\pi\hbar} \right)^{\frac{1}{4}} e^{-\frac{m\omega}{2\hbar}x^2} \right]^* \widehat{X} \left[\left(\frac{m\omega}{\pi\hbar} \right)^{\frac{1}{4}} e^{-\frac{m\omega}{2\hbar}x^2} \right] dx$$

$$= \left(\frac{m\omega}{\pi\hbar} \right)^{\frac{1}{2}} \int_{-\infty}^{\infty} x e^{-\frac{m\omega}{\hbar}x^2} dx = 0 \quad \cdots ① \quad （奇関数の積分はゼロ）$$

期待値 $\langle p \rangle$ は (4.60) より次のようになる.

$$\langle p \rangle = \int_{-\infty}^{\infty} \psi_0^* \widehat{P}_x \psi_0 dx$$

$$= \int_{-\infty}^{\infty} \left[\left(\frac{m\omega}{\pi\hbar} \right)^{\frac{1}{4}} e^{-\frac{m\omega}{2\hbar}x^2} \right]^* \left(-i\hbar \frac{\partial}{\partial x} \right) \left[\left(\frac{m\omega}{\pi\hbar} \right)^{\frac{1}{4}} e^{-\frac{m\omega}{2\hbar}x^2} \right] dx$$

$$= \left(\frac{i\hbar}{\sqrt{\pi}} \right) \left(\frac{m\omega}{\hbar} \right)^{\frac{3}{2}} \int_{-\infty}^{\infty} x e^{-\frac{m\omega}{\hbar}x^2} dx = 0 \quad \cdots ② \quad （奇関数の積分はゼロ）$$

期待値 $\langle x^2 \rangle$ は次のようになる.

$$\langle x^2 \rangle = \int_{-\infty}^{\infty} \psi_0^* \widehat{X^2} \psi_0 dx$$

$$= \int_{-\infty}^{\infty} \left[\left(\frac{m\omega}{\pi\hbar} \right)^{\frac{1}{4}} e^{-\frac{m\omega}{2\hbar}x^2} \right]^* x^2 \left[\left(\frac{m\omega}{\pi\hbar} \right)^{\frac{1}{4}} e^{-\frac{m\omega}{2\hbar}x^2} \right] dx$$

$$= \left(\frac{m\omega}{\pi\hbar} \right)^{\frac{1}{2}} \int_{-\infty}^{\infty} x^2 e^{-\frac{m\omega}{\hbar}x^2} dx = \left(\frac{m\omega}{\pi\hbar} \right)^{\frac{1}{2}} \frac{1}{2\left(\dfrac{m\omega}{\hbar} \right)} \left(\frac{\pi}{\dfrac{m\omega}{\hbar}} \right)^{\frac{1}{2}}$$

$$= \frac{1}{2} \frac{\hbar}{m\omega} \quad \cdots ③$$

ただし，次の積分公式を使った.

$$\int_{-\infty}^{\infty} x^2 e^{-cx^2} dx = \frac{1}{2c} \left(\frac{\pi}{c} \right)^{\frac{1}{2}} \qquad (c = \frac{m\omega}{\hbar}) \quad \cdots ④$$

期待値 $\langle p^2 \rangle$ は次のようになる.

$$\langle p^2 \rangle = \int_{-\infty}^{\infty} \psi_0^* \widehat{P_x^2} \psi_0 dx$$

$$= \int_{-\infty}^{\infty} \left[\left(\frac{m\omega}{\pi\hbar} \right)^{\frac{1}{4}} e^{-\frac{m\omega}{2\hbar}x^2} \right]^* \left(-\hbar^2 \frac{\partial^2}{\partial x^2} \right) \left[\left(\frac{m\omega}{\pi\hbar} \right)^{\frac{1}{4}} e^{-\frac{m\omega}{2\hbar}x^2} \right] dx$$

$$= \frac{-\hbar^2}{\sqrt{\pi}} \left(\frac{m\omega}{\hbar} \right)^{\frac{5}{2}} \int_{-\infty}^{\infty} x^2 e^{-\frac{m\omega}{\hbar}x^2} dx + \frac{\hbar^2}{\sqrt{\pi}} \left(\frac{m\omega}{\hbar} \right)^{\frac{3}{2}} \int_{-\infty}^{\infty} e^{-\frac{m\omega}{\hbar}x^2} dx$$

$$= -\frac{m\omega\hbar}{2} + m\omega\hbar = \frac{m\omega\hbar}{2} \quad \cdots ⑤$$

ただし，④と次の積分公式を使った.

$$\int_{-\infty}^{\infty} e^{-cx^2} dx = \left(\frac{\pi}{c}\right)^{\frac{1}{2}} \qquad \left(c = \frac{m\omega}{\hbar}\right) \cdots ⑥$$

5.8 位置 x の不確定さは(2.62)より

$$\Delta x = \sqrt{\langle x^2 \rangle - \langle x \rangle^2}$$

なので，問 5.7 の①と③を代入すると，位置 x の不確定さは

$$\Delta x = \frac{1}{\sqrt{2}} \left(\frac{\hbar}{m\omega}\right)^{\frac{1}{2}}$$

となる．一方，運動量 p の不確定さ Δp は(2.64)より

$$\Delta p = \sqrt{\langle p^2 \rangle - \langle p \rangle^2}$$

なので，問 5.7 の②と⑤を代入すると，運動量 p の不確定さは

$$\Delta p = \frac{1}{\sqrt{2}} (m\omega\hbar)^{\frac{1}{2}}$$

となる．この場合の積 $\Delta x \Delta p$ は

$$\Delta x \Delta p = \frac{1}{\sqrt{2}} \left(\frac{\hbar}{m\omega}\right)^{\frac{1}{2}} \times \frac{1}{\sqrt{2}} (m\omega\hbar)^{\frac{1}{2}} = \frac{\hbar}{2}$$

となり，不確定性原理が成り立つことがわかる．

5.9 規格化条件

$$1 = \int_{-\infty}^{\infty} \psi_0^*(x) \psi_0(x) dx$$

に，基底状態の波動関数 $\psi_0(x) = A e^{-\frac{m\omega}{2\hbar} x^2}$ を代入すると

$$1 = |A|^2 \int_{-\infty}^{\infty} e^{-\frac{m\omega}{\hbar} x^2} dx = |A|^2 \left(\frac{\pi\hbar}{m\omega}\right)^{\frac{1}{2}}$$

となる(問 5.7 の積分公式⑥を使う)．これより，$|A| = \left(\frac{m\omega}{\pi\hbar}\right)^{\frac{1}{4}}$ を得る．

5.10 a) (5.103)の下降演算子 $\hat{a} = \frac{1}{\sqrt{2}} (\hat{\xi} + i\hat{\mathcal{P}})$ を $\psi_2(\xi)$ に作用させると

$$\hat{a}\psi_2(\xi) = \frac{1}{\sqrt{2}} (\hat{\xi} + i\hat{\mathcal{P}}) \left[\left(\frac{m\omega}{\pi\hbar}\right)^{\frac{1}{4}} \left(\frac{2\xi^2 - 1}{\sqrt{2}}\right) e^{-\frac{\xi^2}{2}}\right]$$

$$= \frac{1}{\sqrt{2}} \xi \left[\left(\frac{m\omega}{\pi\hbar} \right)^{\frac{1}{4}} \left(\frac{2\xi^2 - 1}{\sqrt{2}} \right) e^{-\frac{\xi^2}{2}} \right]$$

$$+ \frac{1}{\sqrt{2}} i \left(-i \frac{\partial}{\partial \xi} \right) \left[\left(\frac{m\omega}{\pi\hbar} \right)^{\frac{1}{4}} \left(\frac{2\xi^2 - 1}{\sqrt{2}} \right) e^{-\frac{\xi^2}{2}} \right]$$

$$= 2\xi \left(\frac{m\omega}{\pi\hbar} \right)^{\frac{1}{4}} e^{-\frac{\xi^2}{2}} = \sqrt{2} \, \psi_1(\xi)$$

となるので, (5.111)に一致する.

b) ハシゴ演算子((5.102)の $\hat{a}^\dagger$ と(5.103)の $\hat{a}$)を足すと

$$\hat{a}^\dagger + \hat{a} = \frac{1}{\sqrt{2}} (\hat{\xi} - i\hat{\mathcal{P}}) + \frac{1}{\sqrt{2}} (\hat{\xi} + i\hat{\mathcal{P}}) = \sqrt{2} \hat{\xi} = \sqrt{2} \sqrt{\frac{m\omega}{\hbar}} \hat{X}$$

となるので, 位置演算子は $\hat{X} = \sqrt{\frac{\hbar}{2m\omega}} (\hat{a}^\dagger + \hat{a})$ と書ける. ここで, $\hat{\xi} = \sqrt{\frac{m\omega}{\hbar}} \hat{X}$ を使った((5.63)を参照). 同様の計算で, $\hat{a}^\dagger - \hat{a} = -i\sqrt{2} \hat{\mathcal{P}} = -i\sqrt{2} \frac{\hat{P}}{\sqrt{\hbar m\omega}}$ となるので, 運動量演算子は $\hat{P} = i\sqrt{\frac{\hbar m\omega}{2}} (\hat{a}^\dagger - \hat{a})$ と書ける. ここで, $\hat{\mathcal{P}} = \frac{\hat{P}}{\sqrt{\hbar m\omega}}$ を使った.

関連図書

[1] Cohen-Tannoudji, C., B. Diu, and F. Laloë, *Quantum Mechanics*, John Wiley & Sons, 1977.

[2] Goswami, A., *Quantum Mechanics*, William C. Brown, 1990.

[3] Griffiths, D., *Introduction to Quantum Mechanics*, Pearson Prentice-Hall, 2005.

[4] Marshman, E., and C. Singh, "Review of student difficulties in upper-level quantum mechanics," *Phys. Rev. ST Phys. Educ. Res.*, 11(2), 2015, 020117.

[5] McMahon, D., *Quantum Mechanics Demystified*, McGraw-Hill, 2014.

[6] Messiah, A., *Quantum Mechanics*, Dover, 2014 (小出昭一郎・田村二郎 訳『量子力学 1, 2, 3』東京図書).

[7] Morrison, M., *Understanding Quantum Physics*, Prentice-Hall, 1990.

[8] Phillips, A. C., *Introduction to Quantum Mechanics*, John Wiley & Sons, 2003.

[9] Rapp, D., *Quantum Mechanics*, CreateSpace Independent Publishing Platform, 2013.

[10] Susskind, L., and A. Friedman, *Quantum Mechanics: The Theoretical Minimum*, Basic Books, 2014 (森弘之 訳『スタンフォード物理学再入門 量子力学』日経 BP).

[11] Townsend, J., *A Modern Approach to Quantum Mechanics*, University Science Books, 2012.

[12] Zettili, N., *Quantum Mechanics: Concepts and Applications*, John Wiley & Sons, 2009.

索　引

ダニエル・フライシュ（Daniel Fleisch）

オハイオ州ウィッテンバーグ大学名誉教授．主な研究分野は電磁気学，宇宙物理学．著書に *A Student's Guide to Maxwell's Equations*（『マクスウェル方程式』岩波書店），*A Student's Guide to Vectors and Tensors*（『物理のためのベクトルとテンソル』岩波書店），*A Student's Guide to the Mathematics of Astronomy*（『算数でわかる天文学』岩波書店，共著）ほか．
☞ http://www.danfleisch.com/

河辺哲次

九州大学名誉教授．1949 年福岡市生まれ．
72 年東北大学工学部原子核工学科卒，77 年九州大学大学院理学研究科博士課程修了（理学博士）．その後，高エネルギー物理学研究所(KEK)助手，九州芸術工科大学教授，九州大学大学院教授．この間，コペンハーゲン大学のニールス・ボーア研究所に留学．専門は素粒子論，場の理論におけるカオス現象，非線形振動・波動現象，音響現象．
著書に『スタンダード 力学』『物理学を志す人の 量子力学』(以上，裳華房)ほか．訳書に『マクスウェル方程式』『物理のためのベクトルとテンソル』『算数でわかる天文学』『波動』『ファインマン物理学 問題集 1, 2』(以上，岩波書店)，『量子論の果てなき境界』(共立出版)ほか．

シュレーディンガー方程式
　　——ベクトルからはじめる量子力学入門
　　　　　　　　　　　ダニエル・フライシュ

2022 年 3 月 4 日　第 1 刷発行

訳　者　河辺哲次

発行者　坂本政謙

発行所　株式会社 岩波書店
　　　　〒101-8002 東京都千代田区一ツ橋 2-5-5
　　　　電話案内 03-5210-4000
　　　　https://www.iwanami.co.jp/

印刷製本・法令印刷

ISBN 978-4-00-005474-4　　Printed in Japan

物理のための ベクトルとテンソル

ダニエル・フライシュ
河辺哲次 訳

A5判並製　254頁
定価3520円

基礎となるベクトル解析から，なかなか手
ごわいテンソル解析の応用まで，理工系の
学生にとって必須の数学をていねいに，あ
ざやかに解説．力学，電磁気学，相対性理
論といった物理学の基本問題を解きなが
ら，スカラー，ベクトルから一般化された
テンソルに至る考え方と使い方を，スムー
ズかつ体系的に学べる一冊．

波動　力学・電磁気学・量子力学

ダニエル・フライシュ
ローラ・キナマン
河辺哲次 訳

A5判並製　290頁
定価3190円

物理学における波の定義，数学的な表現方
法，波動方程式の考え方とその性質，フー
リエの理論と便利な使い方などを，学生に
寄り添う独特の語り口で基礎からていねい
に解説．古典力学，電磁気学，量子力学に
現れる特徴的な波動現象を波動方程式で理
解し，多くの演習問題を解くことで，波動
の物理と数学を体系的に学べる入門書．

岩波書店刊

定価は消費税10％込です
2022年3月現在